1 POLO衫

2 T恤A款

5 T恤D款

6 T恤E款

8 灯笼袖T恤

9 背心A款

11 背心C款

12 背心D款

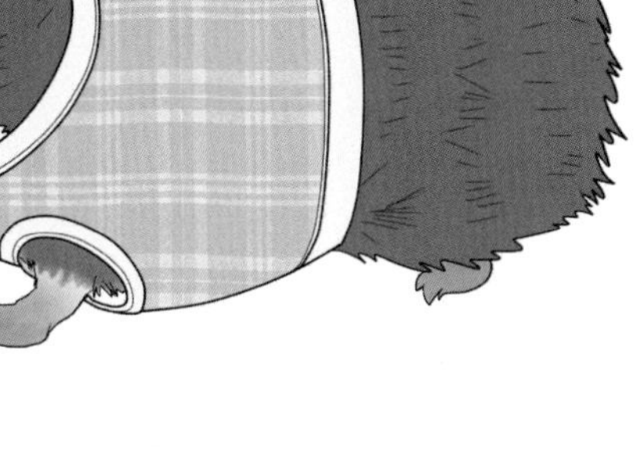

13 背心E款

14 牵引背心

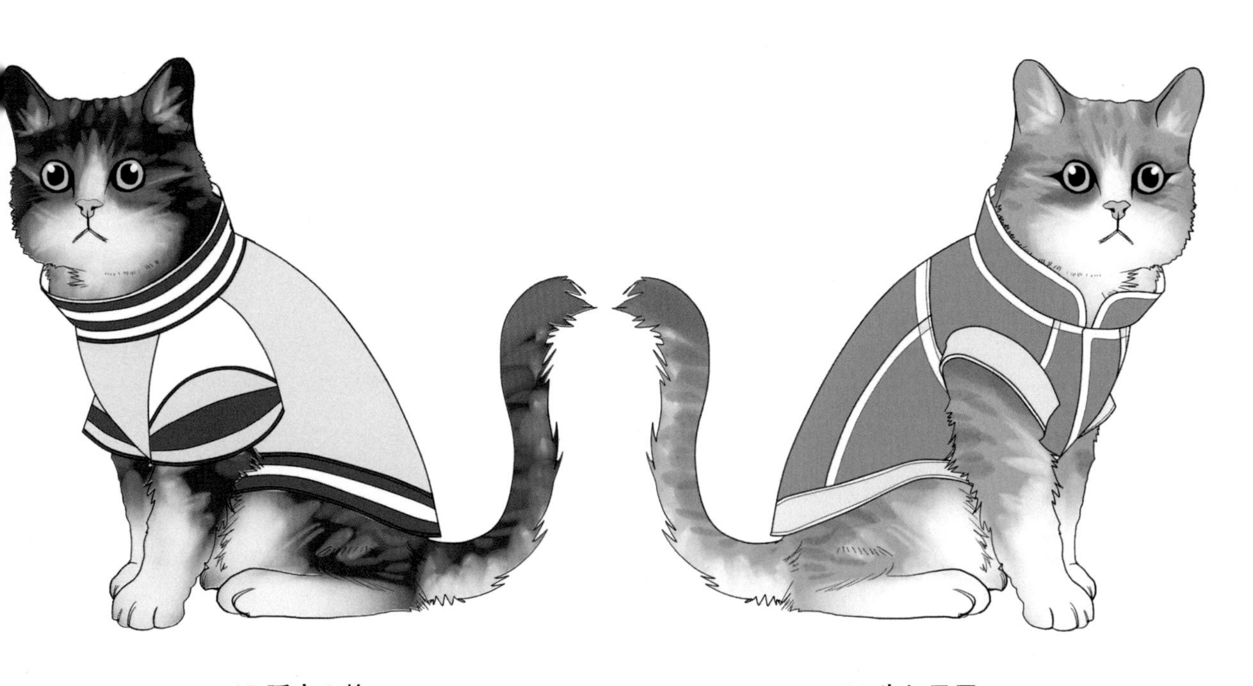

15 睡衣A款

21 牛仔马甲

24 马甲C款

29 蝴蝶结衬衫

33 卡通图案短袖衬衫

36 背心裙A款

43 吊带裙

49 连衣裙A款

55 公主裙

56 荷叶边牛仔裙

57 蝴蝶结连衣裙A款

63 可爱百褶裙

64 可爱灯笼裙

68 连体服A款

73 V领连体服

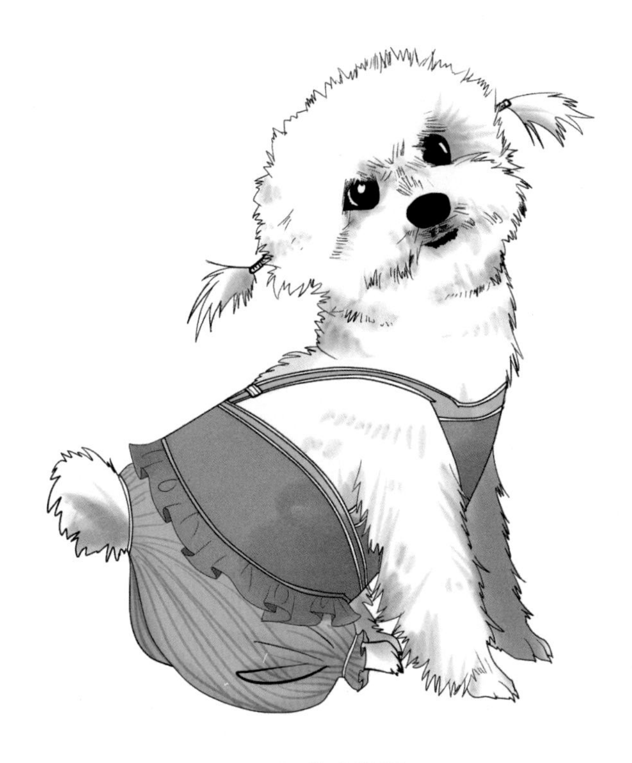

74 吊带连体服

87 四脚服A款

91 西装

96 毛领大衣

99 棉服A款

100 棉服B款

102 中式棉服

116 外套A款

119 可爱花边外套

122 假两件外套

133 冲锋衣

136 天使翅膀卫衣

140 斗篷

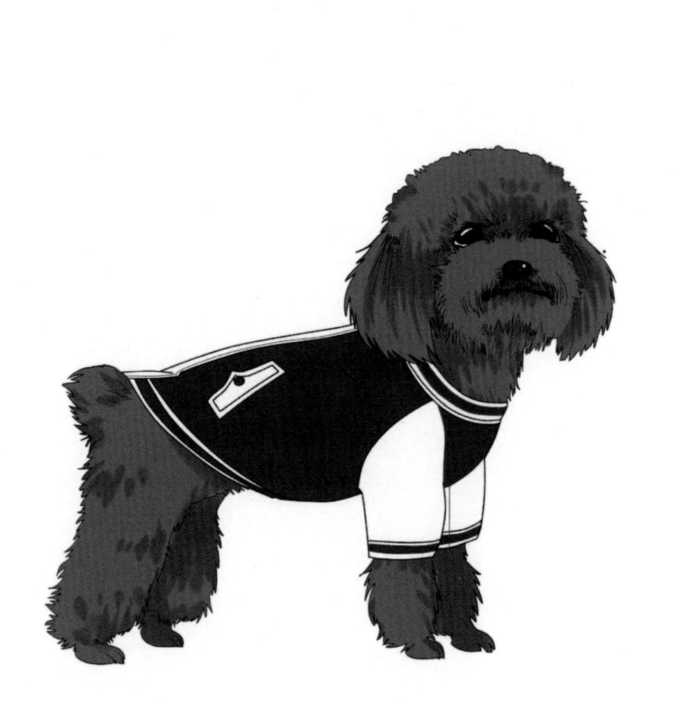

149 长款棒球服A款

157 变身装C款

186 小香猪服

187 豚鼠服

192 刺猬服D款

194 鸟类服B款

195 鸟类服C款

198 鹦鹉服

199 猩猩服

200 兔子服

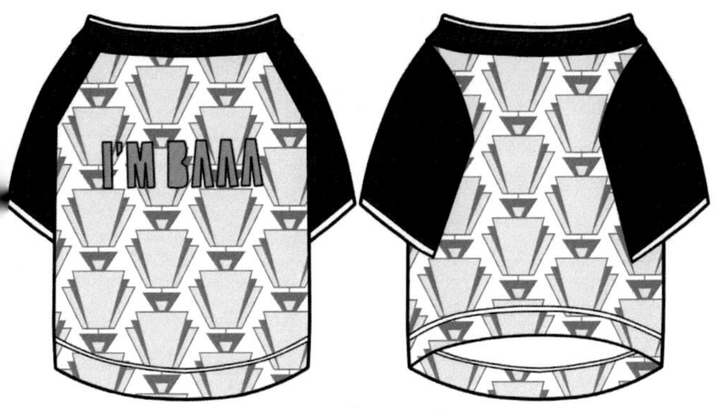

7 T恤F款

13 背心E款

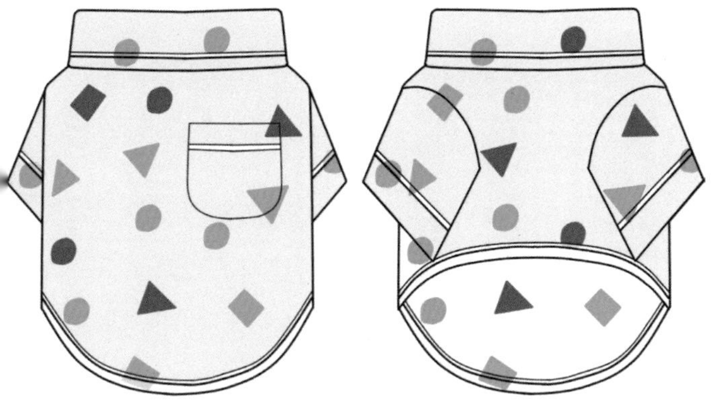

15 睡衣A款

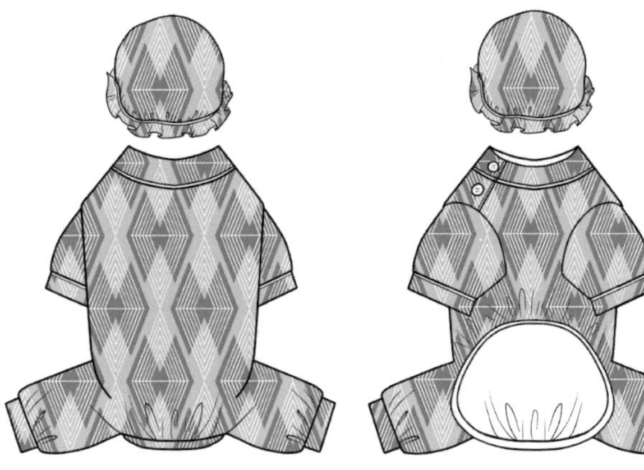

16 睡衣B款

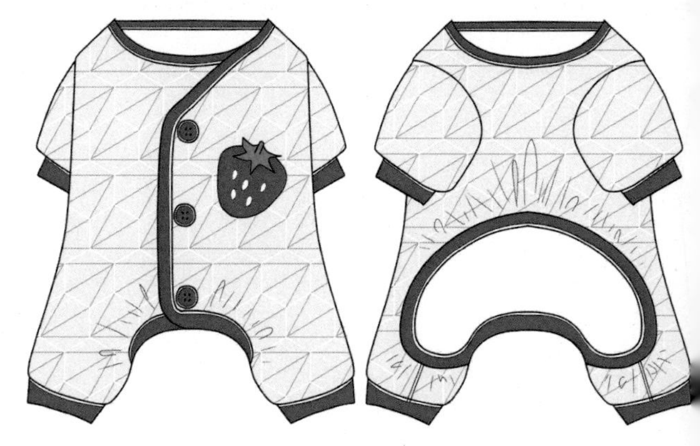

17 睡衣C款

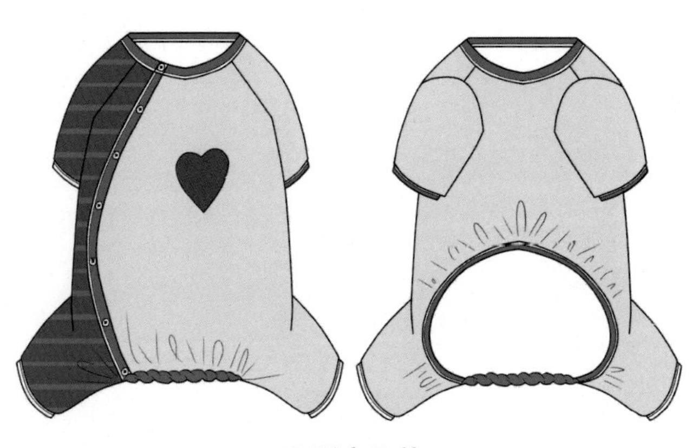

18 睡衣D款

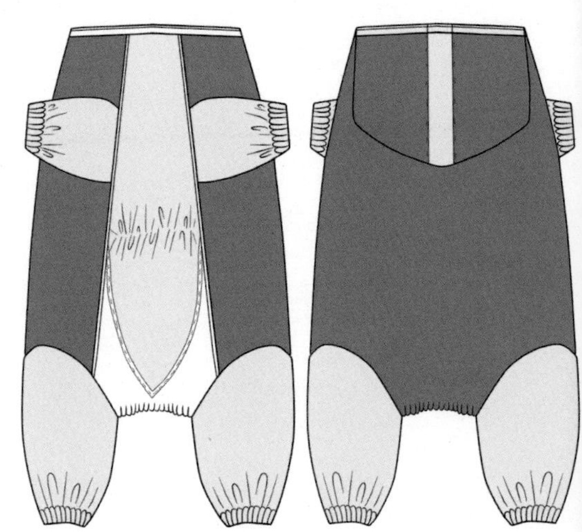

19 睡衣E款

20 睡衣F款

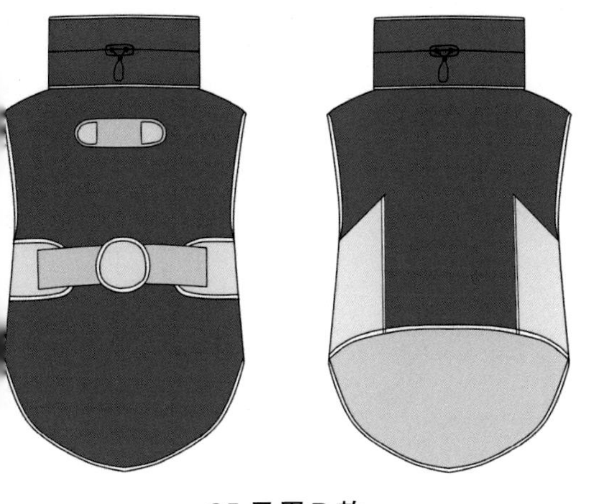

25 马甲D款

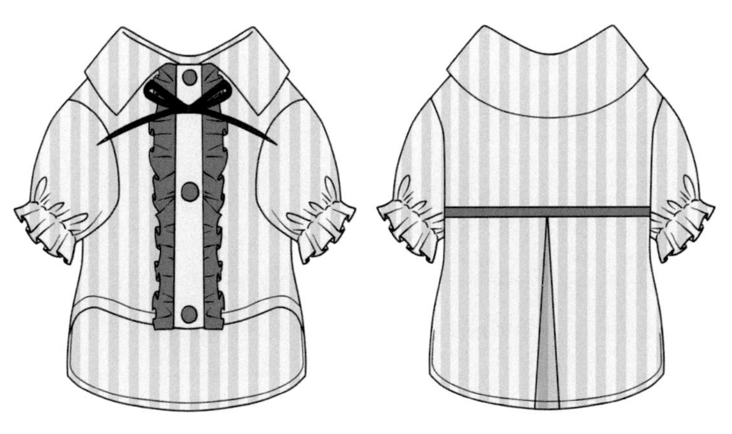

31 衬衫B款

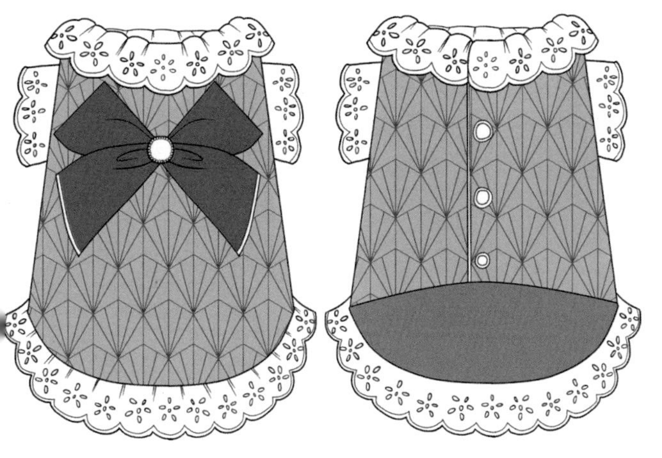

32 衬衫C款

37 背心裙B款

38 背心裙C款

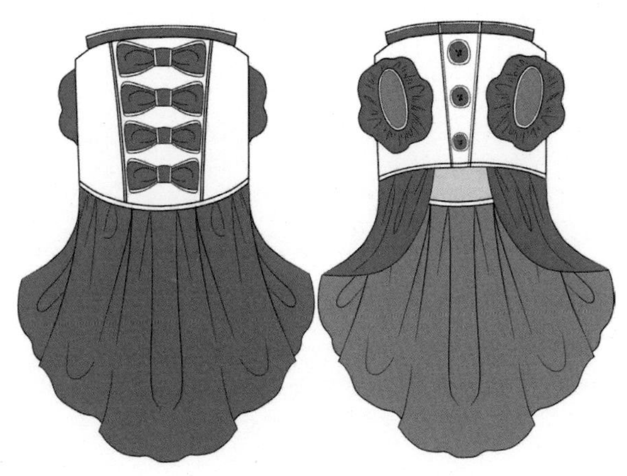

54 连衣裙F款

118 外套C款

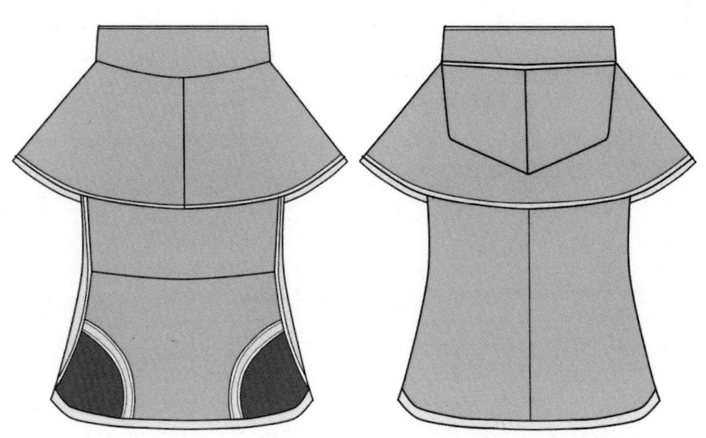

144 雨衣C款

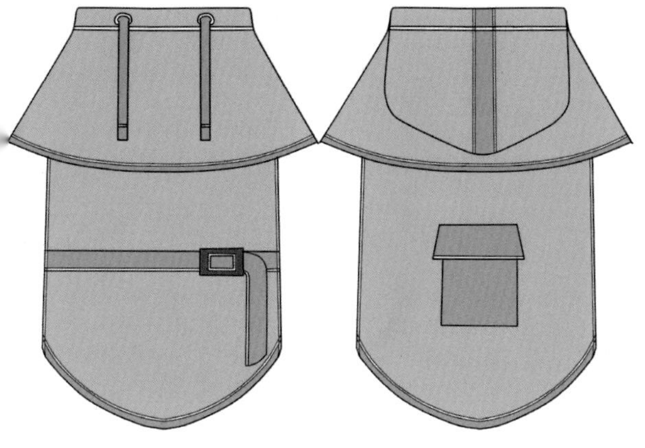

145 雨衣D款

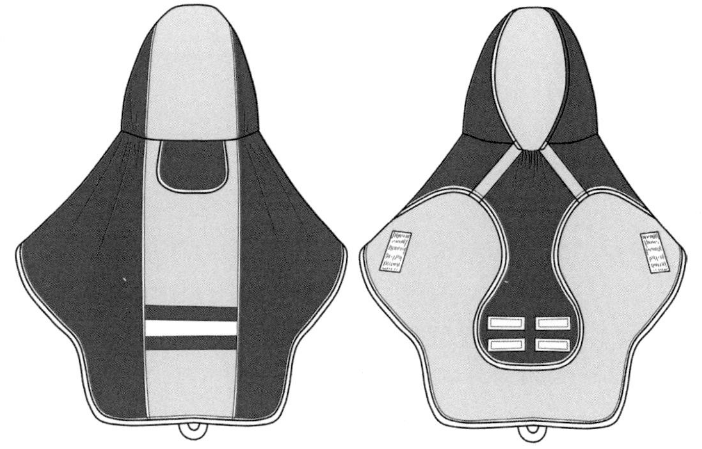

146 雨衣E款

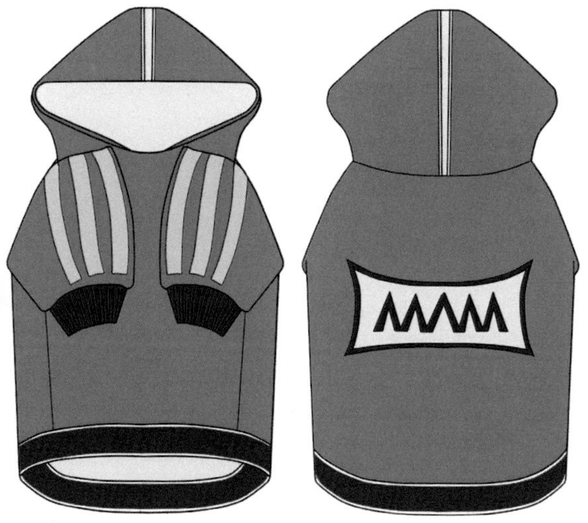

148 运动服

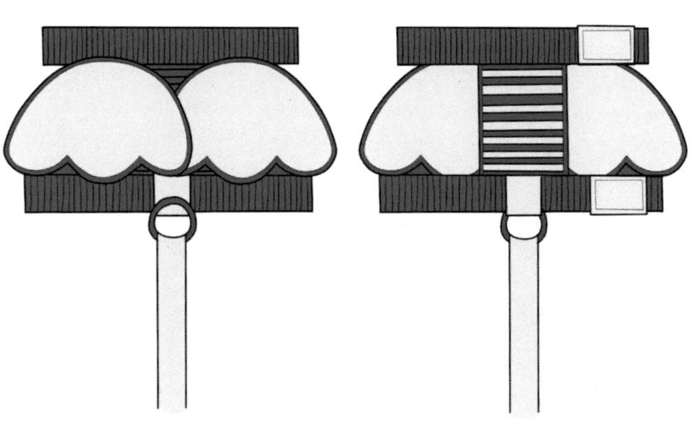

153 牵引带B款

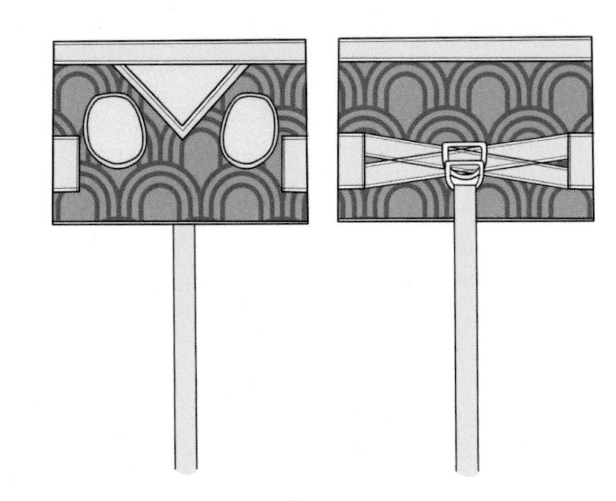

154 牵引带C款

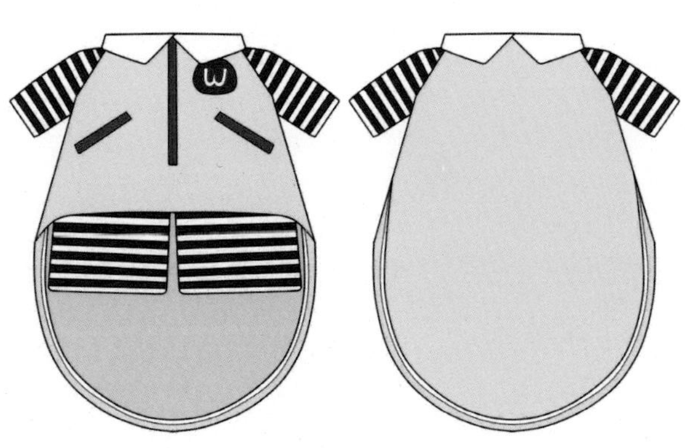

155 变身装A款

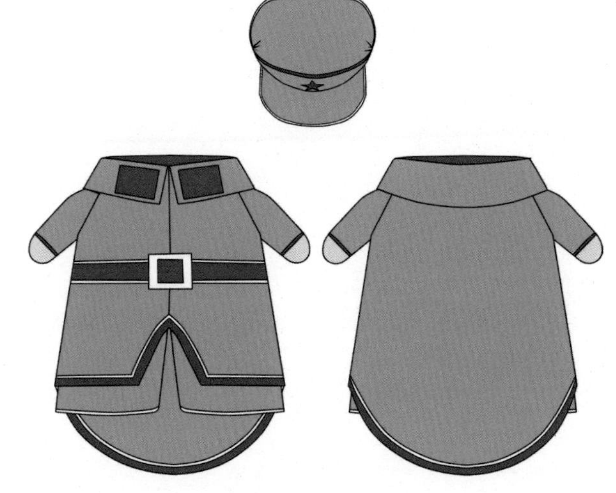

156 变身装B款

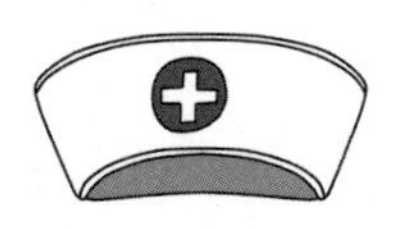

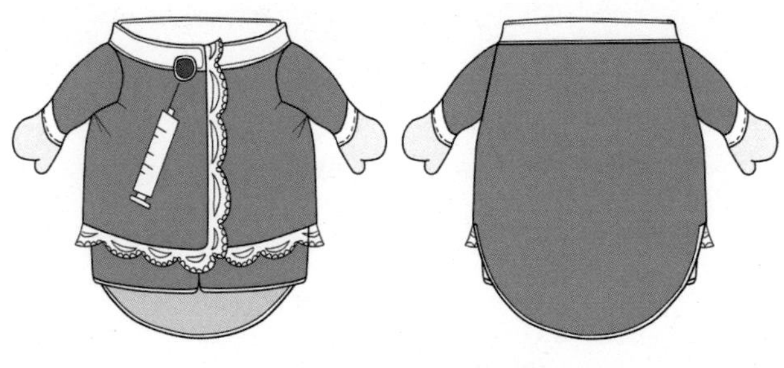

158 变身装D款

159 变身装E款

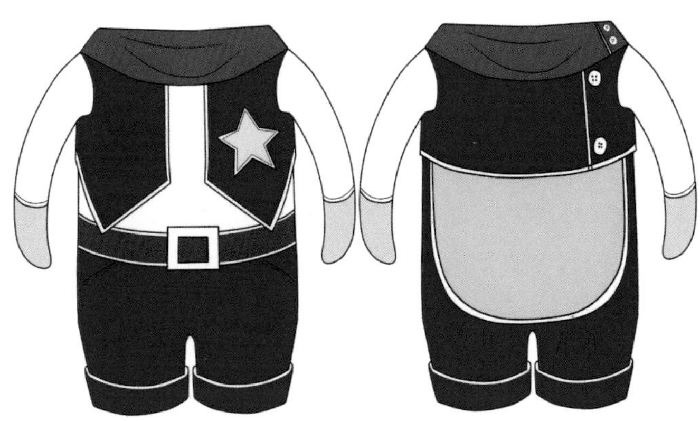

160 变身装F款

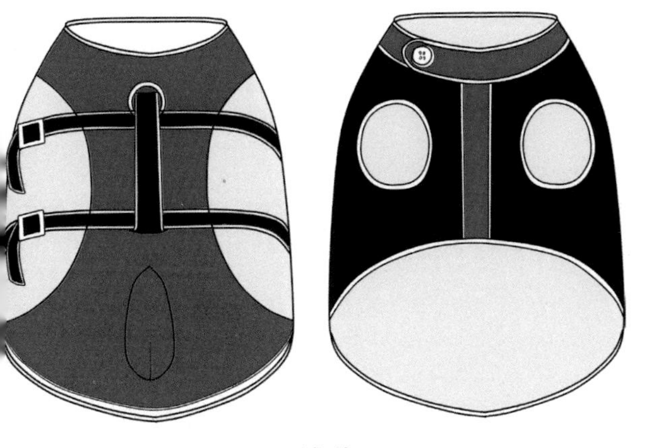

164 泳装

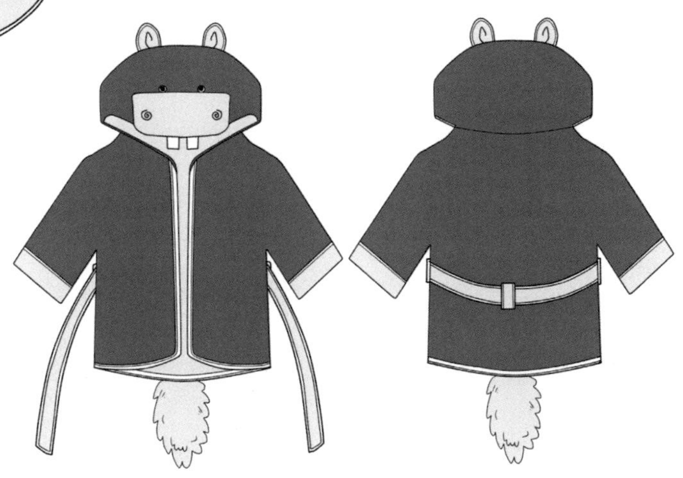

165 浴衣A款

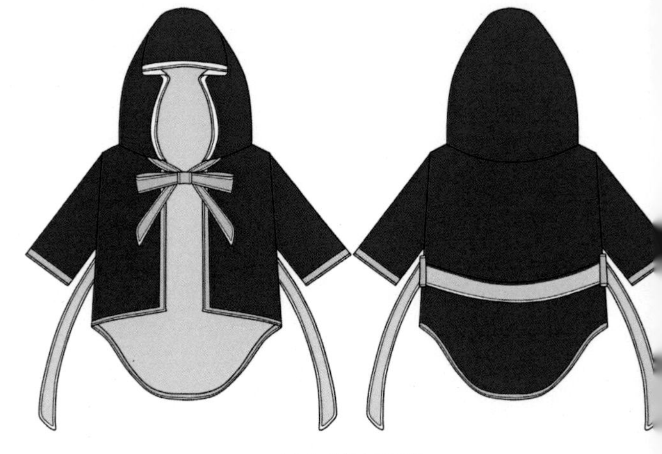

166 浴衣B款

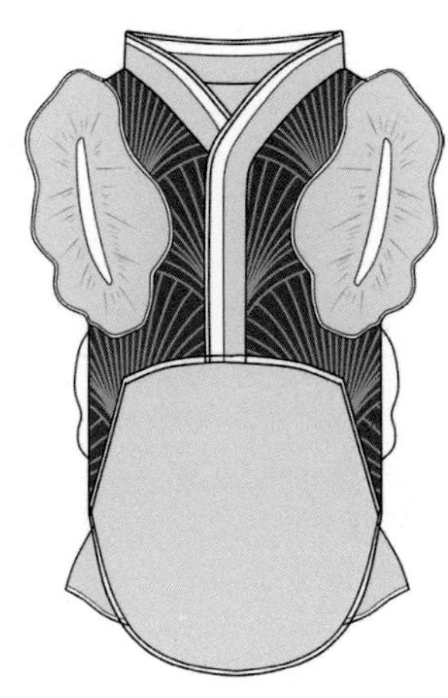

167 浴衣C款

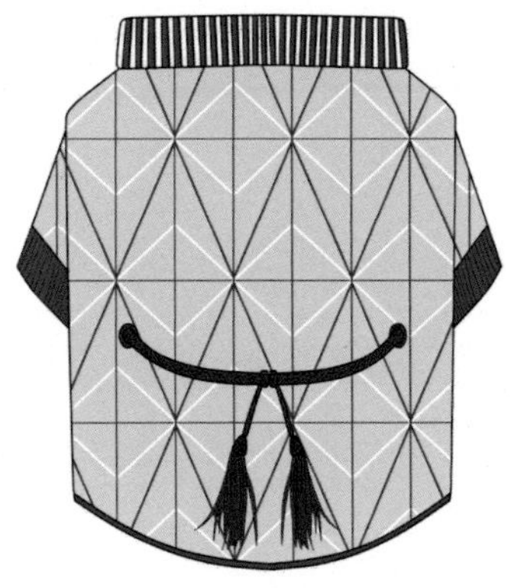
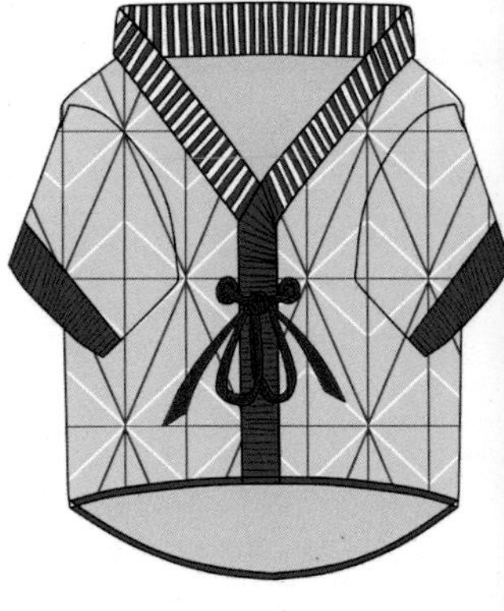

168 浴衣D款

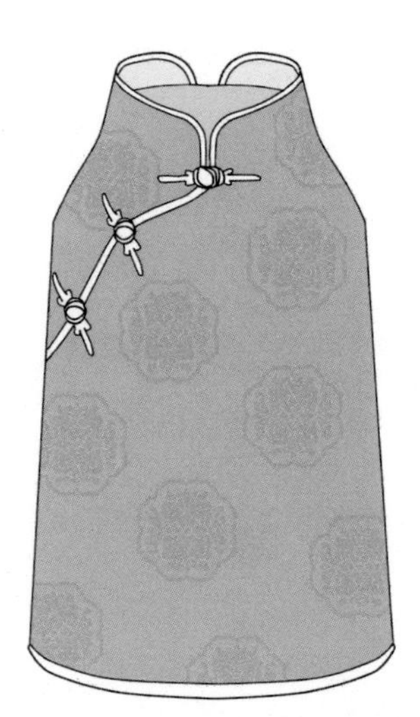
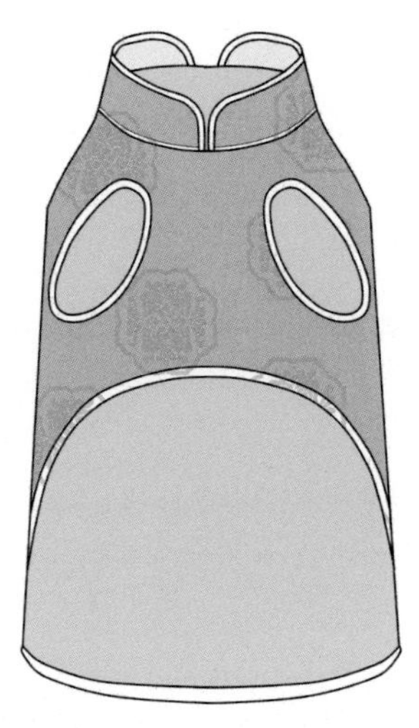

173 旗袍A款

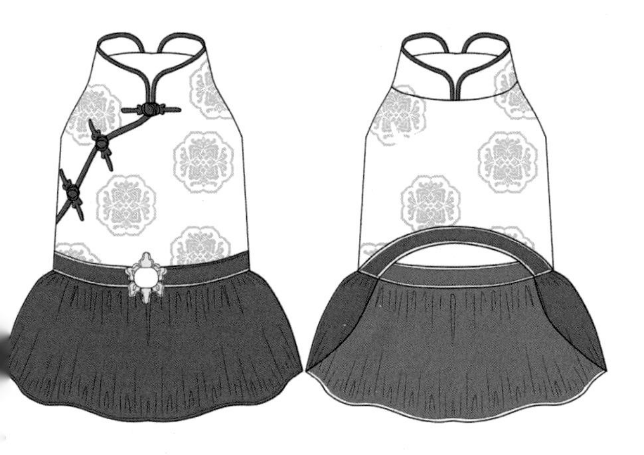

174 旗袍B款

175 旗袍C款

176 旗袍D款

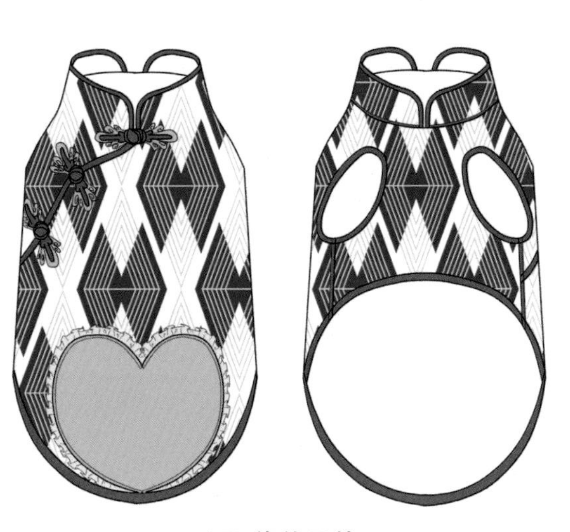

177 旗袍E款

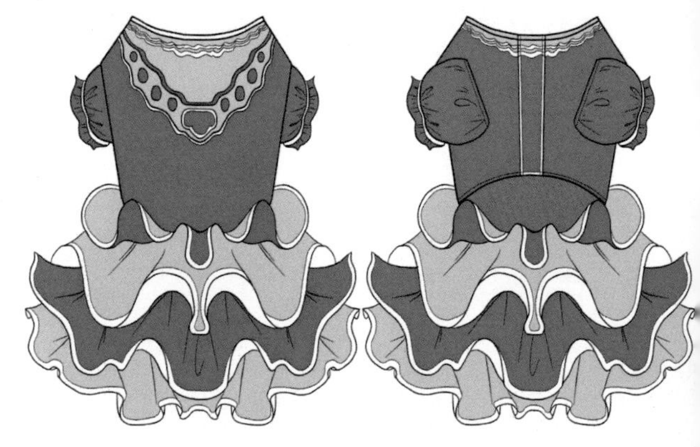

178 礼服A款

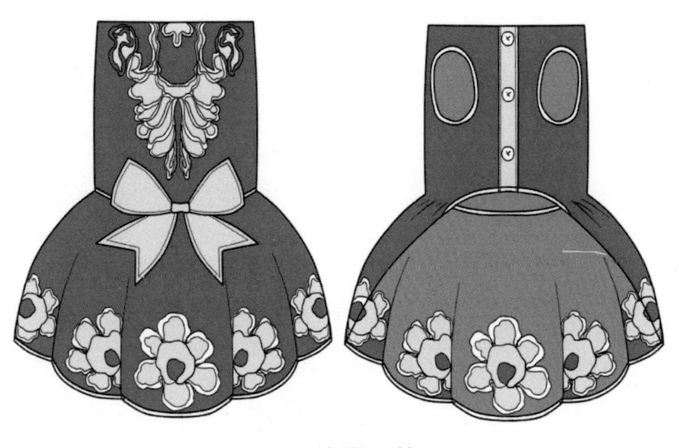

179 礼服B款

180 礼服C款

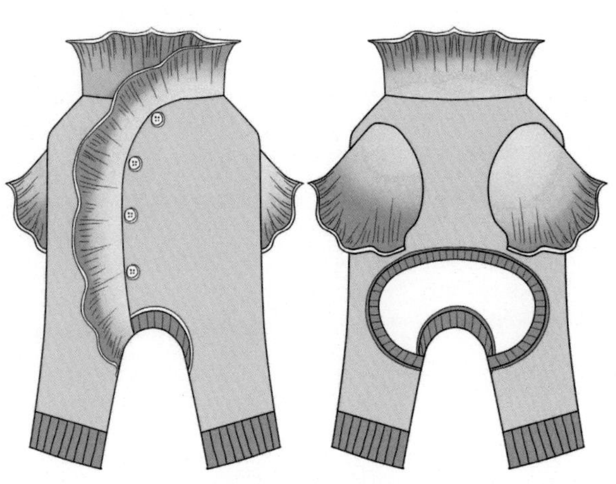

181 礼服D款

182 礼服E款

183 礼服F款

184 礼服G款

188 貂服

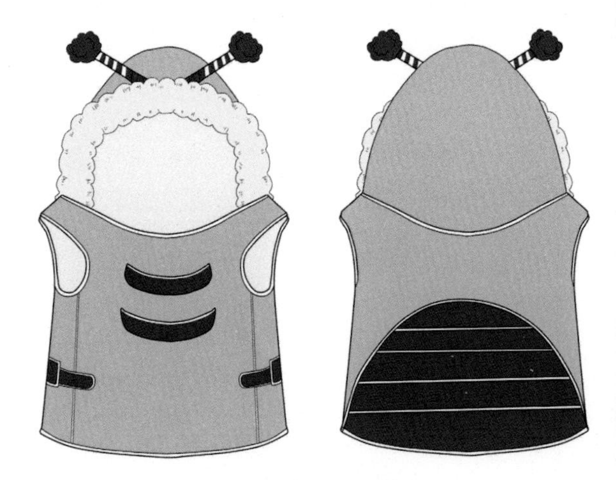

189 刺猬服A款

193 鸟类服A款

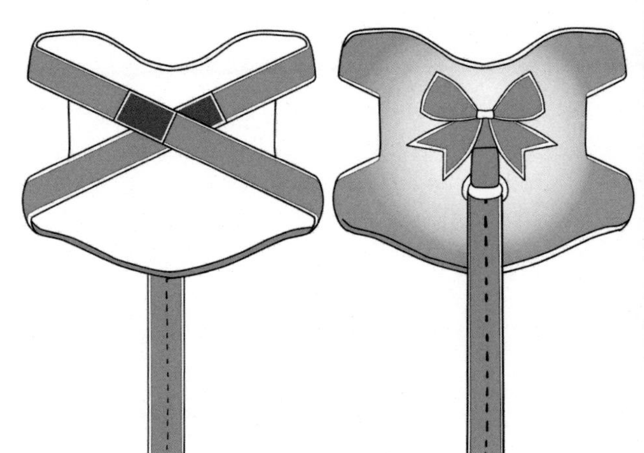

196 鸟类牵引带

197 鸟类斗篷

宠物服装板样制图200例

智海鑫　组织编写

CHONGWU FUZHUANG BANYANG ZHITU 200LI

化学工业出版社
·北京·

本书介绍了犬科、猫科、鸟类、刺猬、香猪等各种服饰200例，可供宠物饲养者、宠物店经营者学习参考。

图书在版编目（CIP）数据

宠物服装板样制图200例/智海鑫组织编写．—北京：化学工业出版社，2019.1（2023.11重印）
ISBN 978-7-122-33302-5

Ⅰ．①宠…　Ⅱ．①智…　Ⅲ．①宠物-服装样板-制图
Ⅳ．①TS941.739

中国版本图书馆CIP数据核字（2018）第258399号

责任编辑：张　彦　　装帧设计：王晓宇
责任校对：宋　夏

出版发行：化学工业出版社（北京市东城区青年湖南街13号　邮政编码100011）
印　　装：北京盛通数码印刷有限公司
787mm×1092mm　1/16　印张13¼　彩插12　字数347千字　2023年11月北京第1版第4次印刷

购书咨询：010-64518888　　售后服务：010-64518899
网　　址：http://www.cip.com.cn
凡购买本书，如有缺损质量问题，本社销售中心负责调换。

定　　价：68.00元

前言 —— Preface

据研究，饲养宠物不仅有助于成年人缓解心理焦虑，保持情绪平和，促进心脏健康，有效改善免疫系统功能，帮助老年人排遣精神孤独，调理心理状态，同时在一定程度上也能达到缓解生理疾病的目的；还有助于激发儿童活跃、好奇的天性，帮助培养孩子的责任心，促进孩子亲近自然，学习爱护、关心、体贴他人以及与人分享。对家庭来说，饲养宠物有助于增强家庭成员之间的凝聚力，为家庭带来轻松欢乐的气氛，有助于人们建立生活的支点和信心。

目前在中国，饲养宠物已经成为一种时尚，并且成为越来越多的都市人日常生活的一部分。北京、上海、广州、重庆、武汉已经是中国目前公认的五大“宠物城市”。据估计，在未来十年，中国的宠物饲养人数还会出现爆发性增长。与此同时，人们饲养的宠物种类也越来越多，包括猫、狗、猪、兔、鱼、鸭、鹅、鸟、乌龟、仓鼠、蛇等。

伴随着各种宠物数量的增长，围绕宠物经济也产生了一系列相关的产业，并且呈现出巨大的发展潜力，如宠物食品、宠物用品、宠物医疗、宠物美容业等，而宠物服装业就是其中之一。

宠物服饰的出现，是人们对待宠物更趋于人性化的一种标志，也意味着饲养宠物的人，从心理上真正完全接纳了宠物，并且把宠物当作自己家庭中的一员。宠物服的出现，不仅仅是为了美化装扮宠物，还能够让宠物保持卫生，在寒冷的天气里更具有保暖作用。在严寒的冬季，宠物店中的各种防寒衣物基本上都成了抢手货，如斑马服、格格装、公主裙、针织衫、羽绒马甲、围巾、帽子等……着装时尚的猫猫狗狗们在主人们的装扮下出尽了风头。

本书中的宠物服饰，除了包括各种犬科动物（狗、狐）和猫科动物（猫、猞猁）穿的宠物背心、衬衫、裙子、裤装、外套、T恤、连体裤、棉服、羽绒服、节假日服饰等，还增加了一些鸟类服饰，刺猬、香猪服饰等。

由于时间仓促，本书难免有不足之处，万望广大读者谅解和指正！

编者

目录 —— Contents

第一章 猫科和犬科宠物装

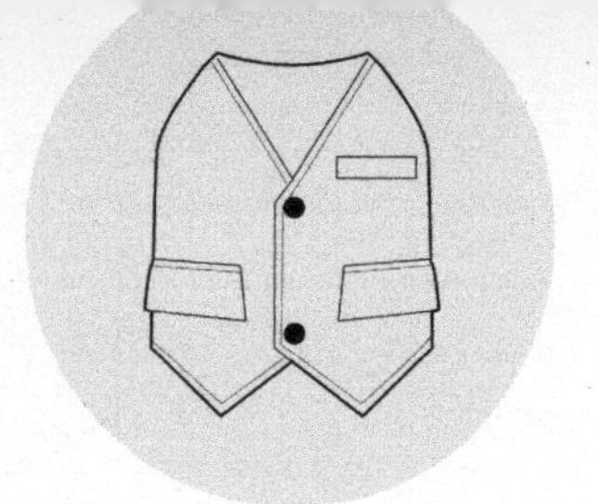

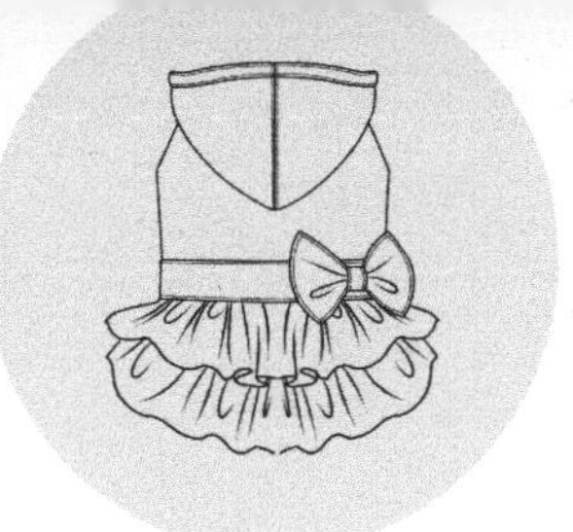

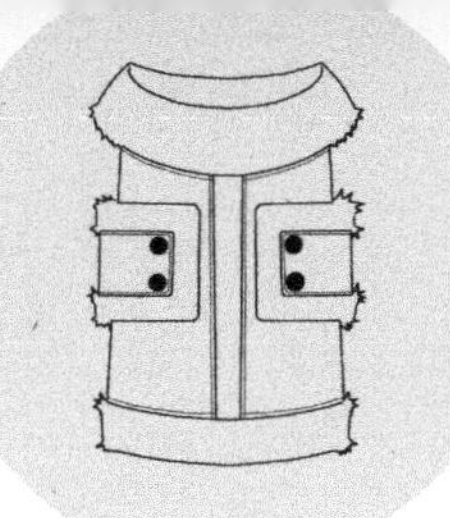

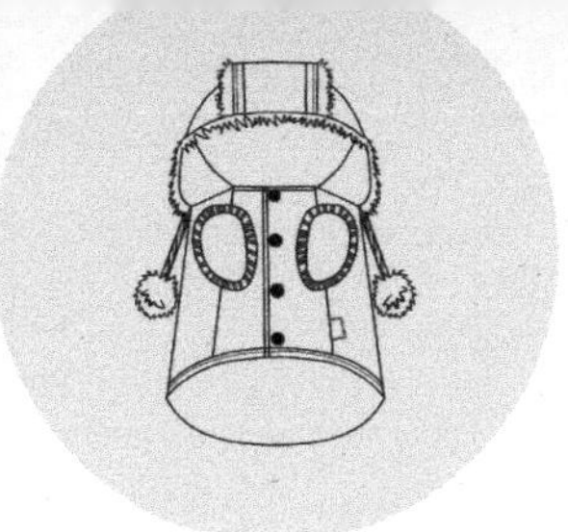
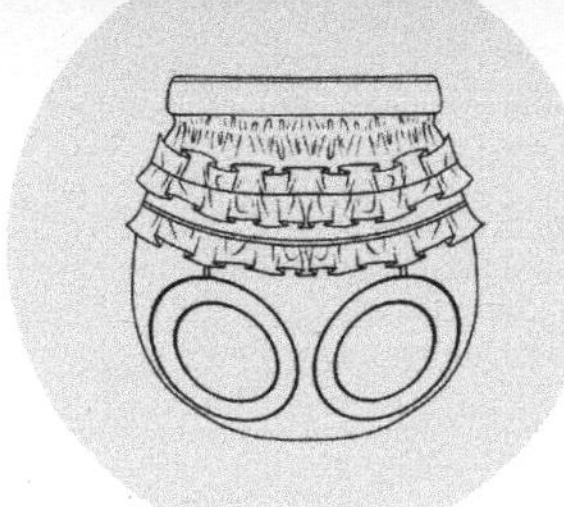

第二章　其他宠物装

第一章　猫科和犬科宠物装

人们饲养的猫科宠物以猫为主。猫有很多品种，根据其起源有欧洲家猫和亚洲家猫之分。欧洲家猫主要起源于非洲的山猫；亚洲家猫则主要起源于印度的沙漠猫。目前，人们当宠物饲养的猫主要有狸花猫、云猫、狮猫、俄国蓝猫、波斯猫、短毛猫、哈瓦那猫、曼岛猫、暹罗猫、雪鞋猫、土耳其猫、缅甸猫。其他的猫科宠物还有猞猁等。

犬科宠物主要包括各类大、中、小型犬，例如德国牧羊犬、苏格兰牧羊犬、拉布拉多犬、藏獒、日本银狐犬、格力犬、杜高犬、萨摩犬、雪达犬、博美犬、京巴犬、西施犬、吉娃娃犬等。还有少数人把犬科中的另一类动物——狐当作宠物饲养。

POLO衫和T恤

1. POLO衫

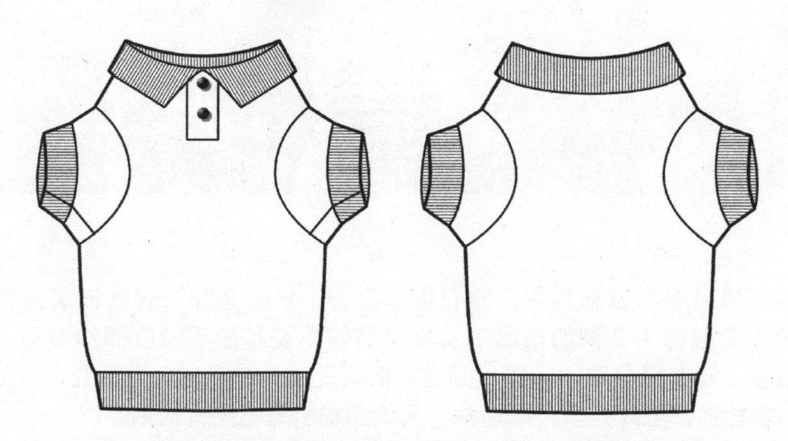

部位	身长	胸围	领围
尺寸/cm	27	45	32

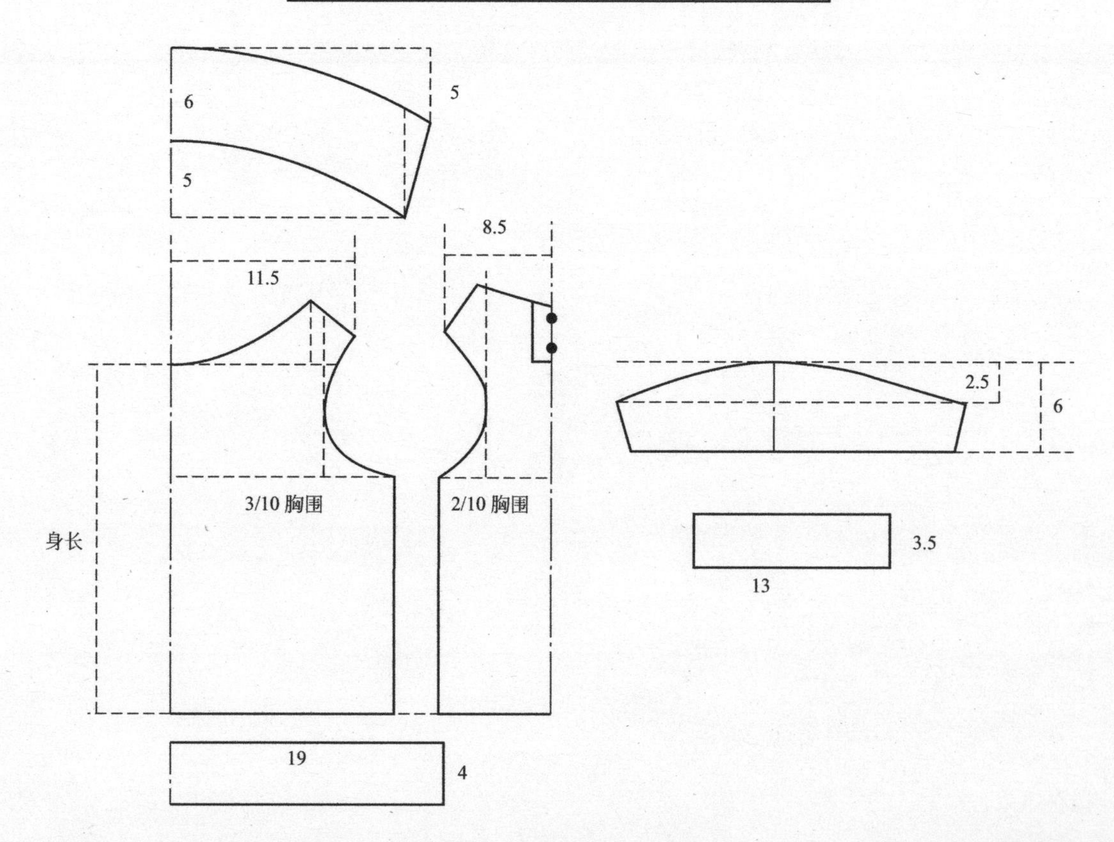

2. T恤A款

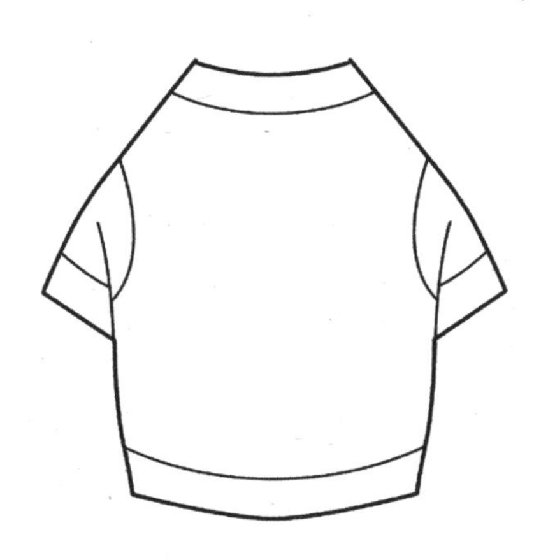

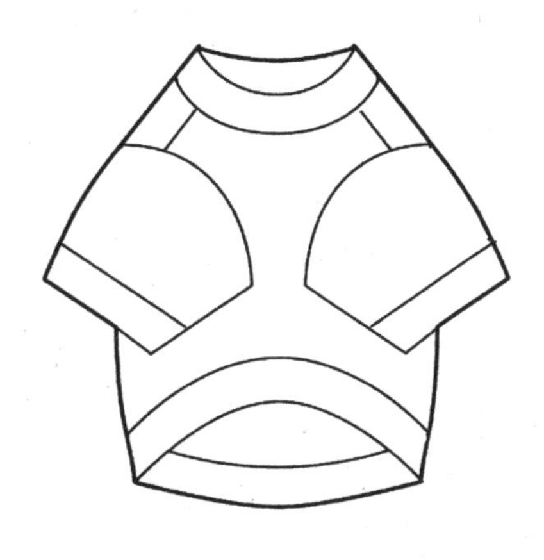

部位	身长	胸围	领围
尺寸/cm	31	45	32

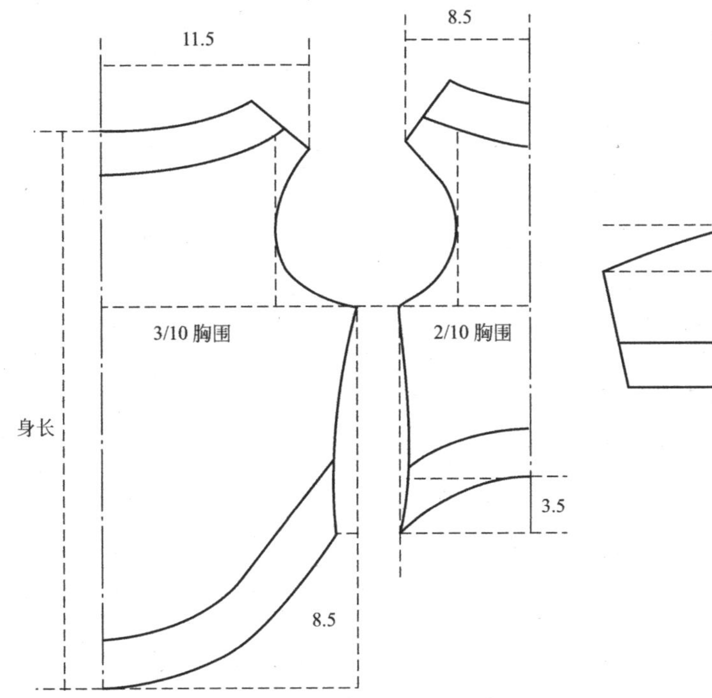

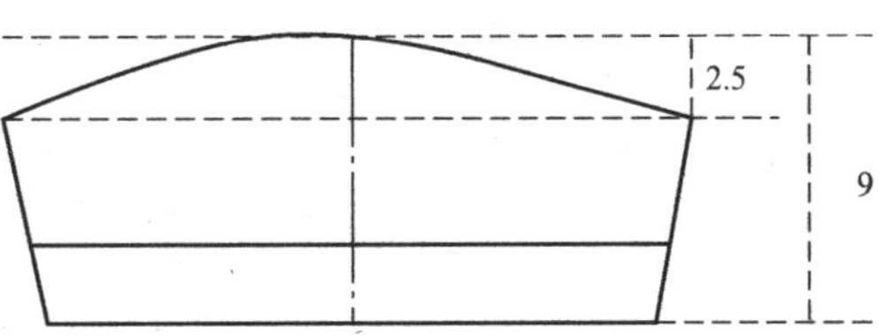

3. T恤B款

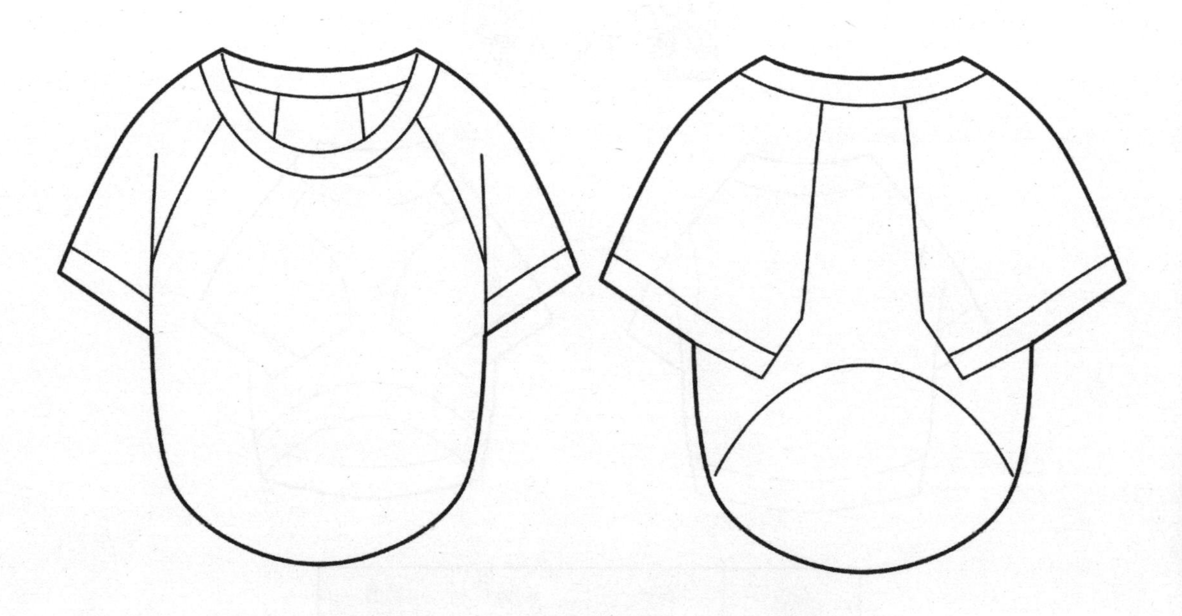

部位	身长	胸围	领围
尺寸/cm	31	45	32

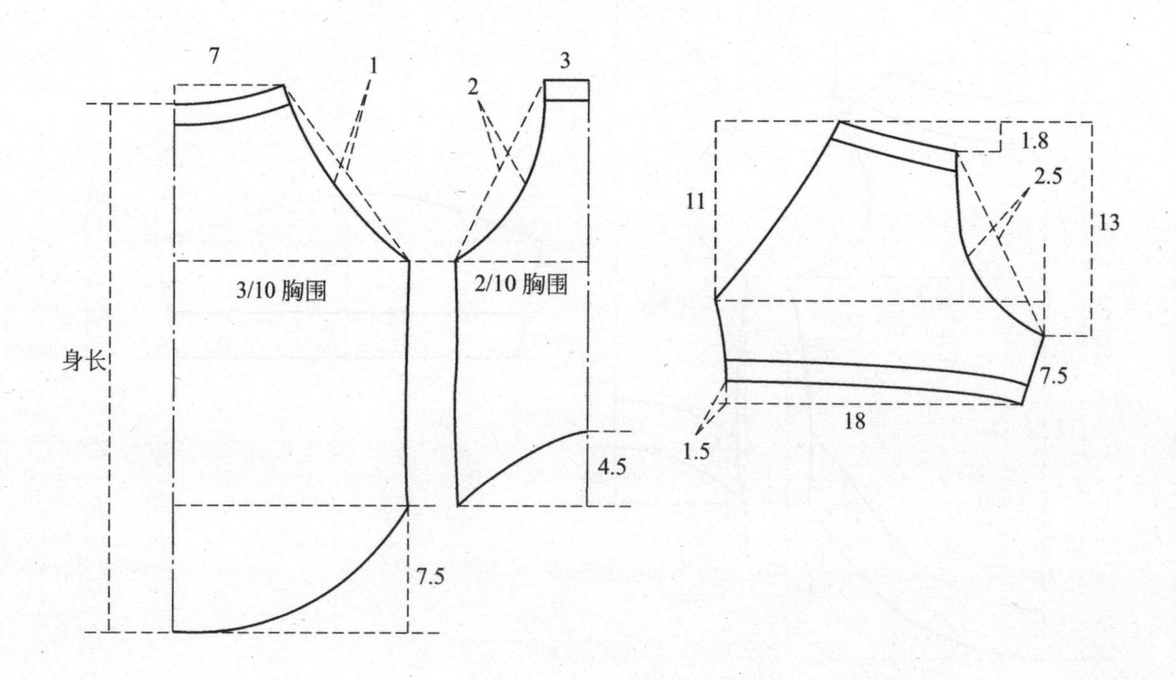

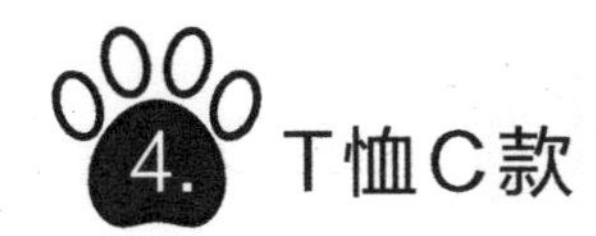

4. T恤C款

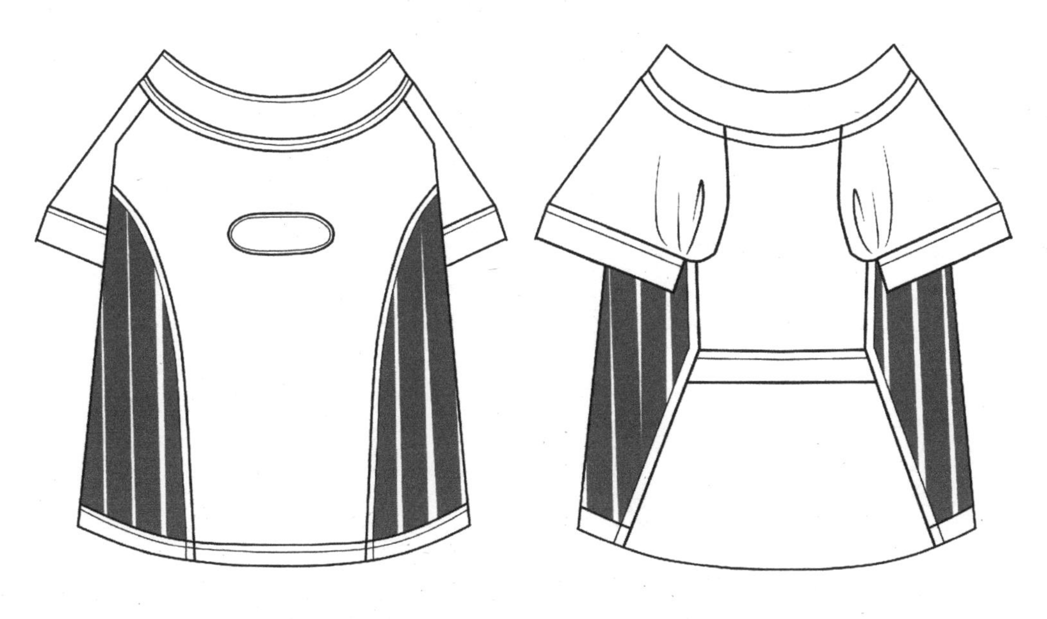

部位	身长	胸围	领围
尺寸/cm	31	45	32

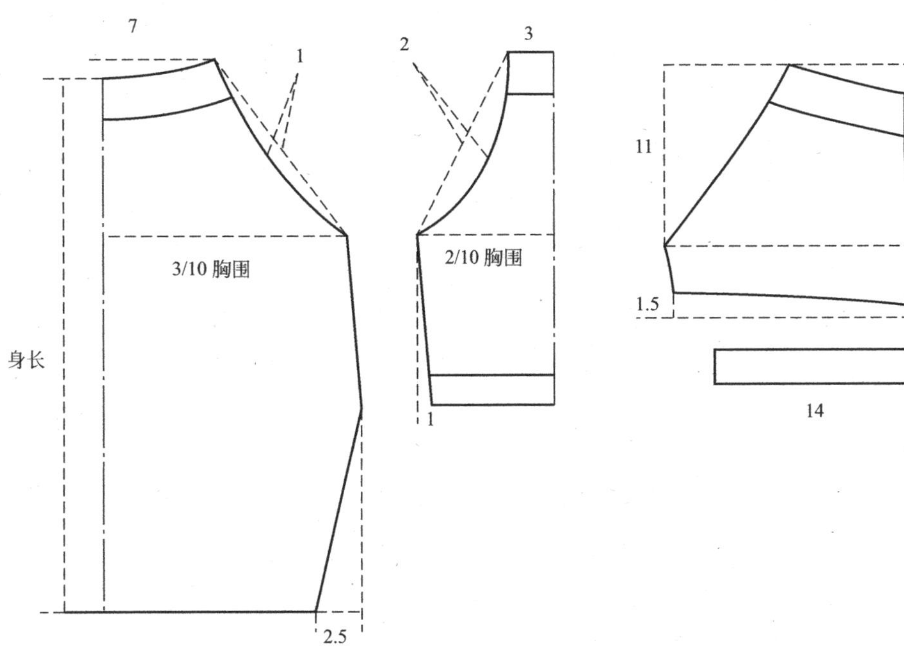

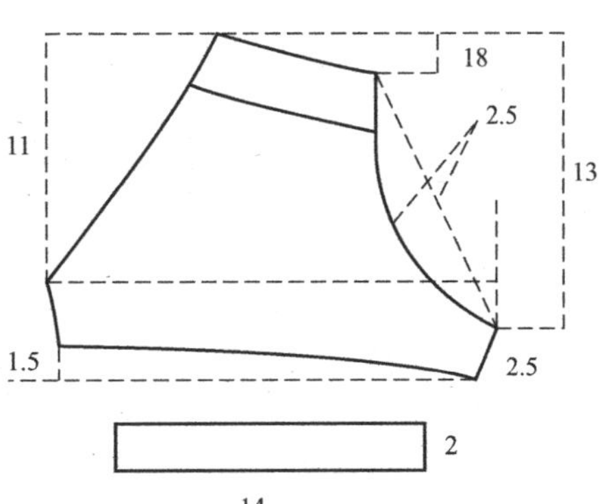

5. T恤D款

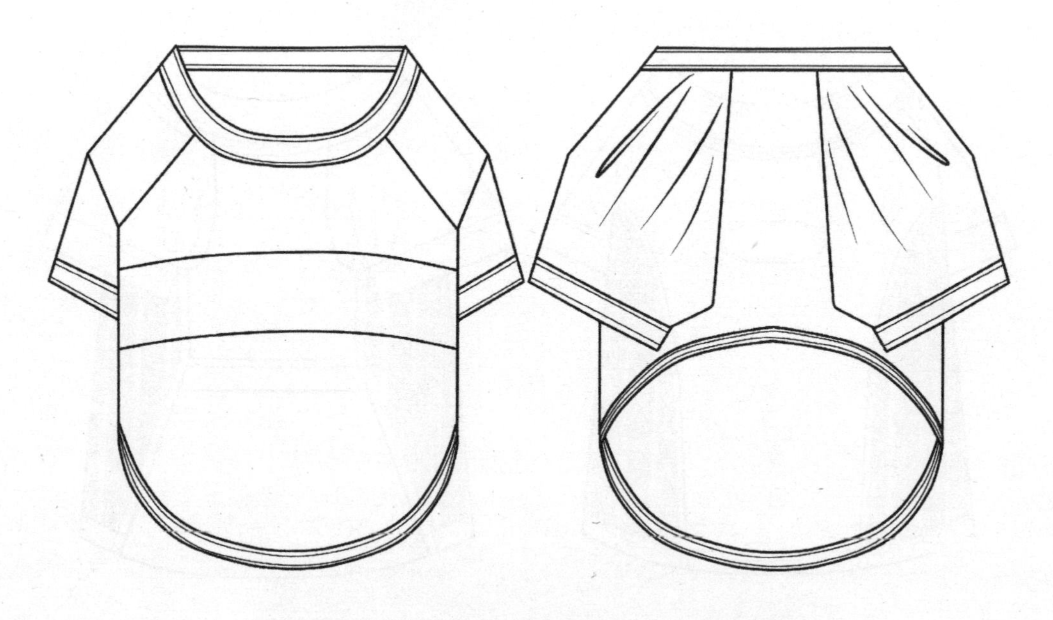

部位	身长	胸围	领围
尺寸/cm	26	45	32

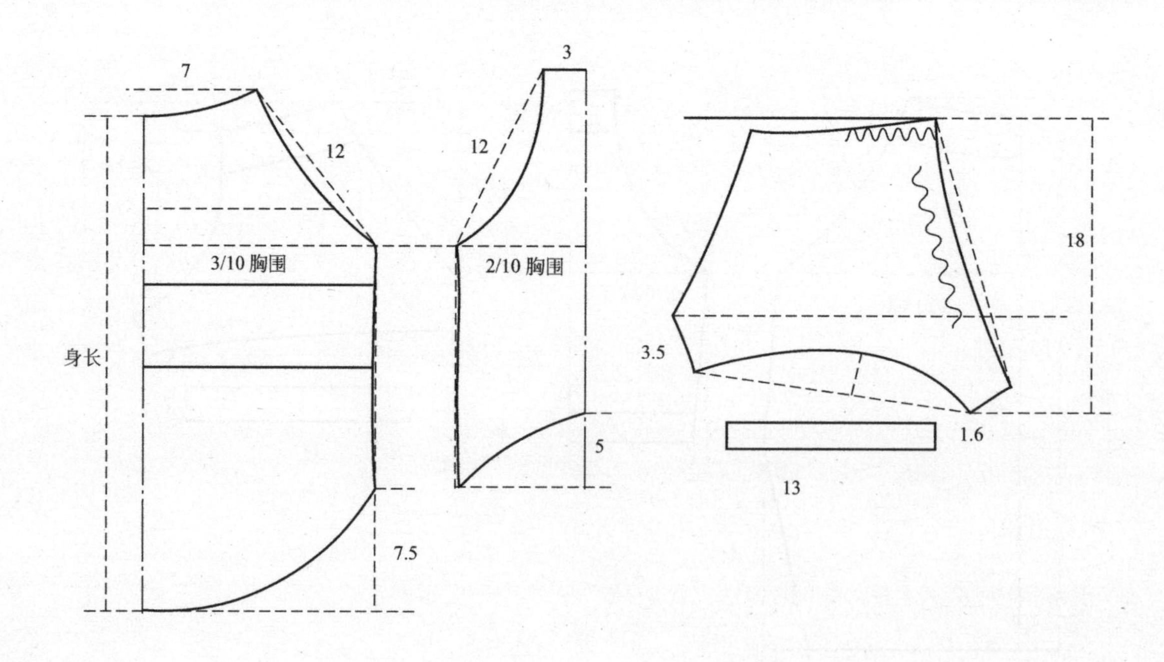

6. T恤E款

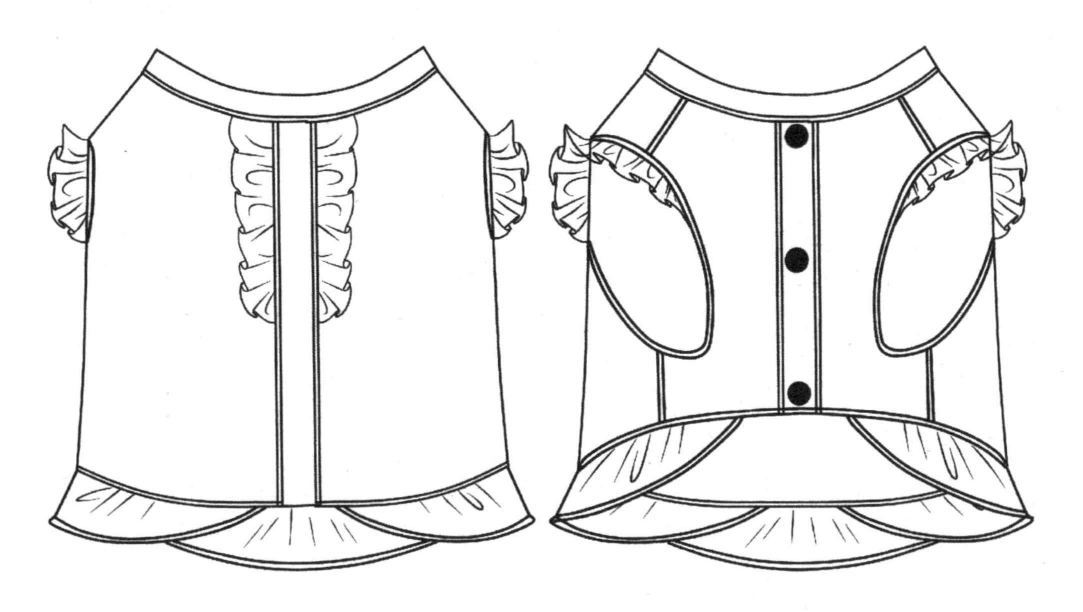

部位	身长	胸围	领围
尺寸/cm	31	45	32

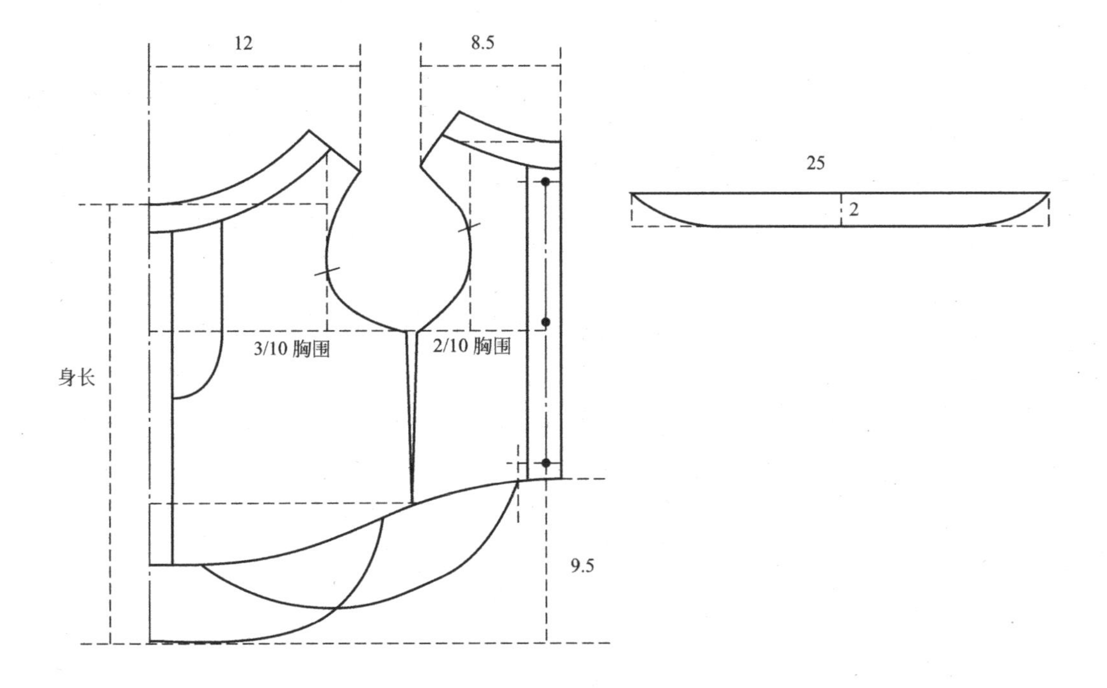

T恤F款

部位	身长	胸围	领围
尺寸/cm	29	45	32

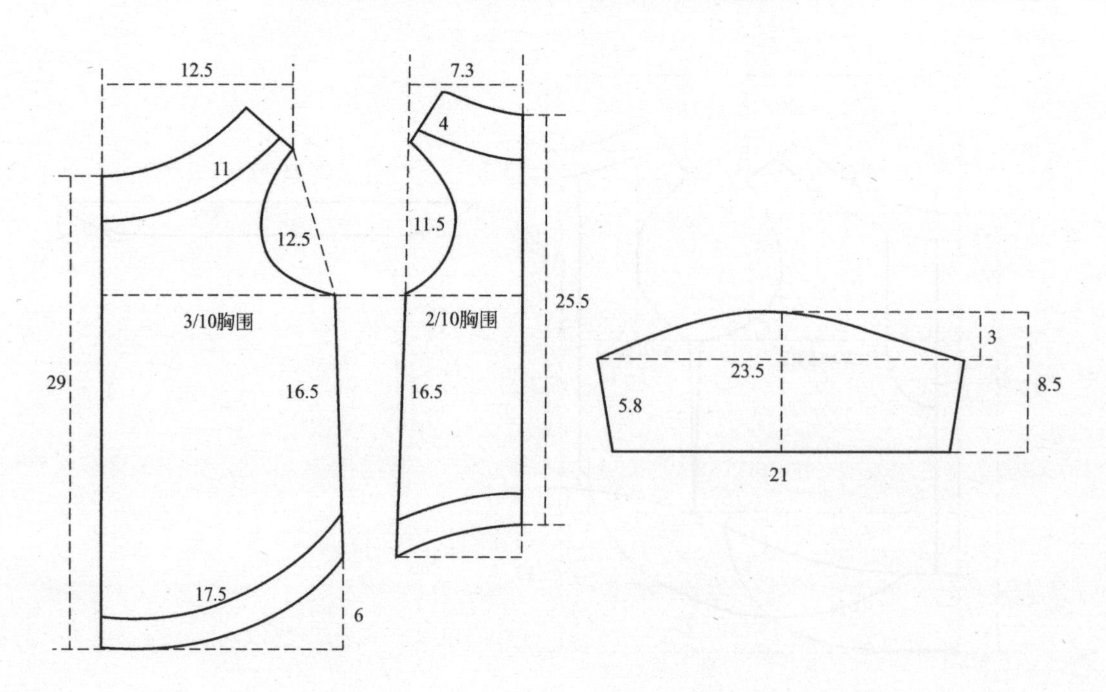

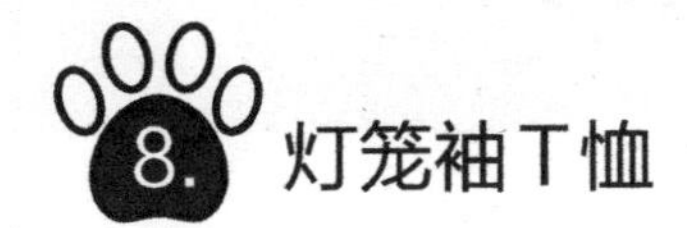

8. 灯笼袖T恤

部位	身长	胸围	领围
尺寸/cm	31	45	32

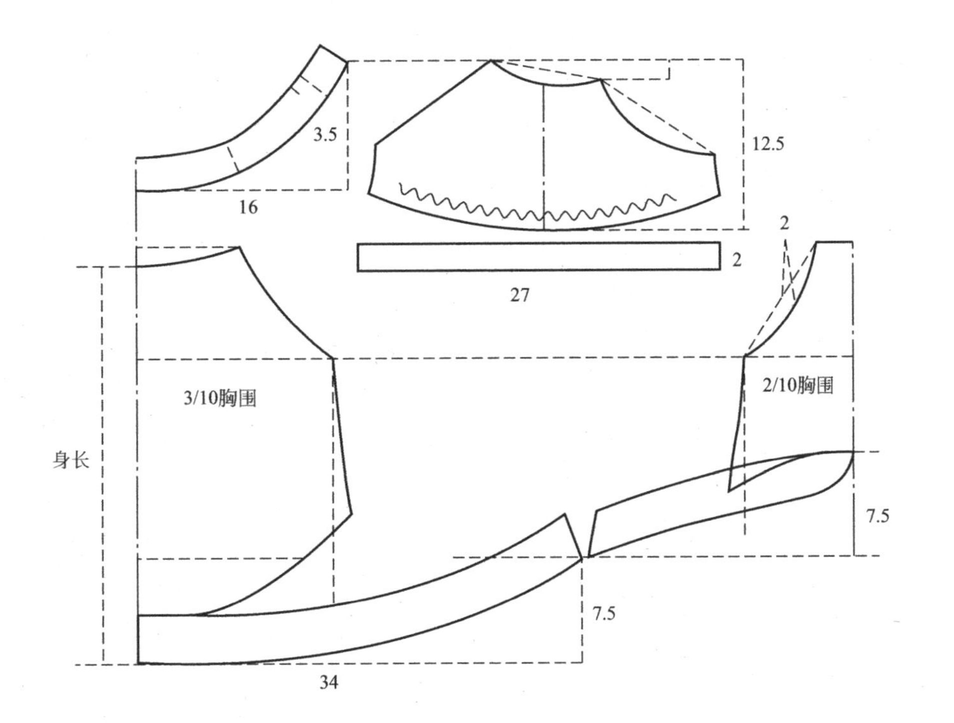

9. 背心A款

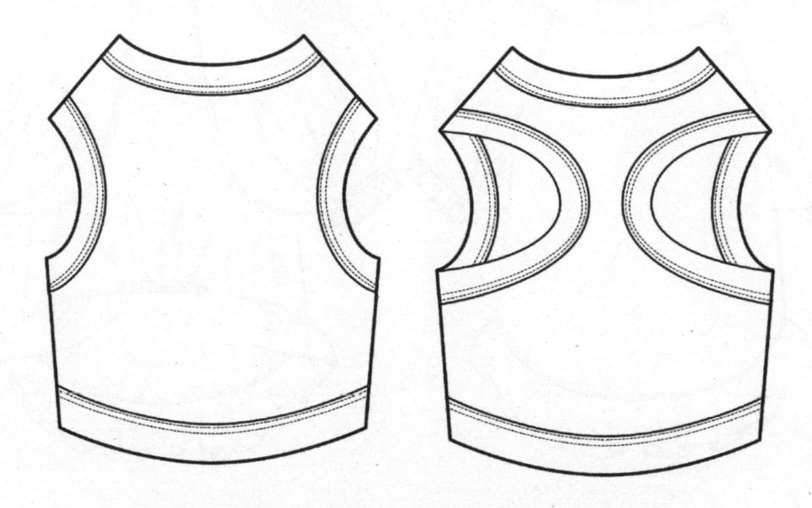

部位	身长	胸围	领围
尺寸/cm	23	42	32

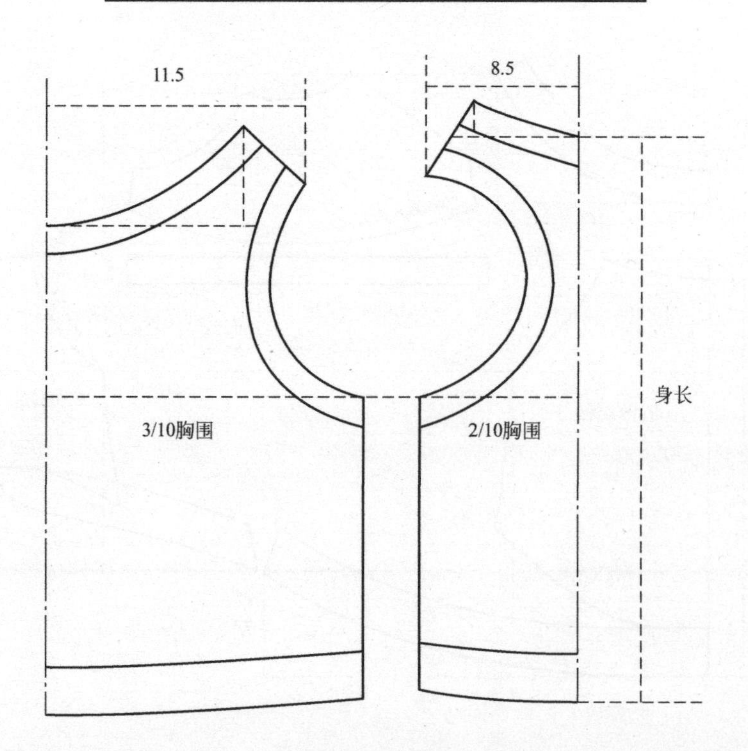

10. 背心B款

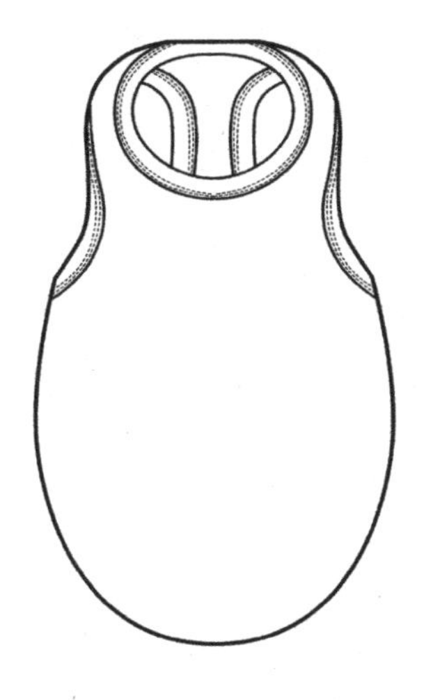

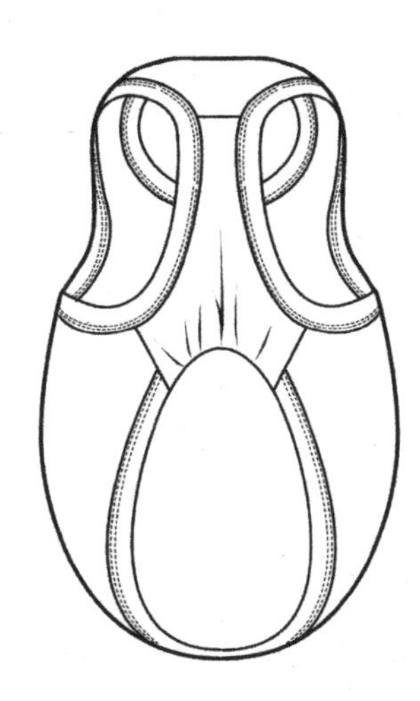

部位	身长	胸围	领围
尺寸/cm	23	42	32

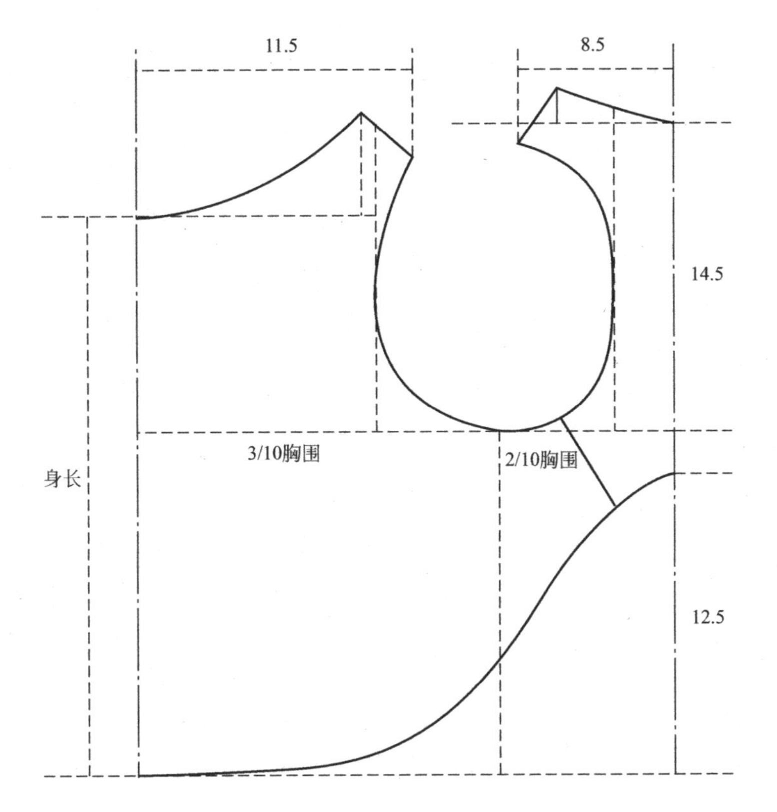

11. 背心C款

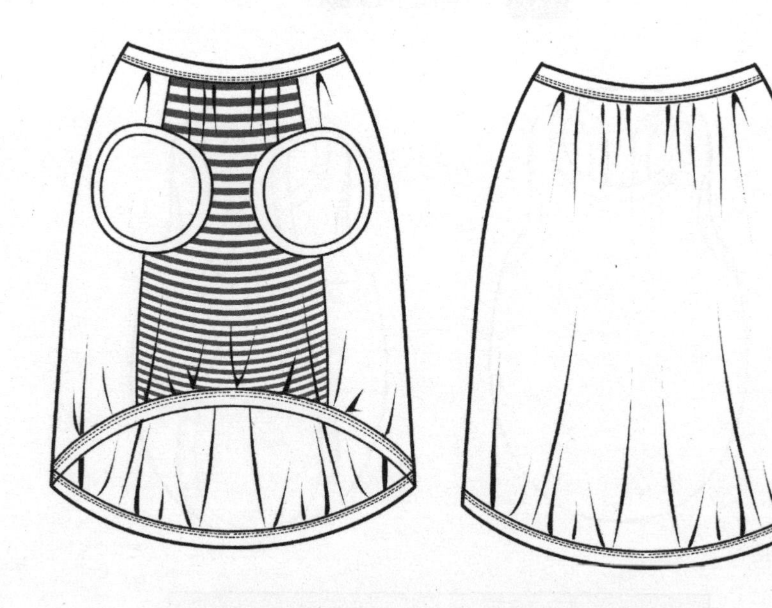

部位	身长	胸围	领围
尺寸/cm	26	45	32

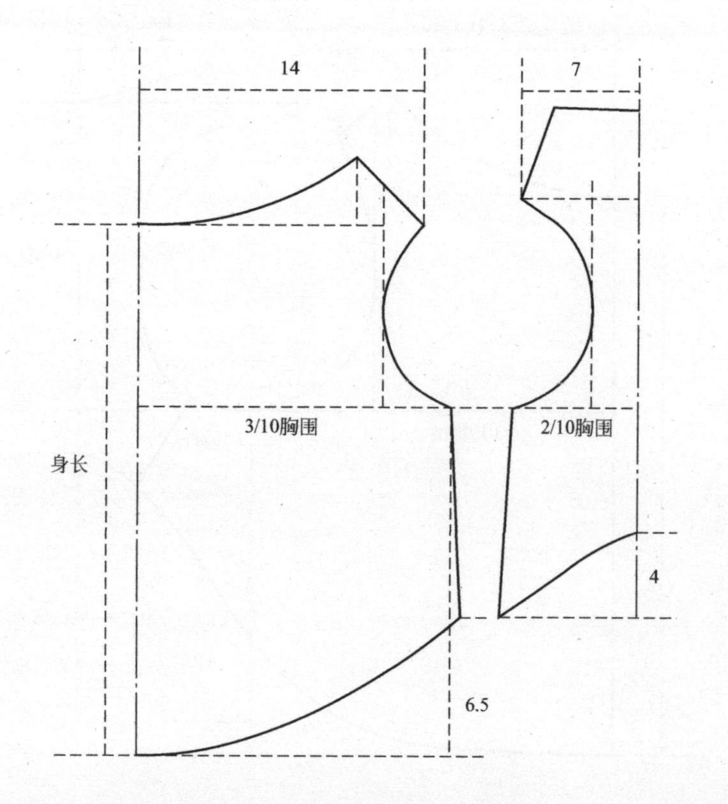

12. 背心D款

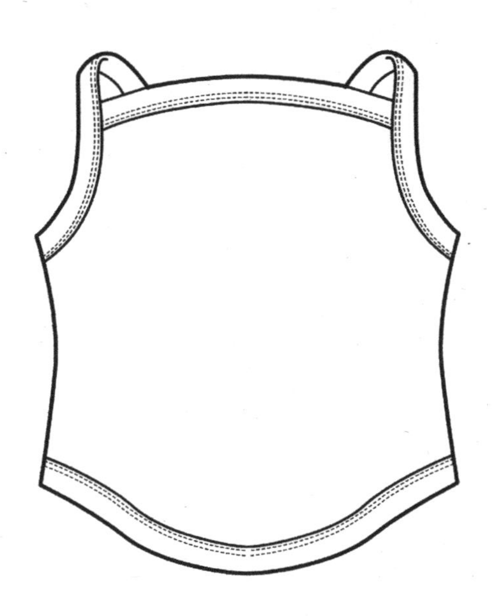

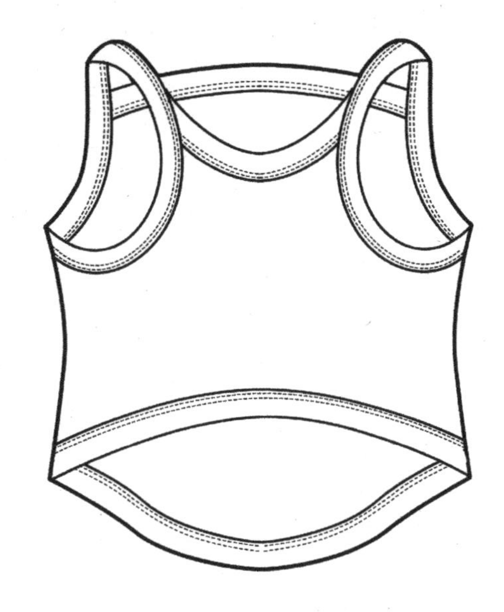

部位	身长	胸围	领围
尺寸/cm	26	42	32

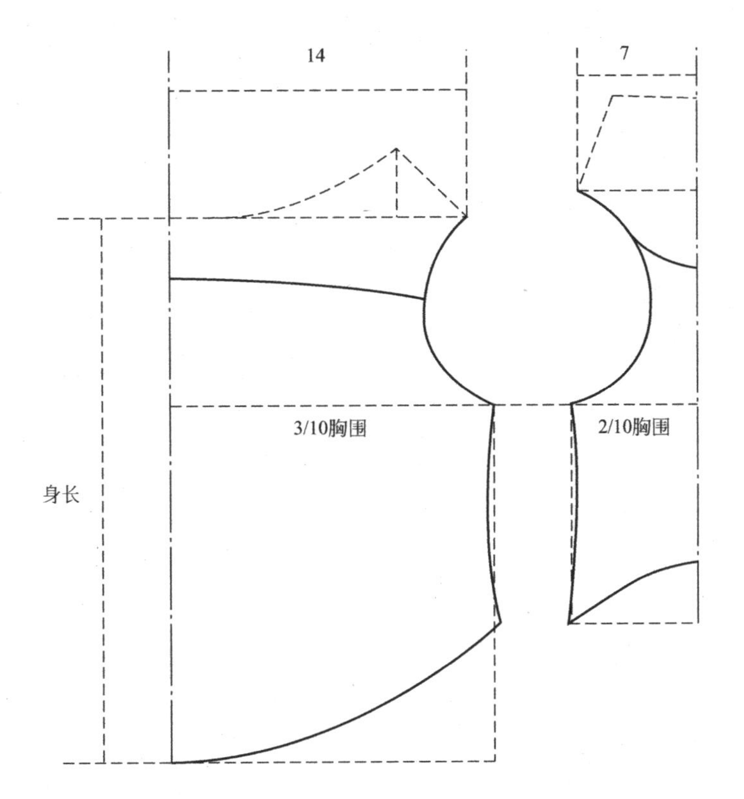

13. 背心E款

部位	身长	胸围	领围
尺寸/cm	32	45	32

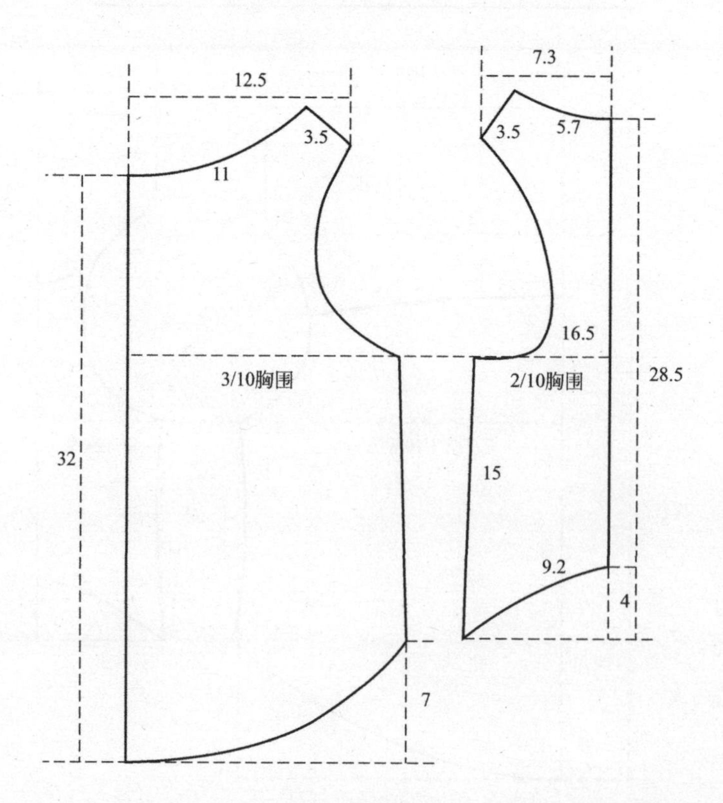

14. 牵引背心

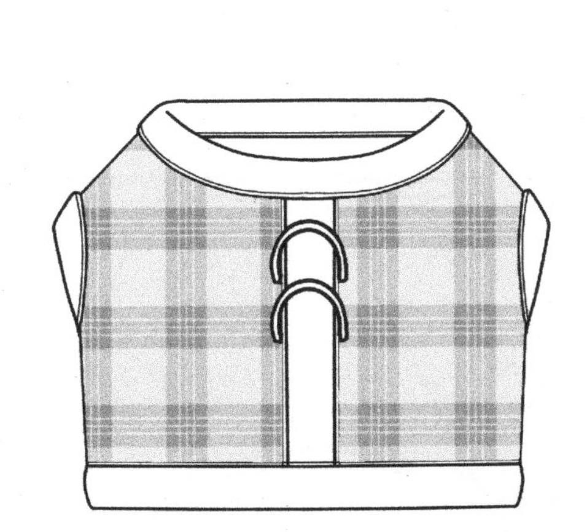
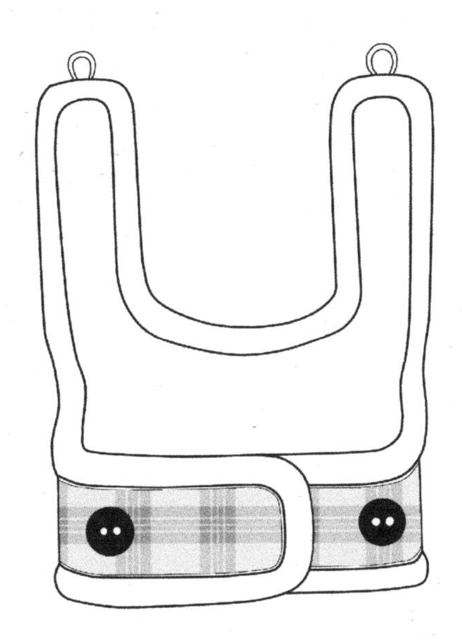

部位	身长	胸围	领围
尺寸/cm	22	42	32

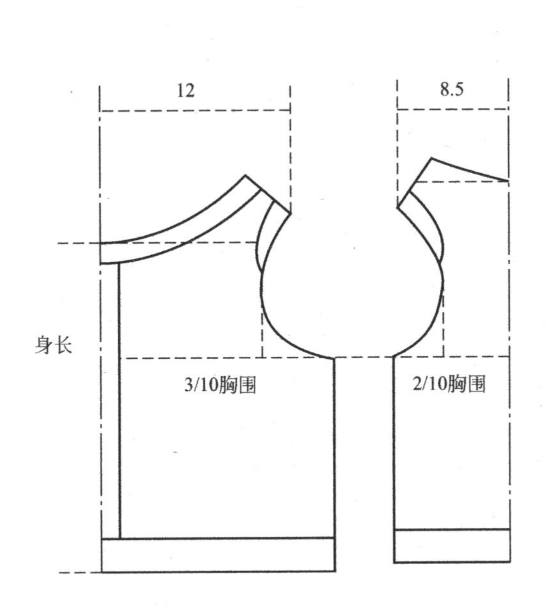

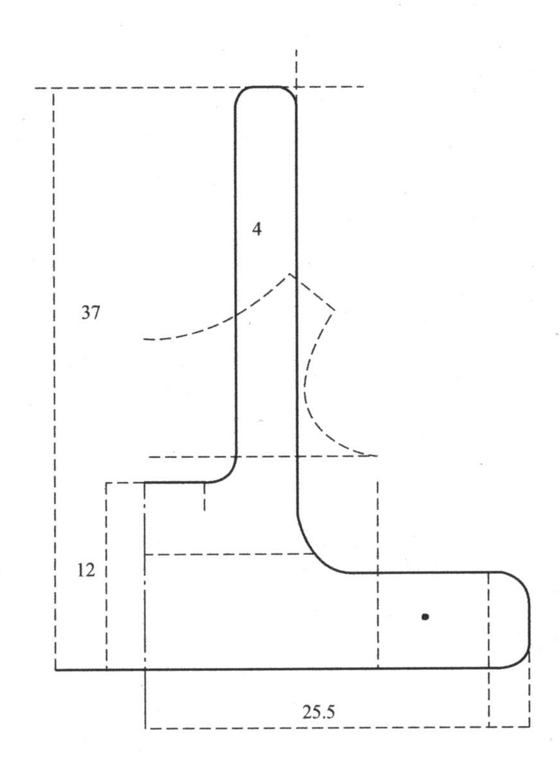

睡 衣

15. 睡衣A款

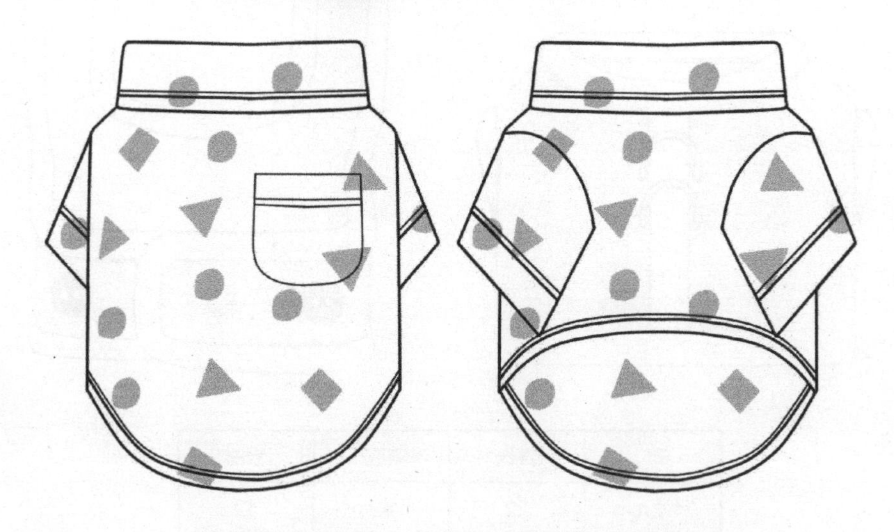

部位	身长	胸围	领围
尺寸/cm	30	45	32

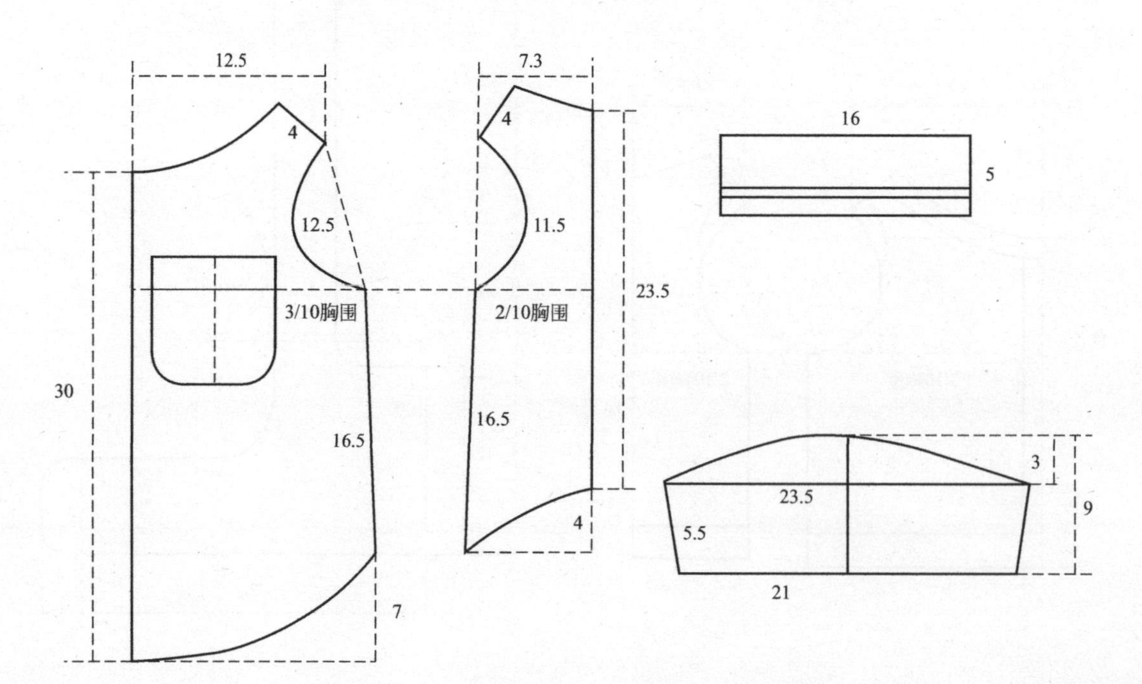

睡衣B款

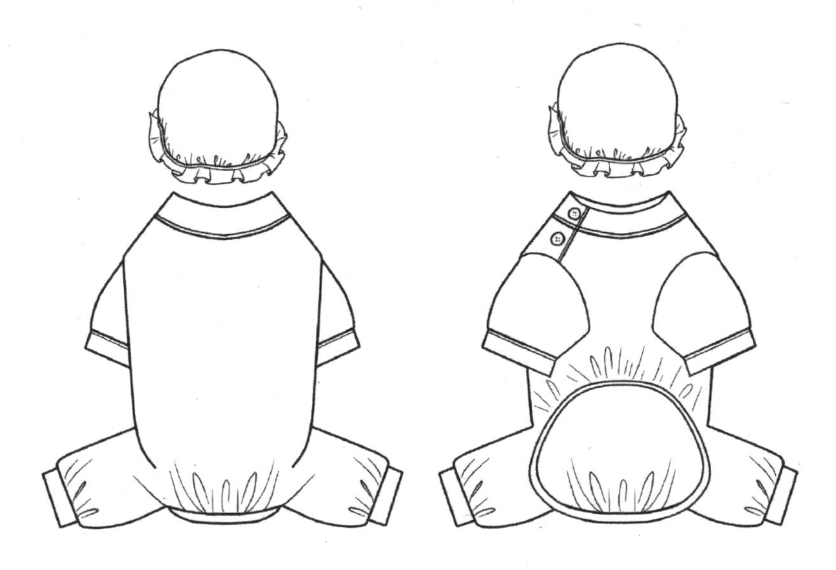

部位	身长	胸围	领围
尺寸/cm	27	45	32

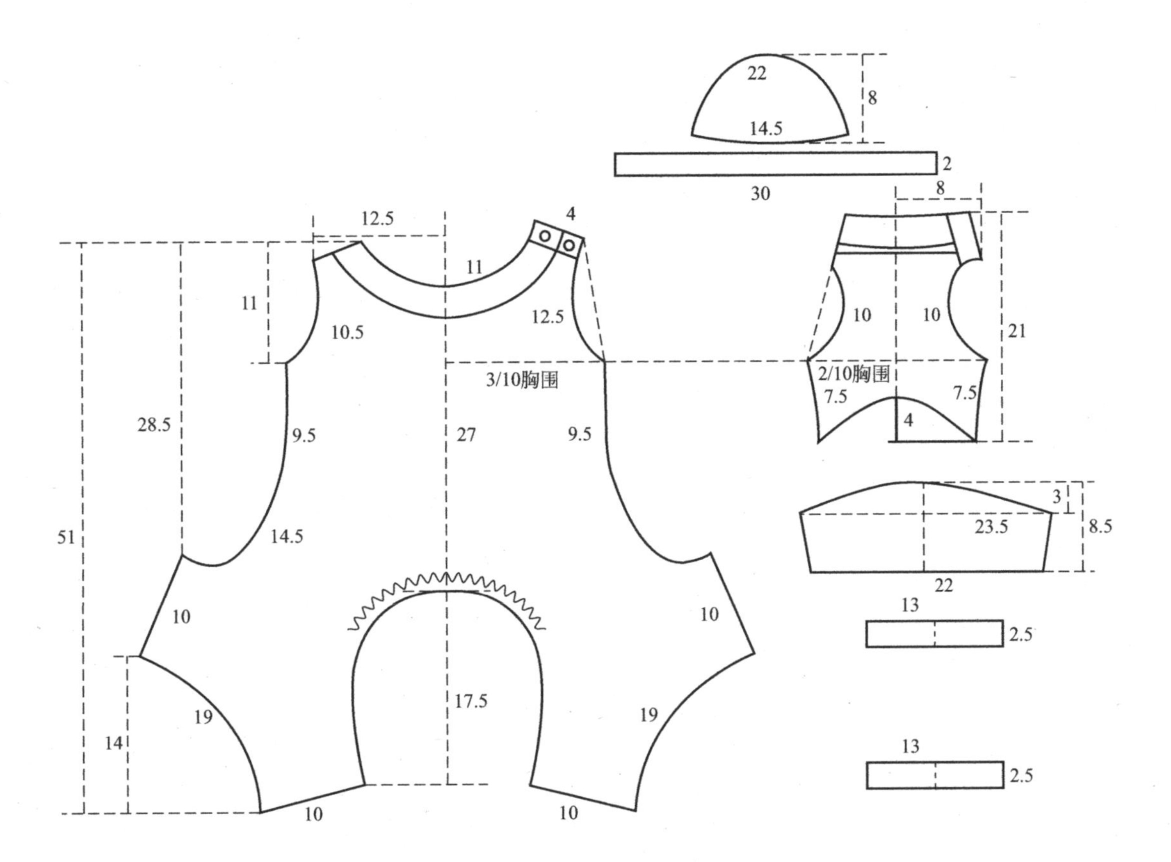

睡衣C款

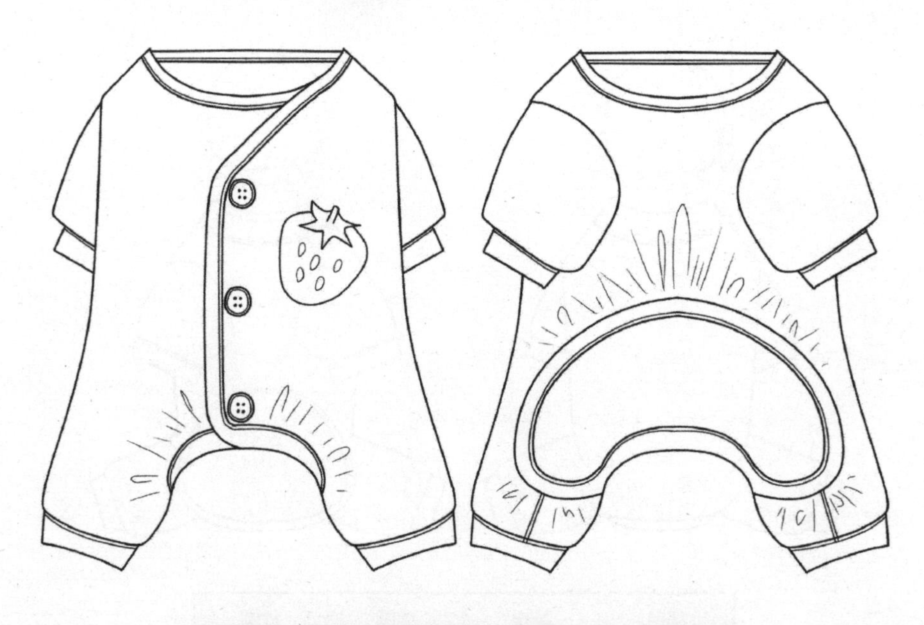

部位	身长	胸围	领围
尺寸/cm	26	45	32

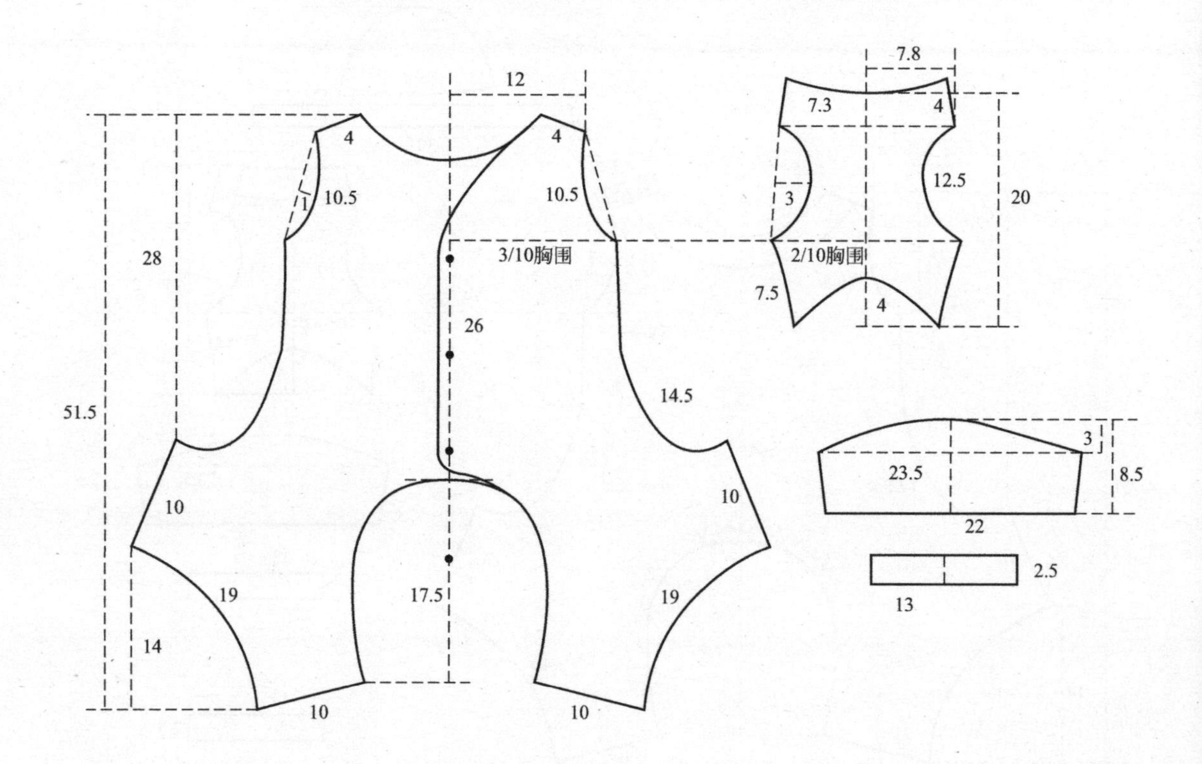

睡衣D款

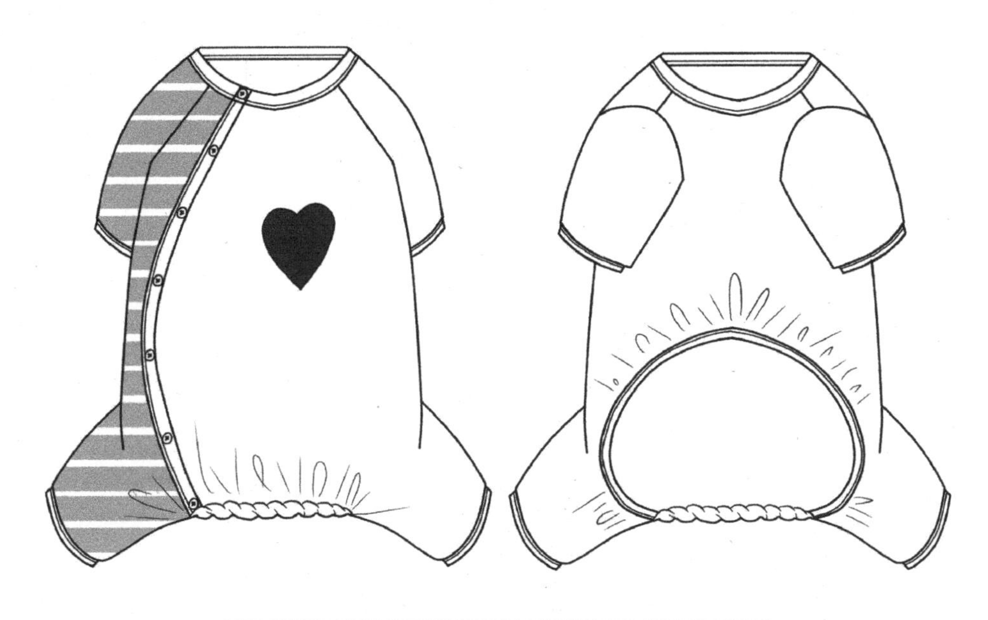

部位	身长	胸围	领围
尺寸/cm	28	45	32

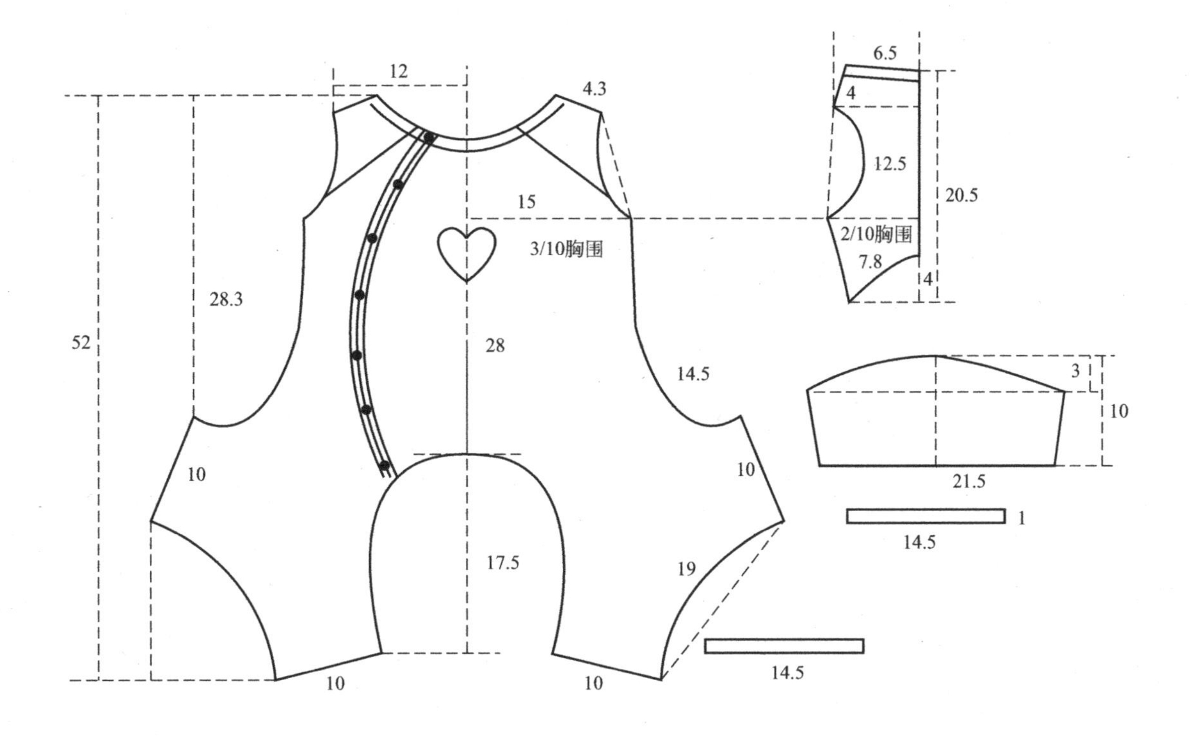

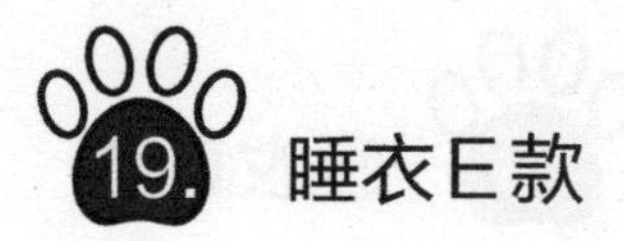

19. 睡衣E款

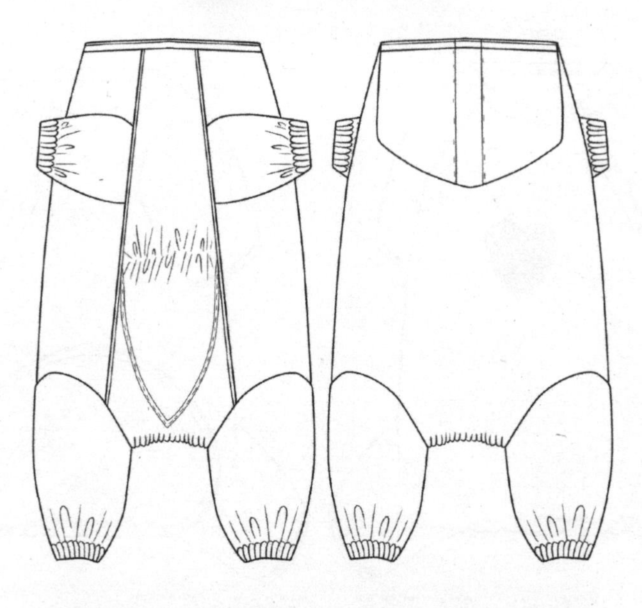

部位	身长	胸围	领围
尺寸/cm	33	45	32

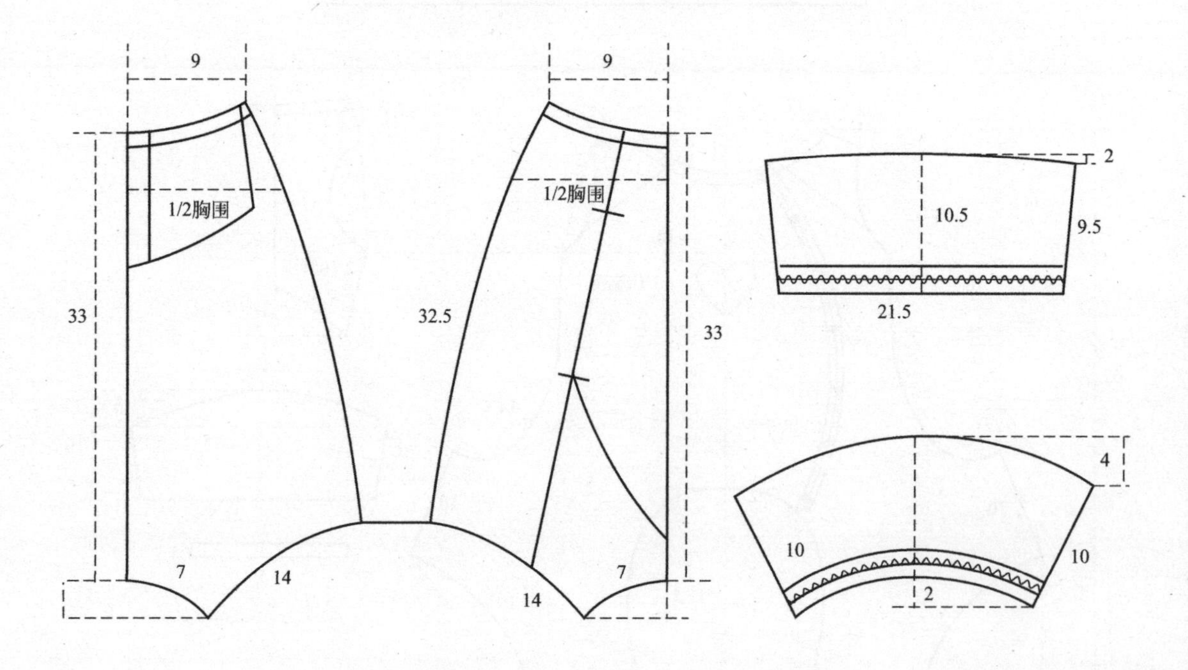

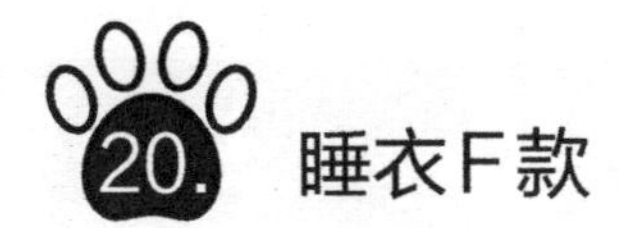

20. 睡衣F款

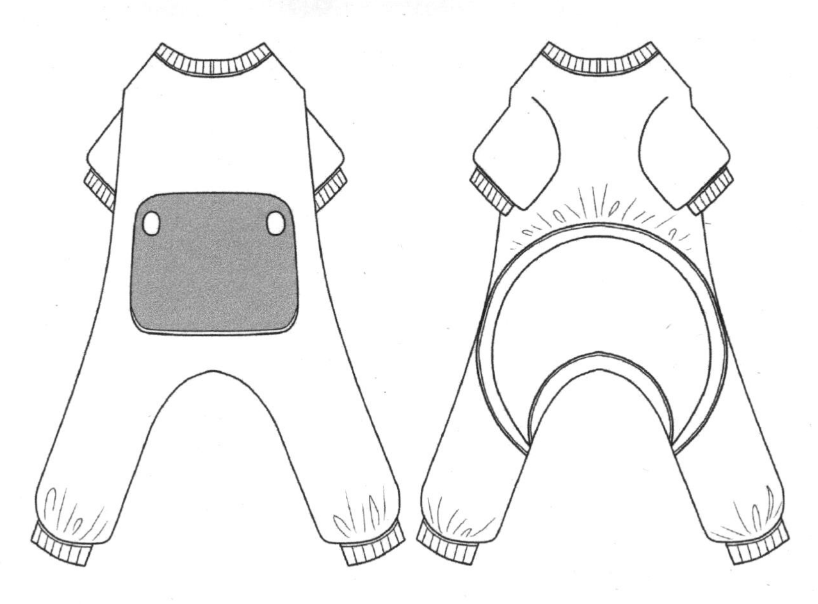

部位	身长	胸围	领围
尺寸/cm	28	45	32

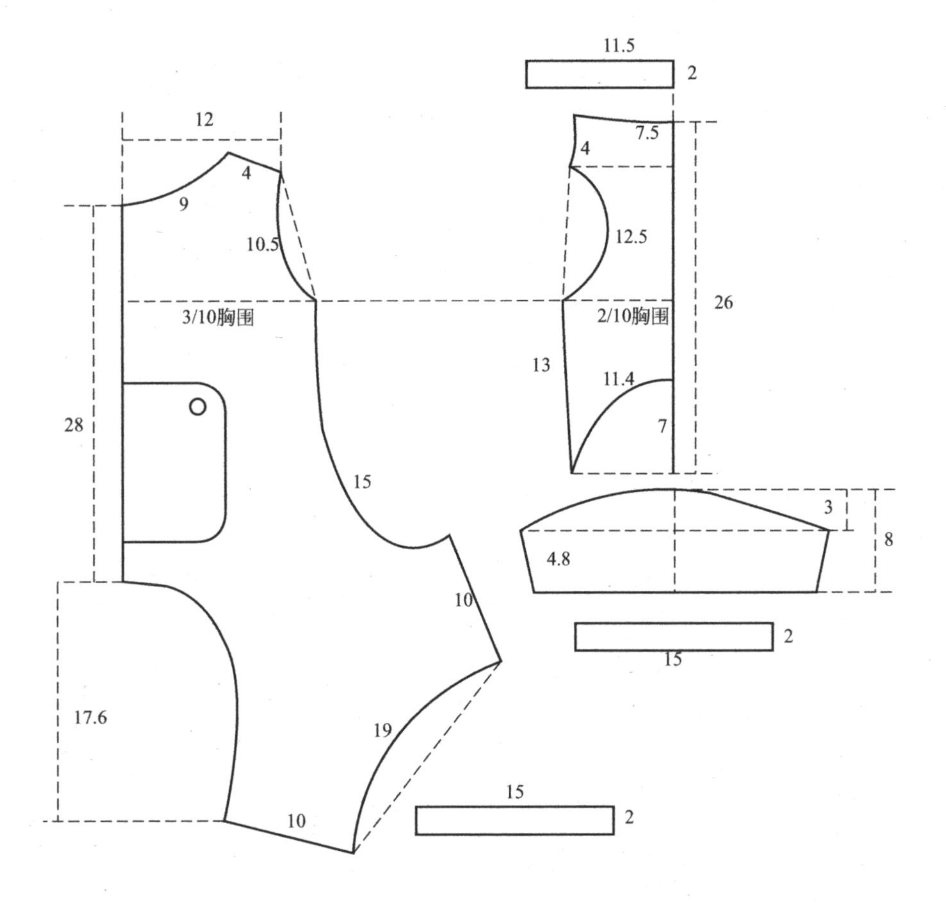

21. 牛仔马甲

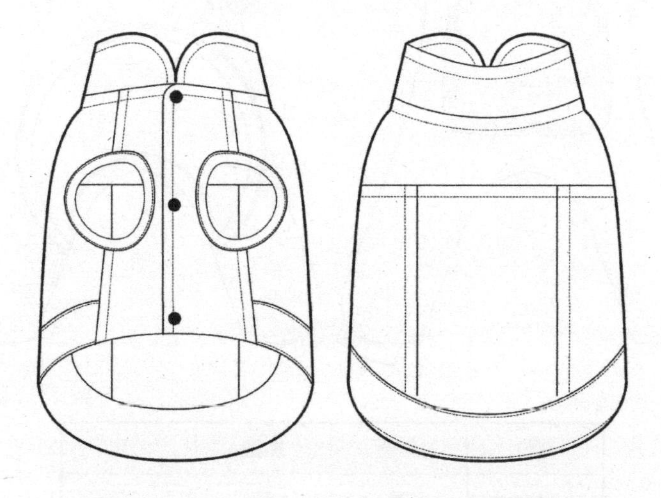

部位	身长	胸围	领围
尺寸/cm	27	45	32

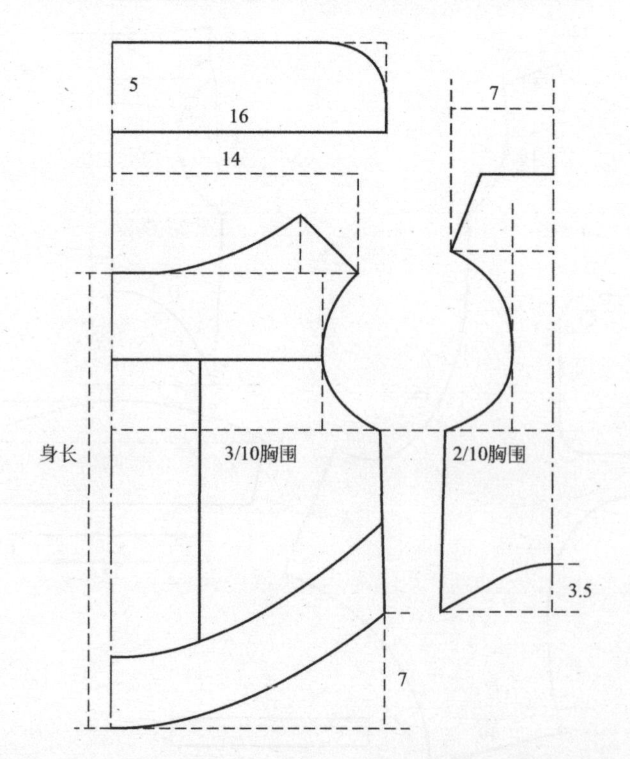

马甲A款

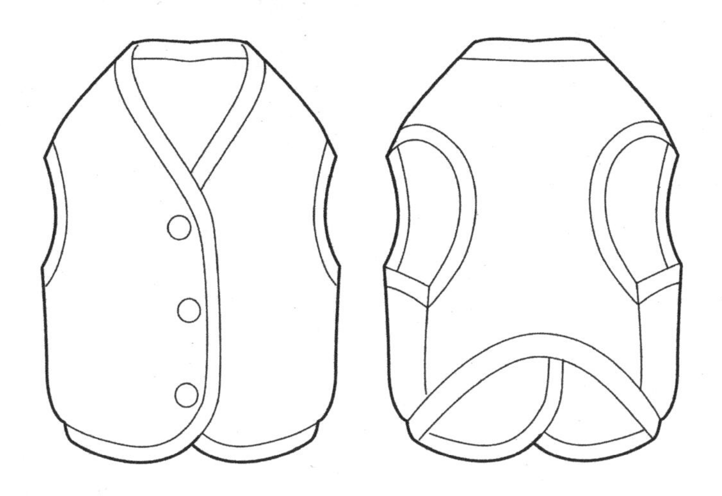

部位	身长	胸围	领围
尺寸/cm	26	42	32

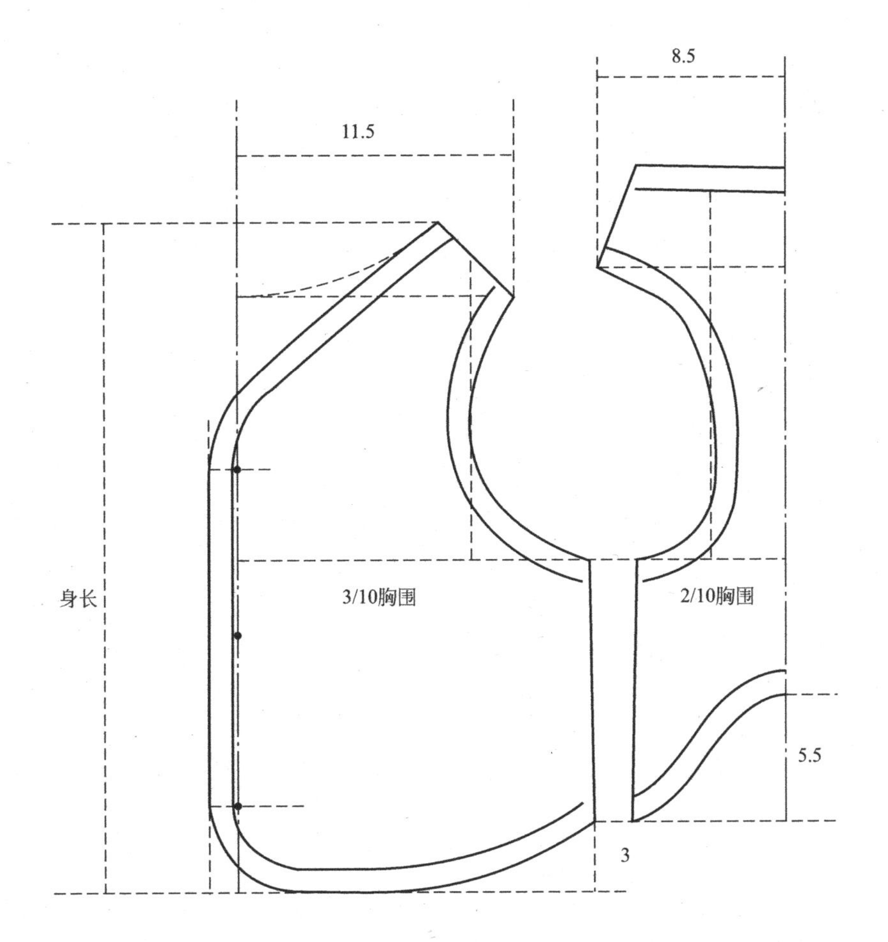

马甲B款

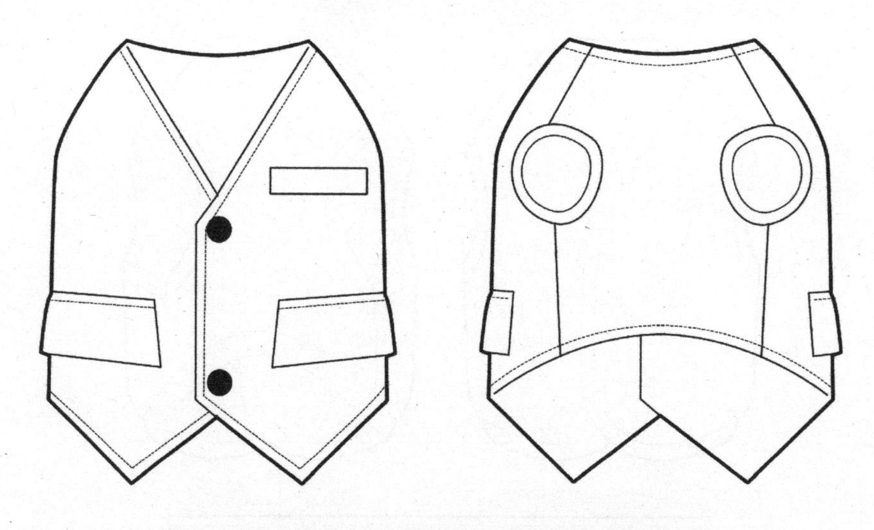

部位	身长	胸围	领围
尺寸/cm	26	42	32

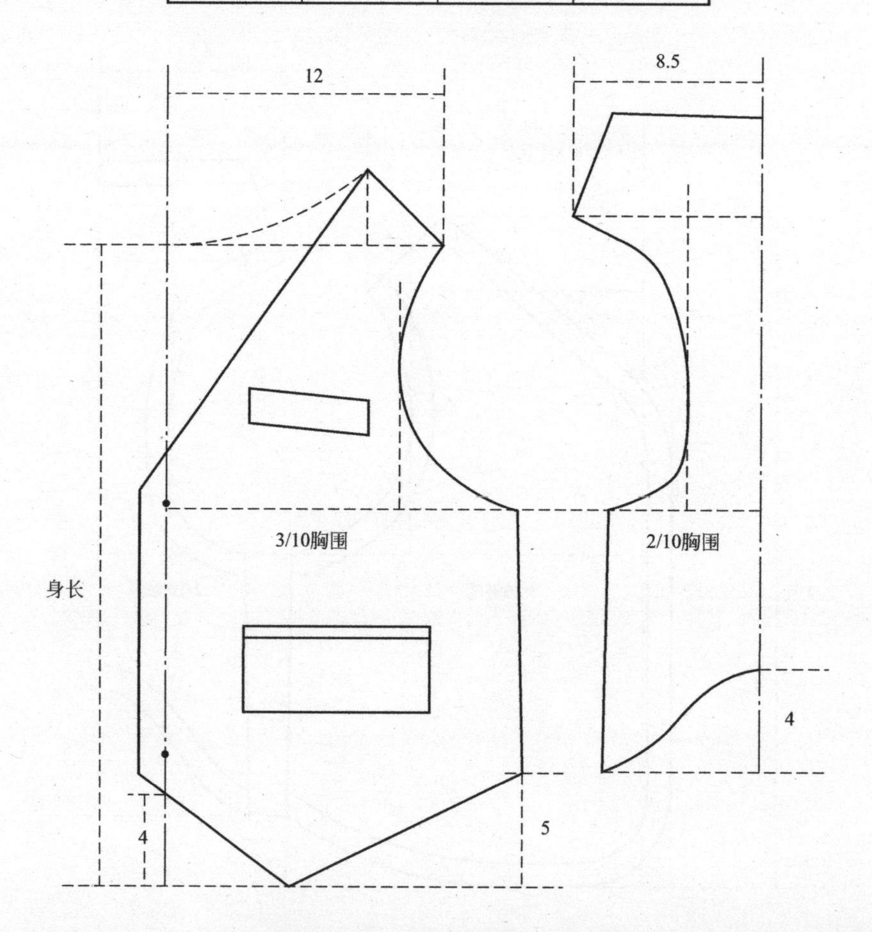

马甲C款

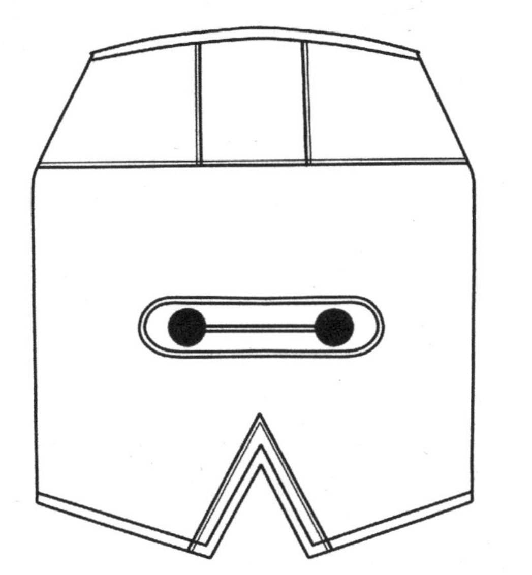

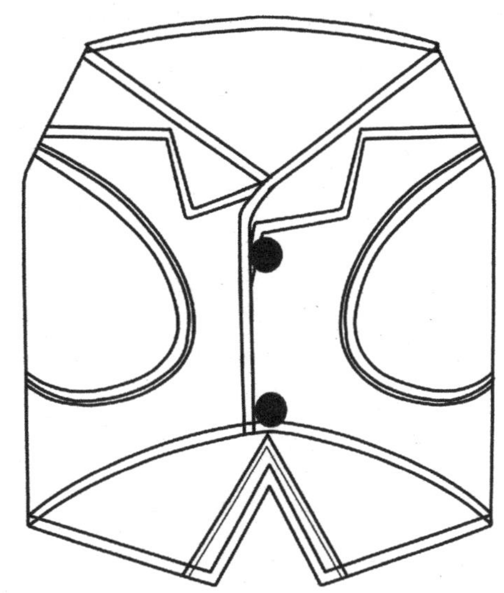

部位	身长	胸围	领围
尺寸/cm	26	45	32

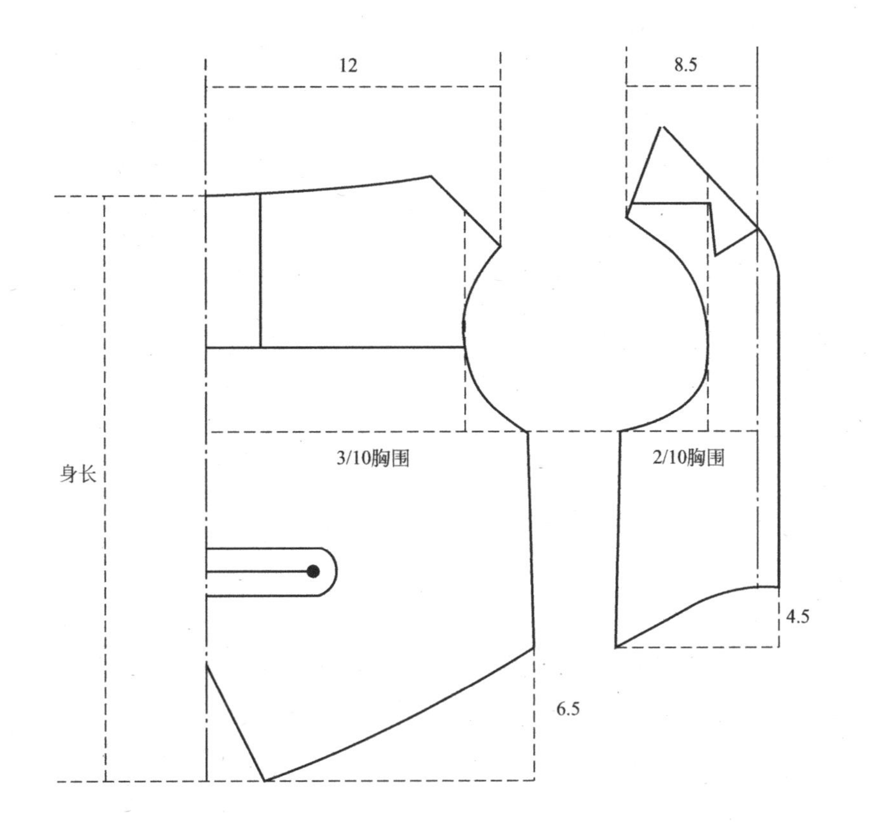

马甲D款

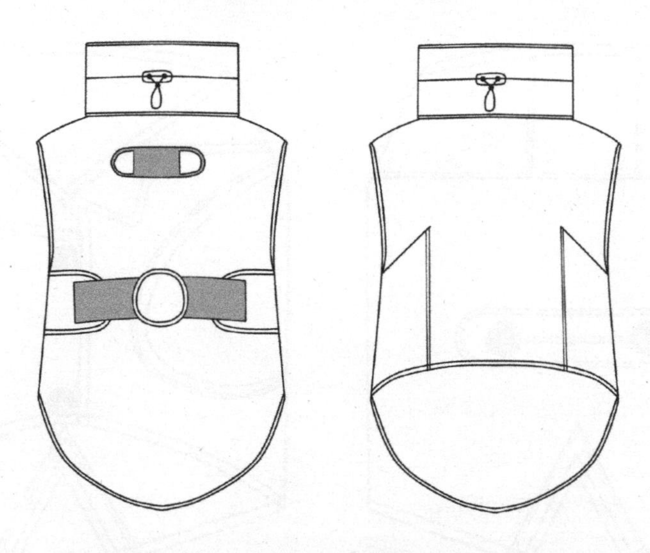

部位	身长	胸围	领围
尺寸/cm	32	45	32

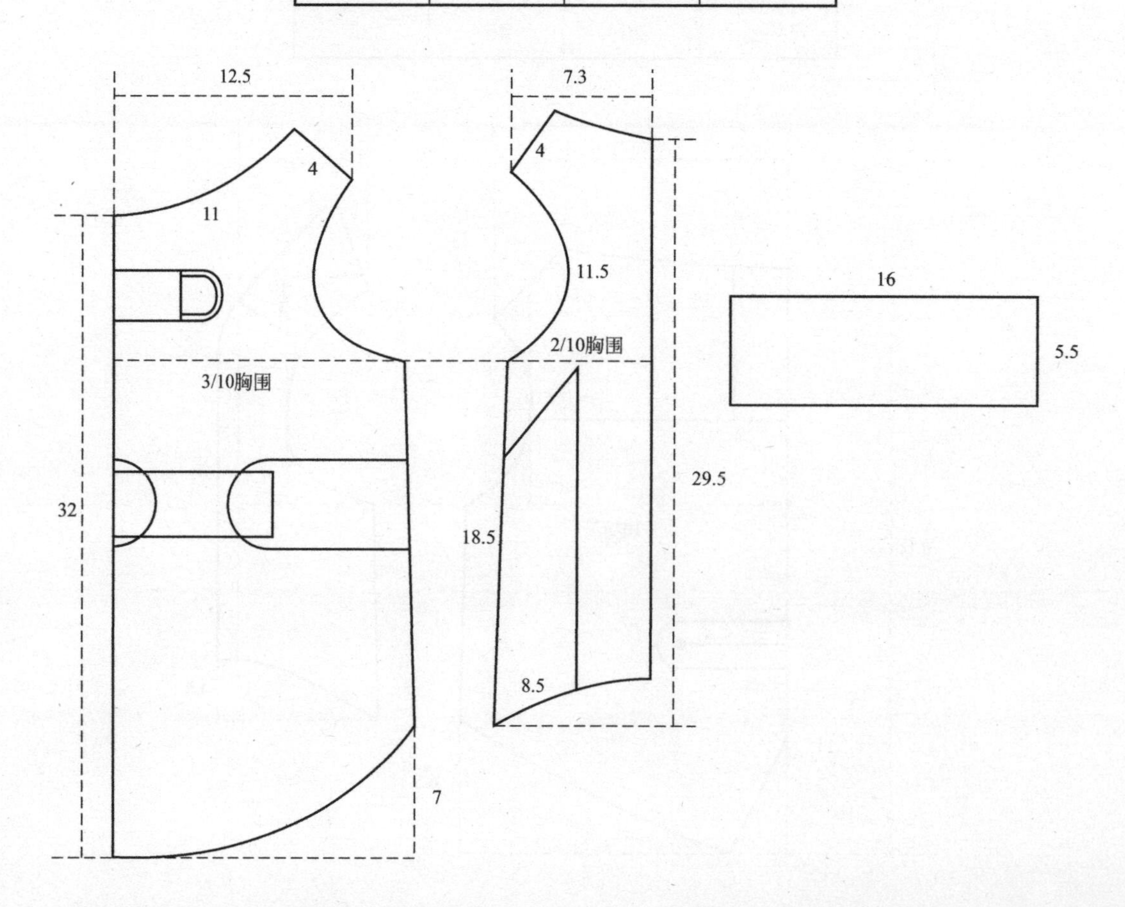

26. 绣花马甲

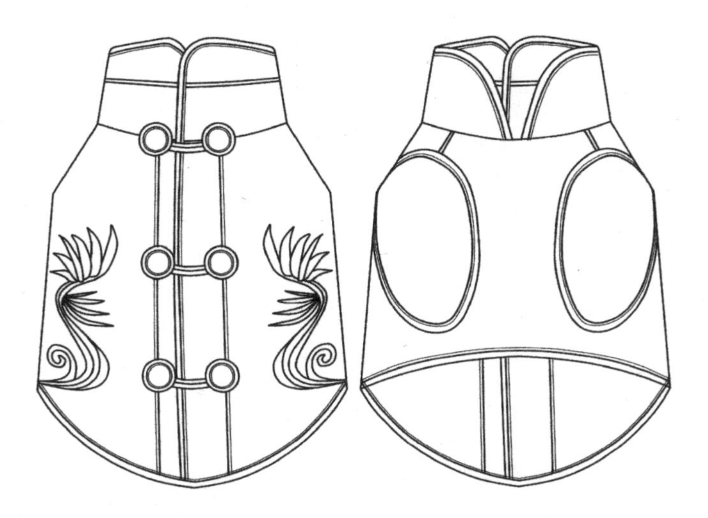

部位	身长	胸围	领围
尺寸/cm	26	45	32

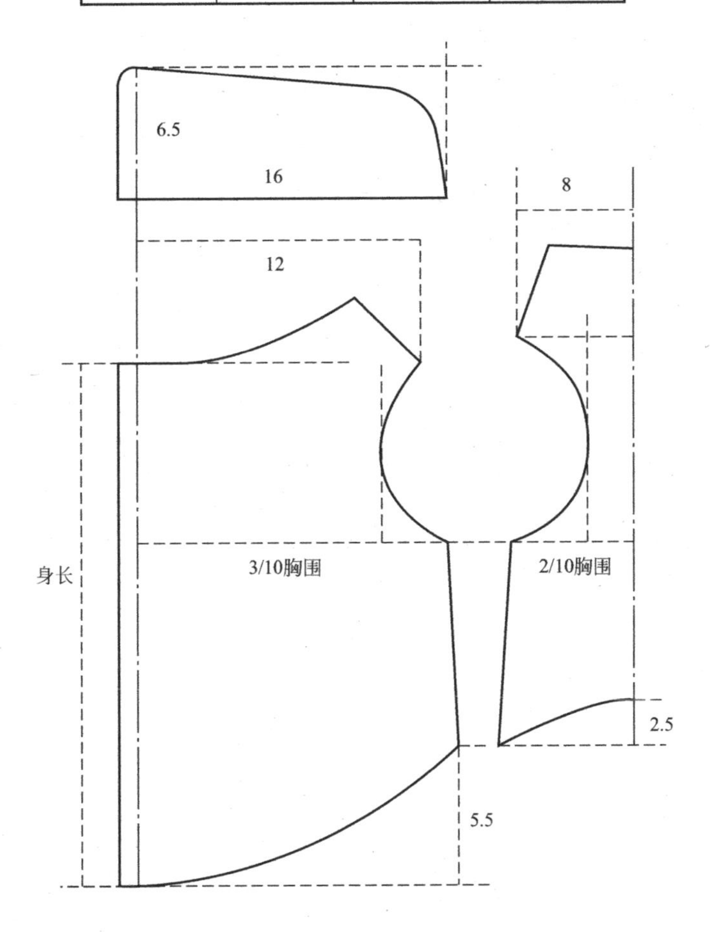

27. 羽绒马甲

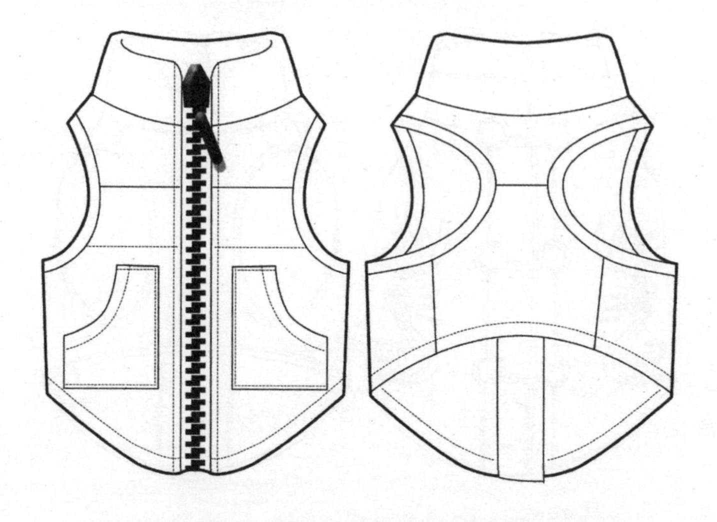

部位	身长	胸围	领围
尺寸/cm	26	45	32

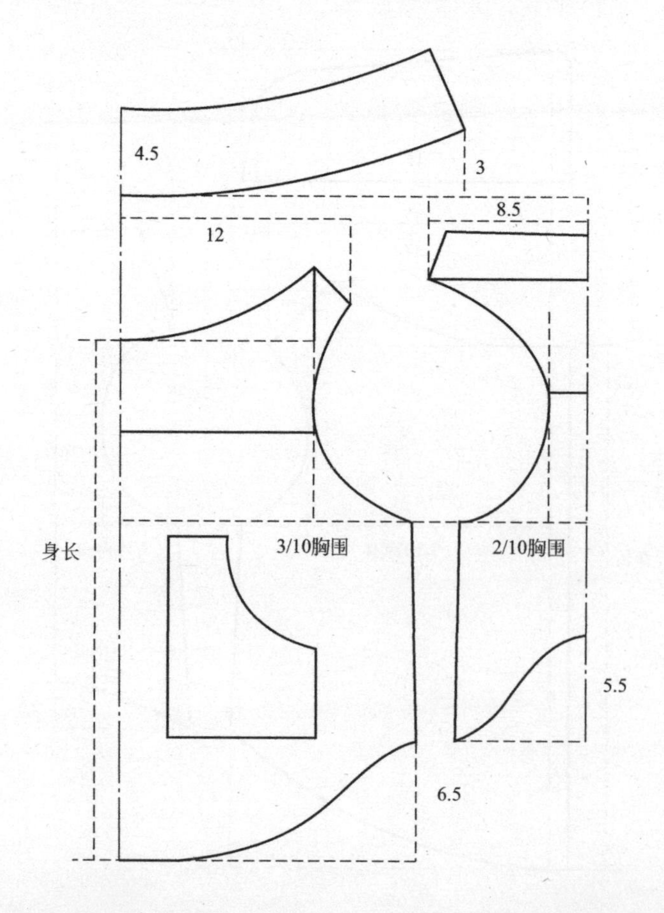

衬衫

28. 长袖格纹衬衫

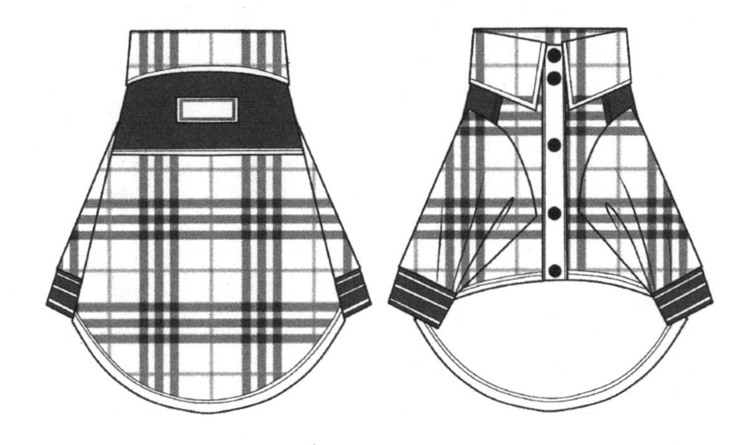

部位	身长	胸围	领围
尺寸/cm	31	45	32

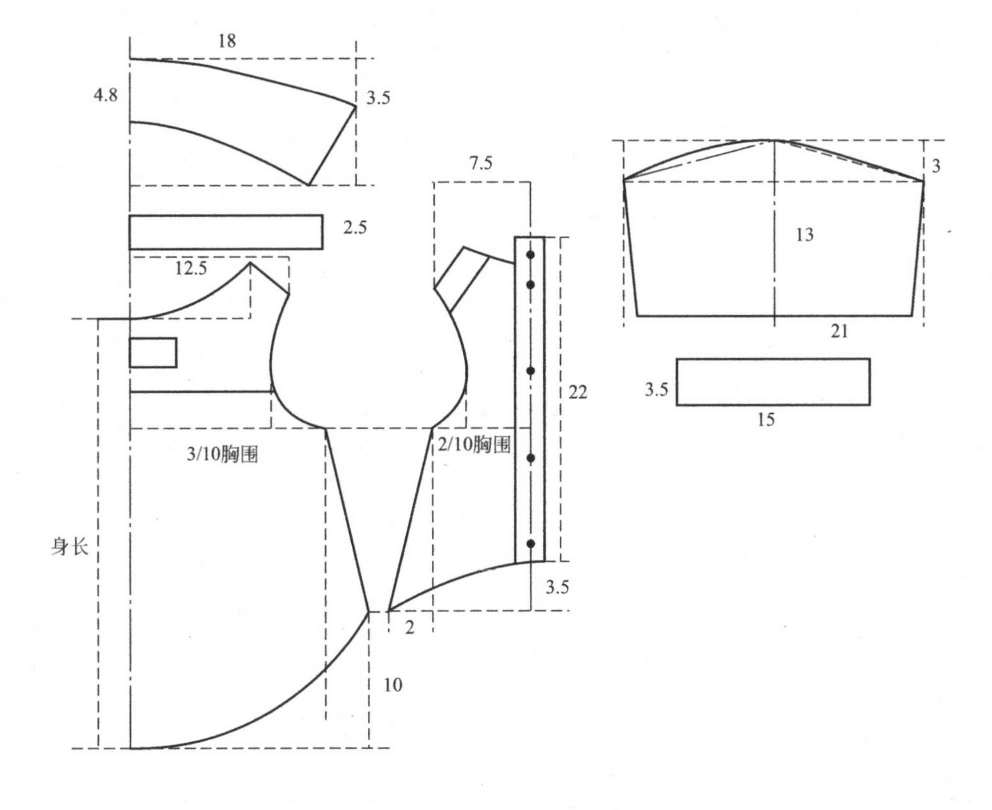

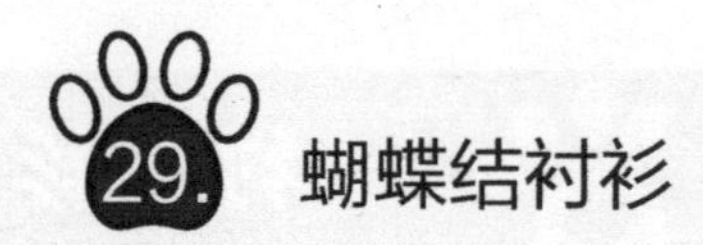

29. 蝴蝶结衬衫

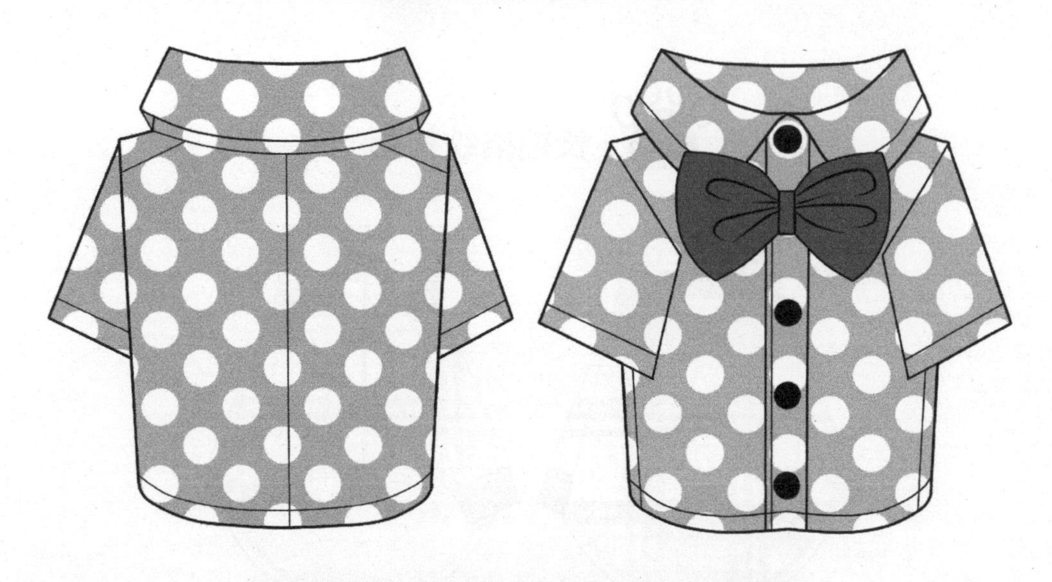

部位	身长	胸围	领围
尺寸/cm	24	45	32

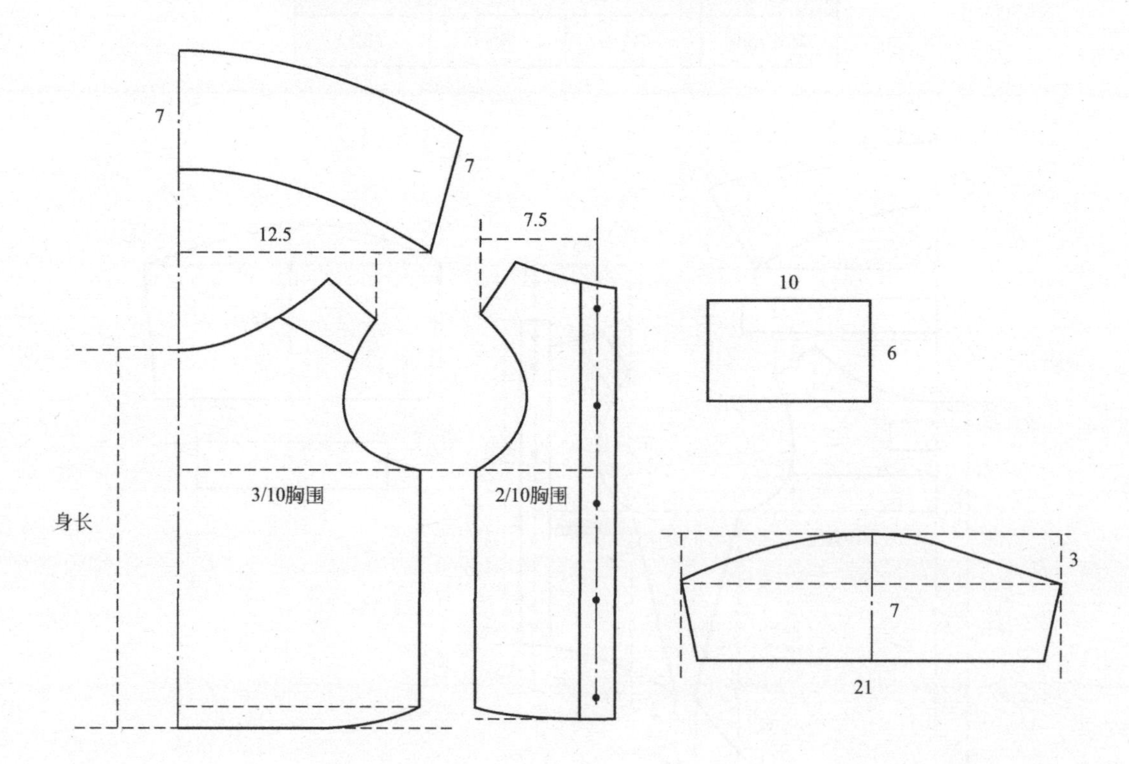

30. 衬衫A款

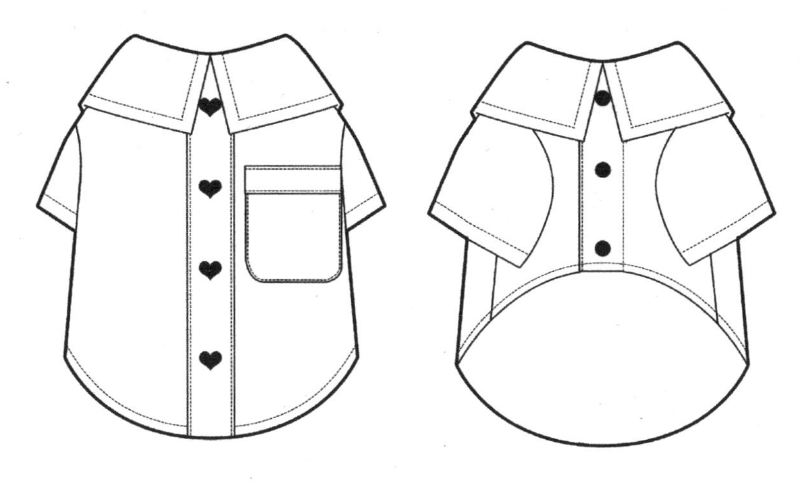

部位	身长	胸围	领围
尺寸/cm	31	45	32

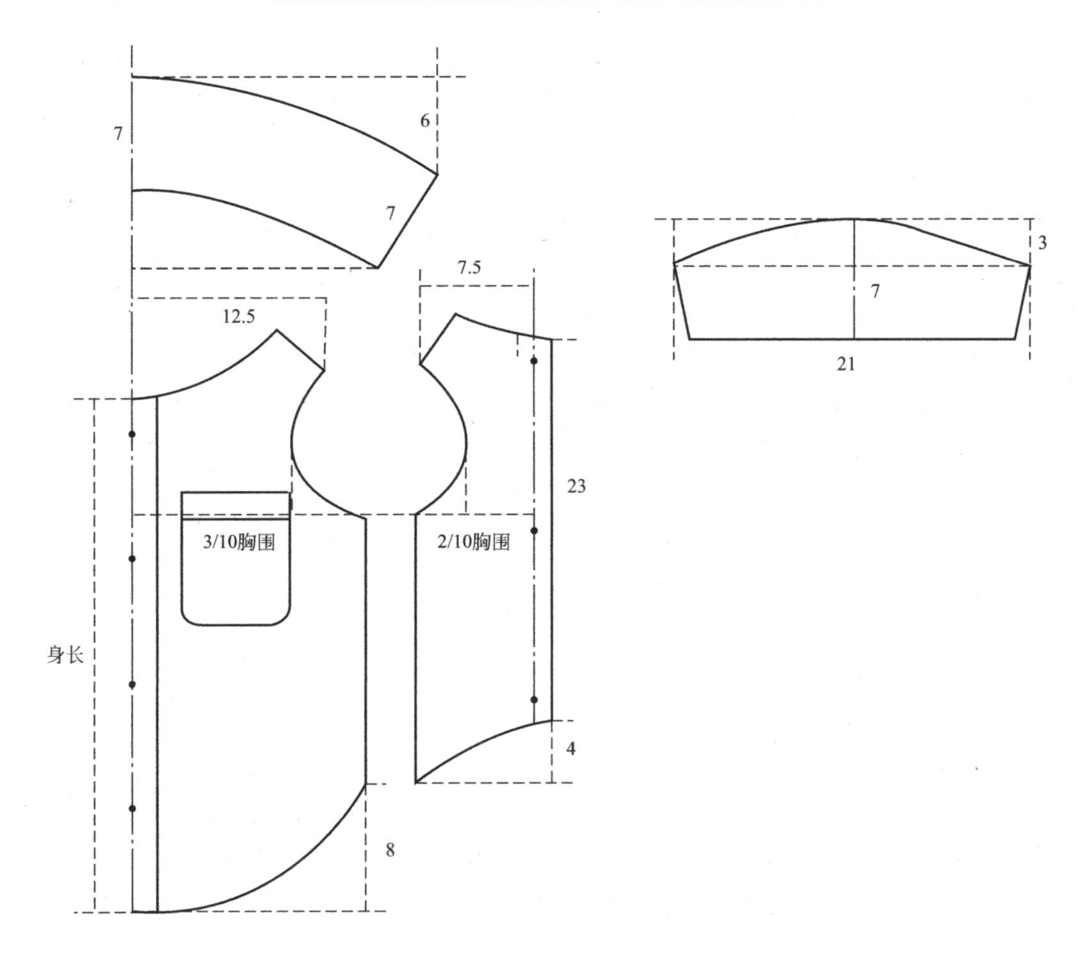

31. 衬衫B款

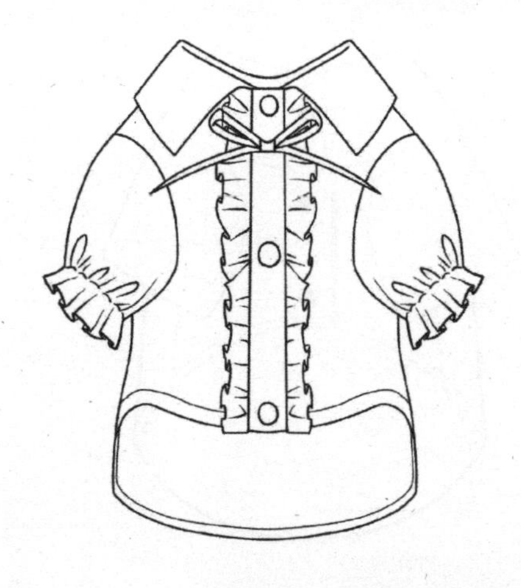

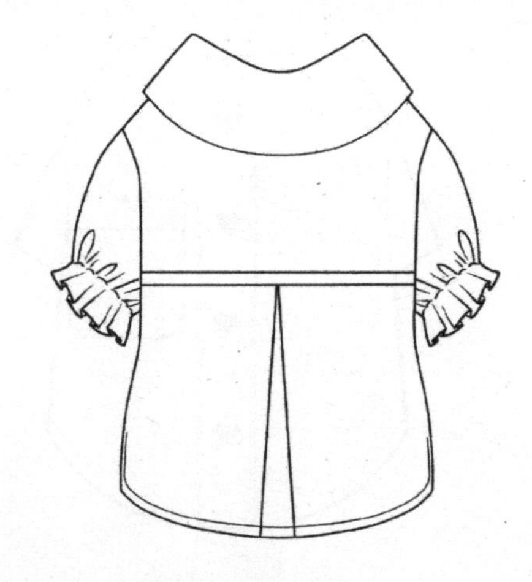

部位	身长	胸围	领围
尺寸/cm	32	45	32

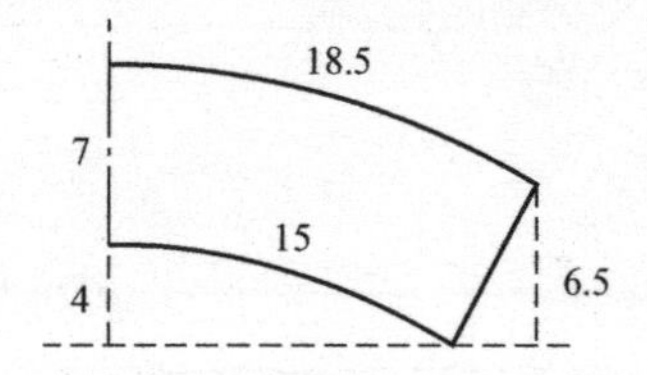

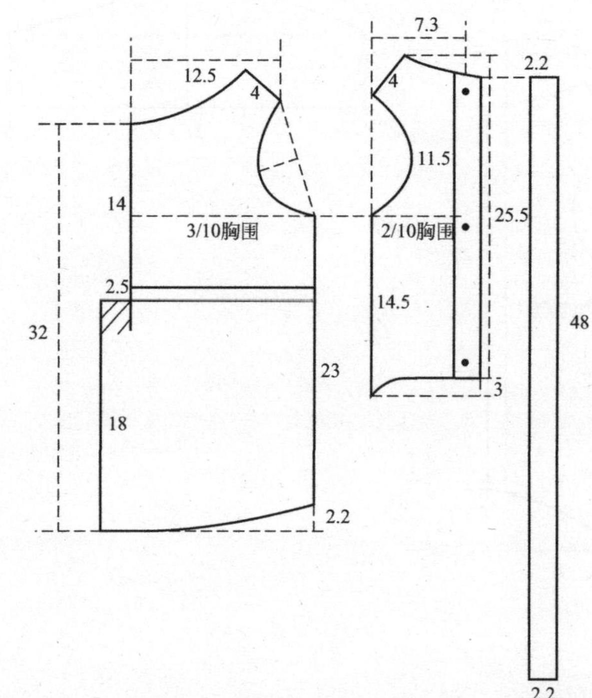

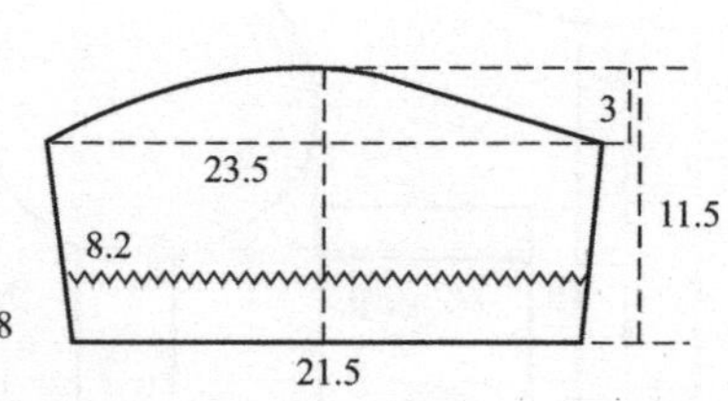

32. 衬衫C款

部位	身长	胸围	领围
尺寸/cm	32	45	32

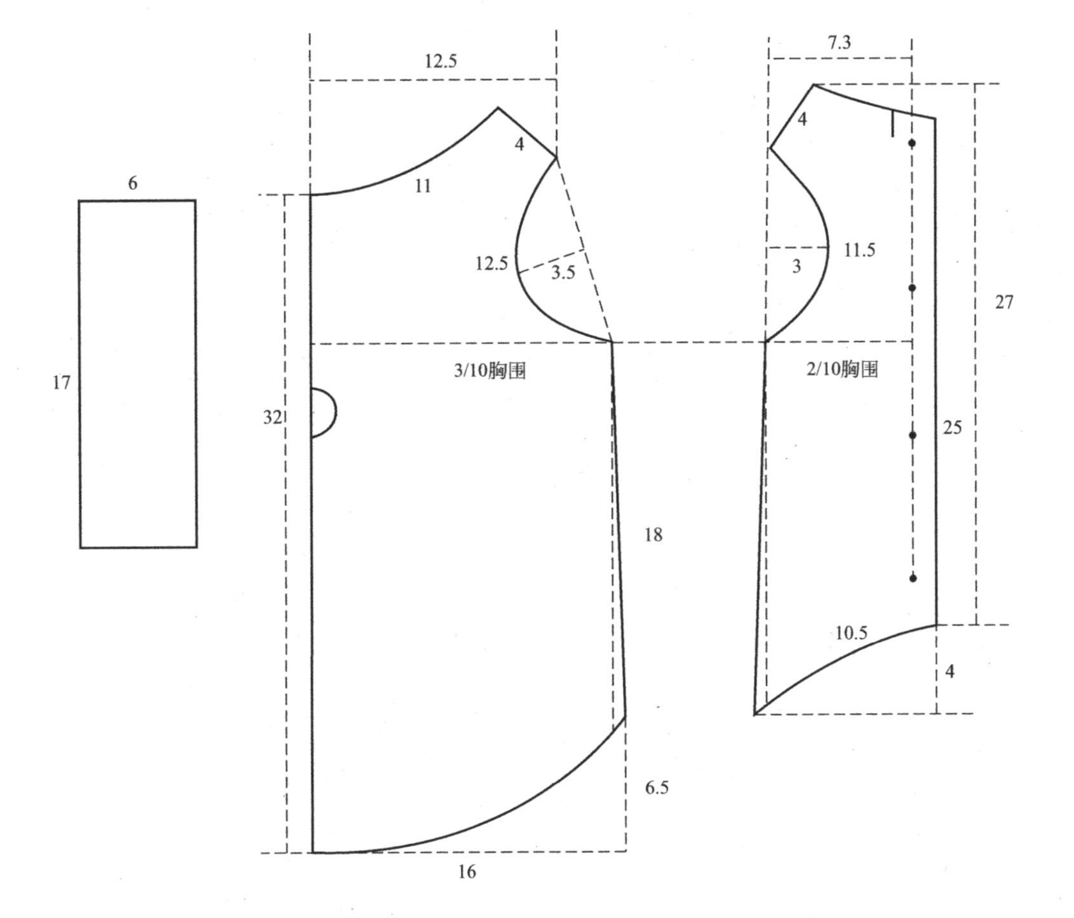

33. 卡通图案短袖衬衫

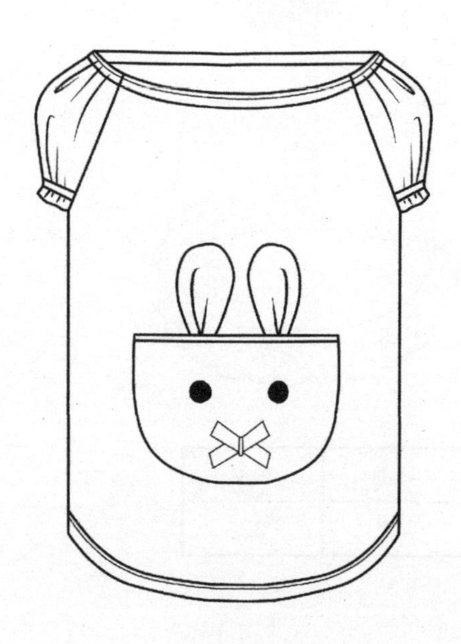

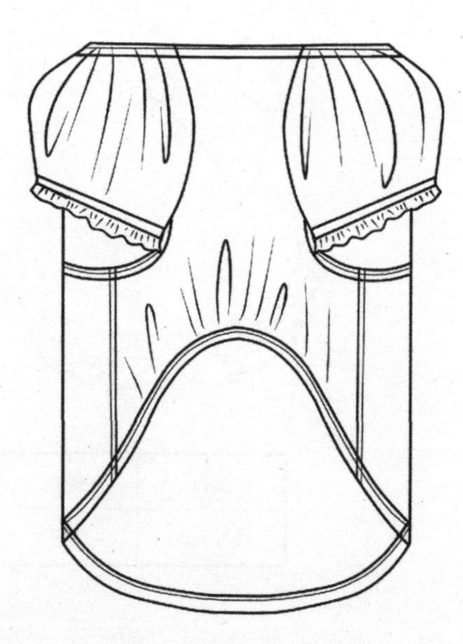

部位	身长	胸围	领围
尺寸/cm	29	45	32

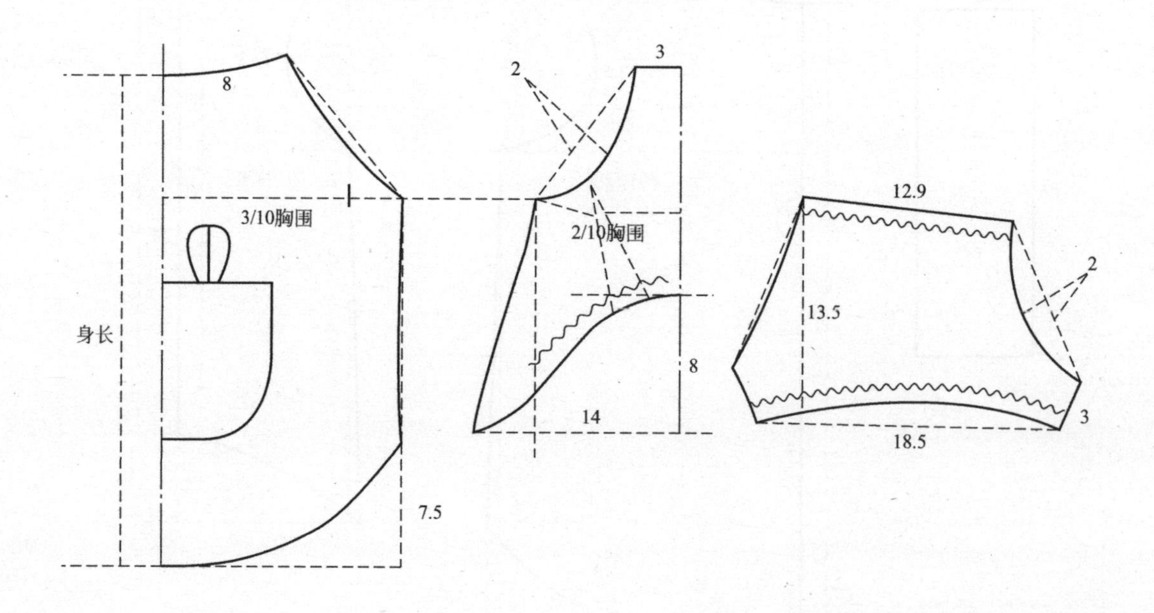

34. 背带假两件裙

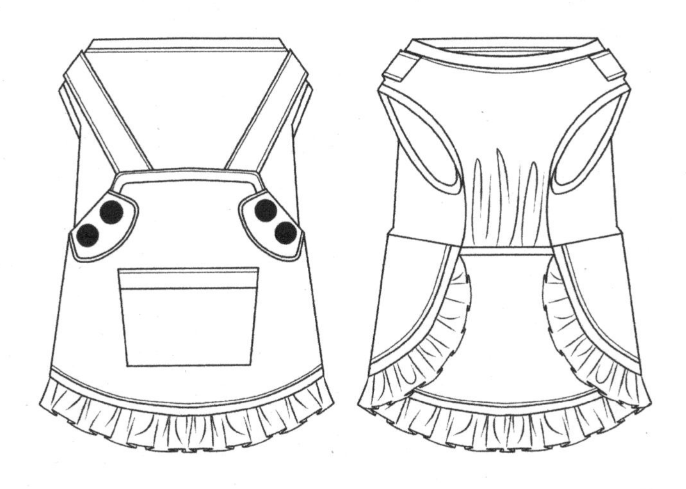

部位	身长	胸围	领围
尺寸/cm	31	45	32

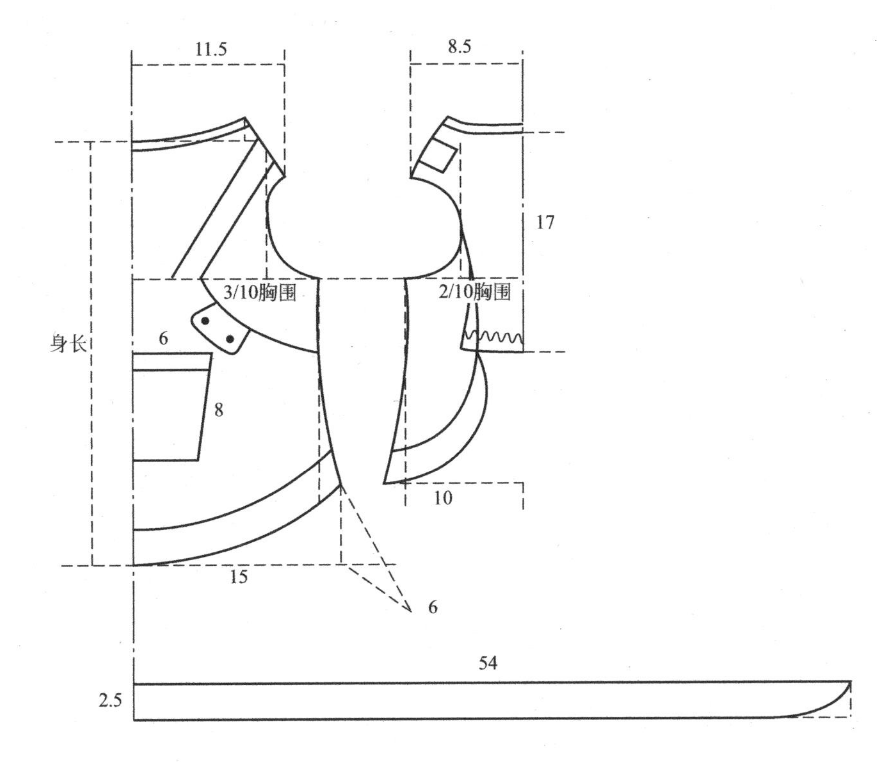

背带裙

部位	身长	胸围	领围
尺寸/cm	31	45	32

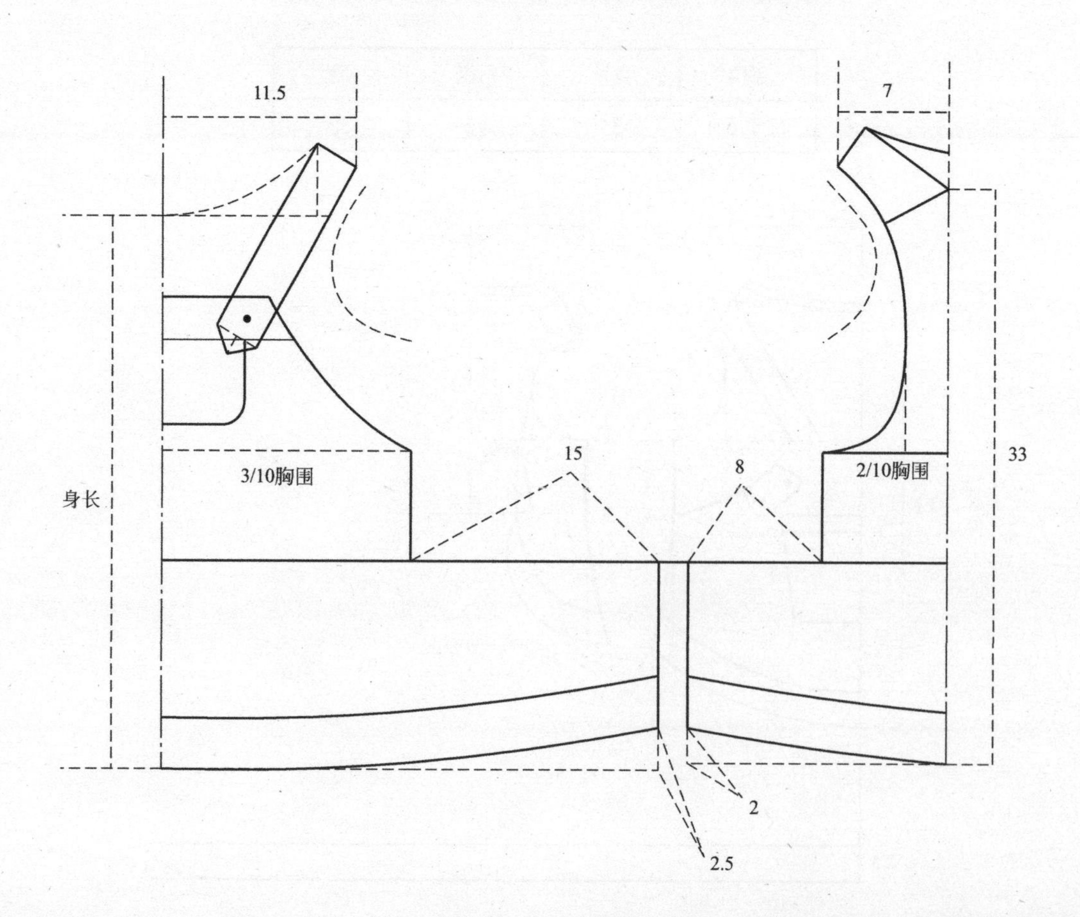

36. 背心裙A款

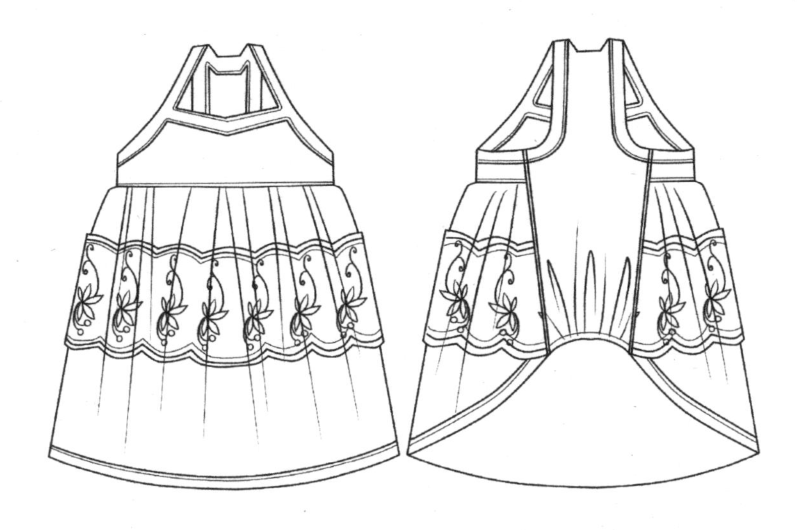

部位	身长	胸围	领围
尺寸/cm	31	45	32

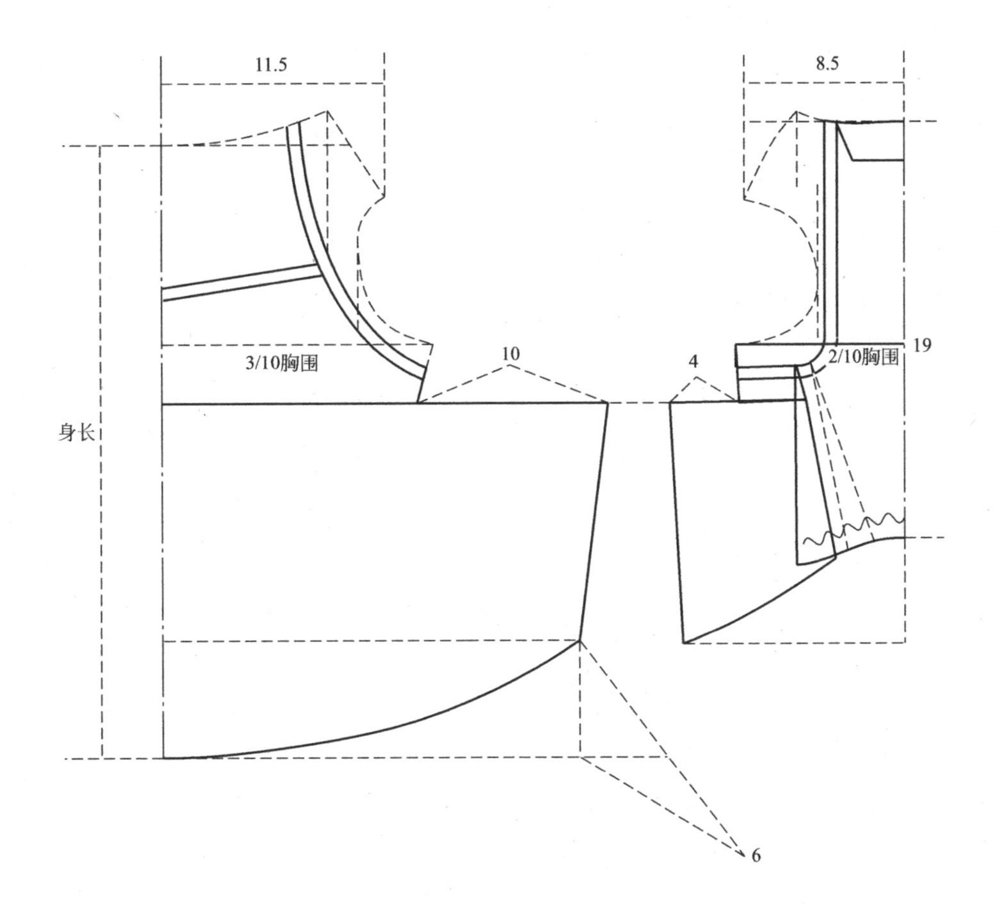

37. 背心裙B款

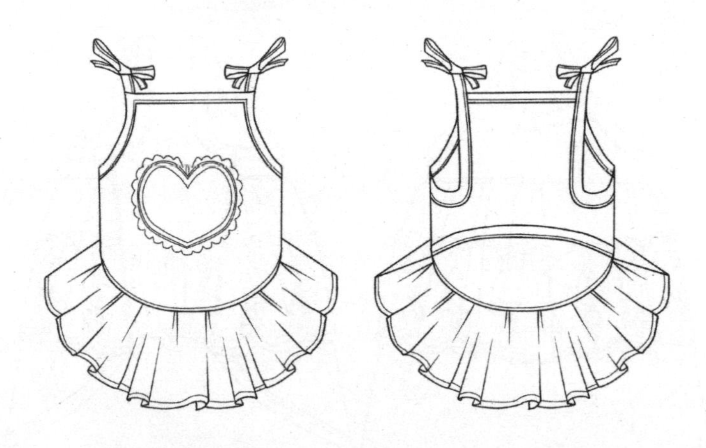

部位	身长	胸围	领围
尺寸/cm	23	45	32

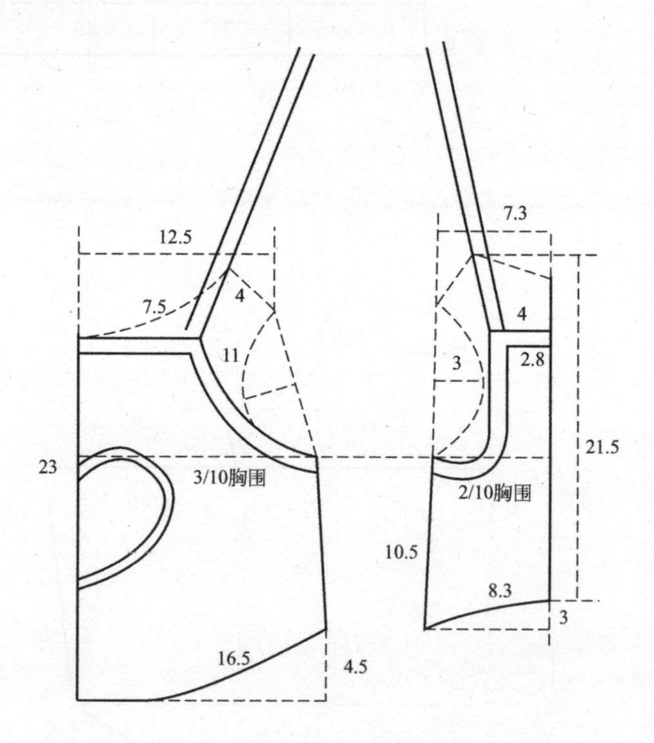

11
11
55

38. 背心裙C款

部位	身长	胸围	领围
尺寸/cm	31	45	32

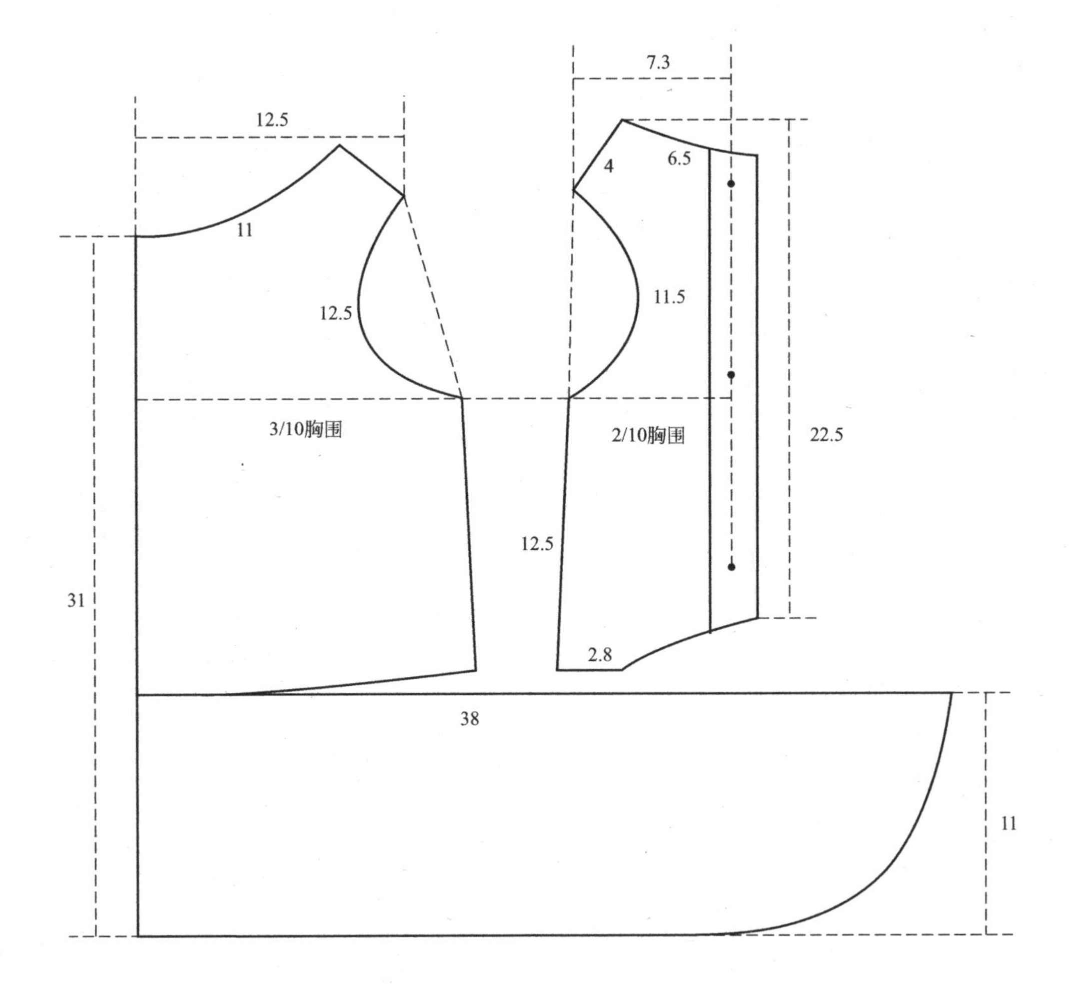

39. 蝴蝶结背心裙

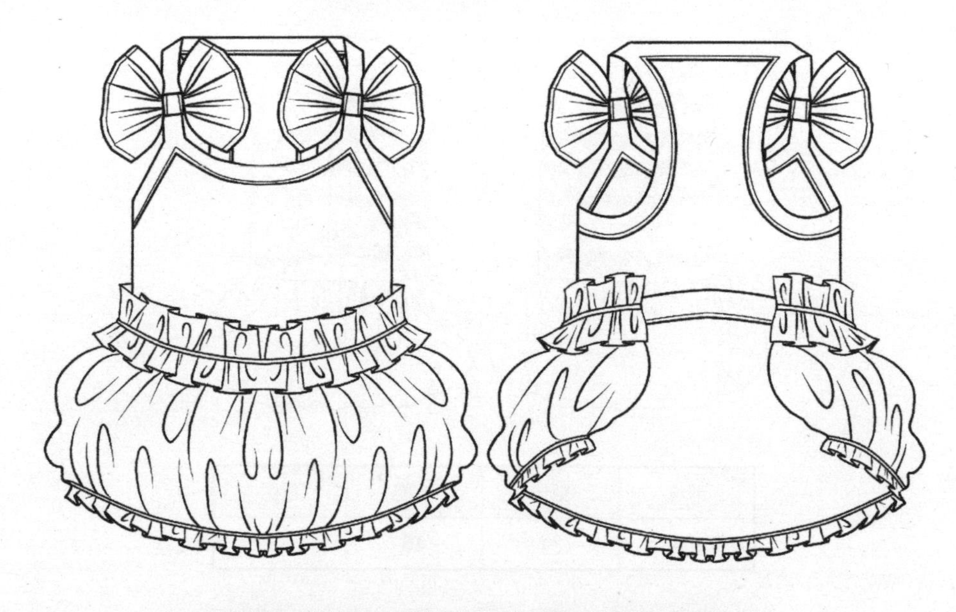

部位	身长	胸围	领围
尺寸/cm	31	45	32

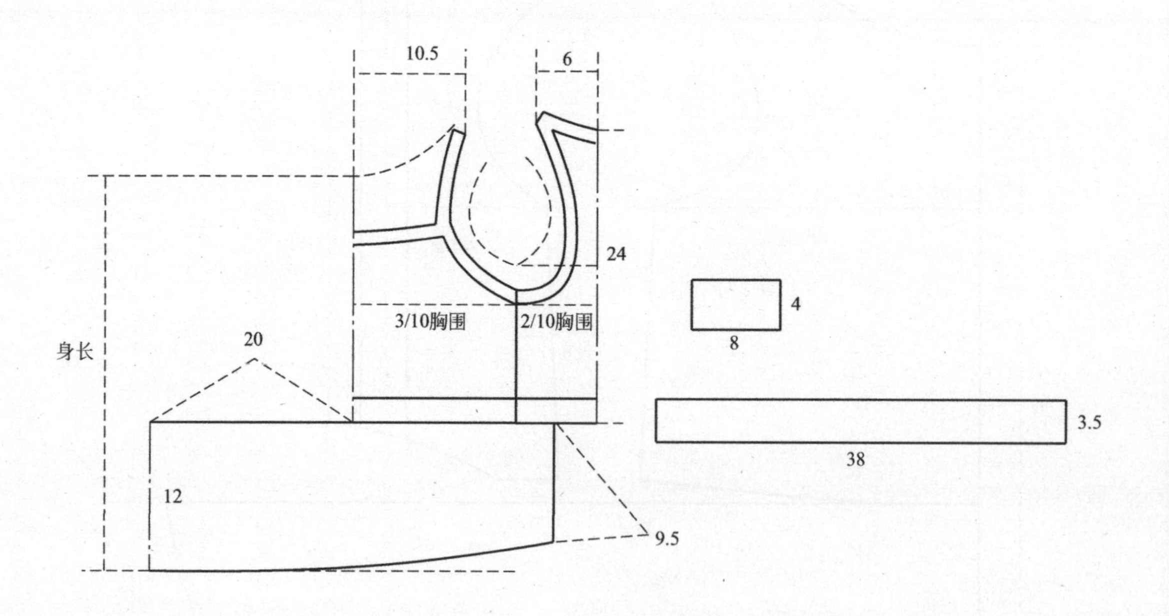

可爱背心裙

部位	身长	胸围	领围
尺寸/cm	31	45	32

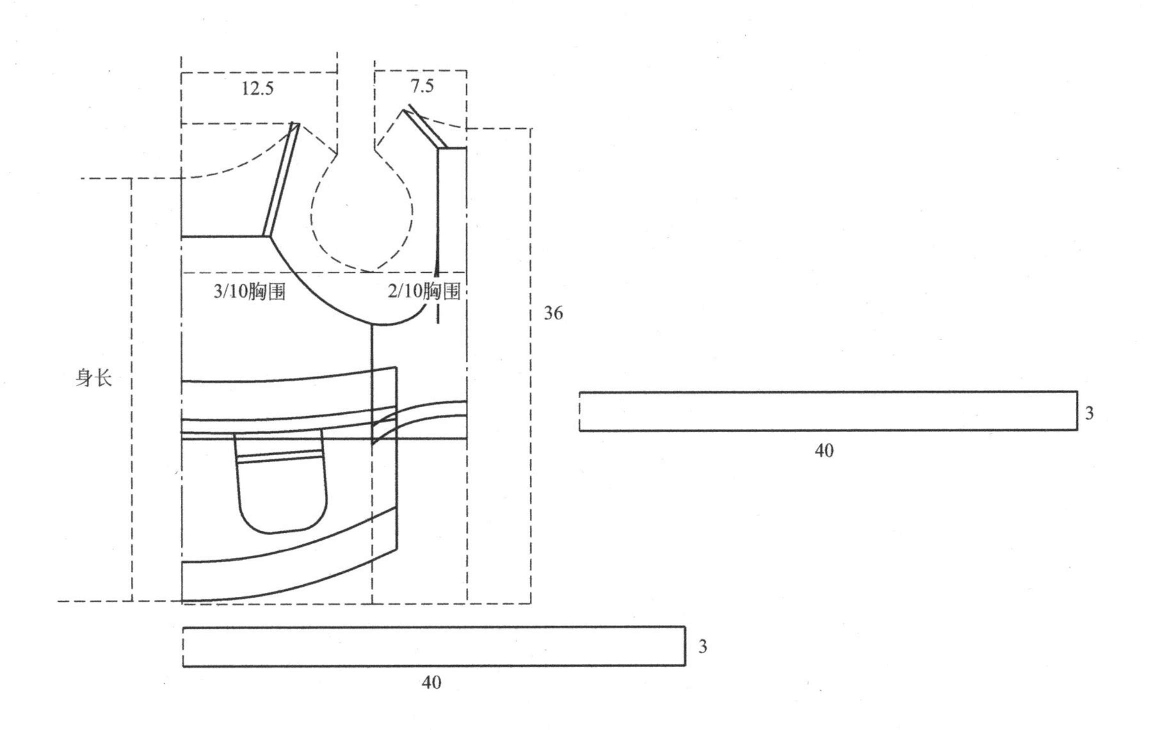

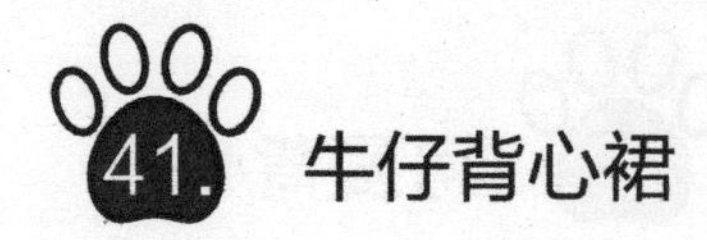

41. 牛仔背心裙

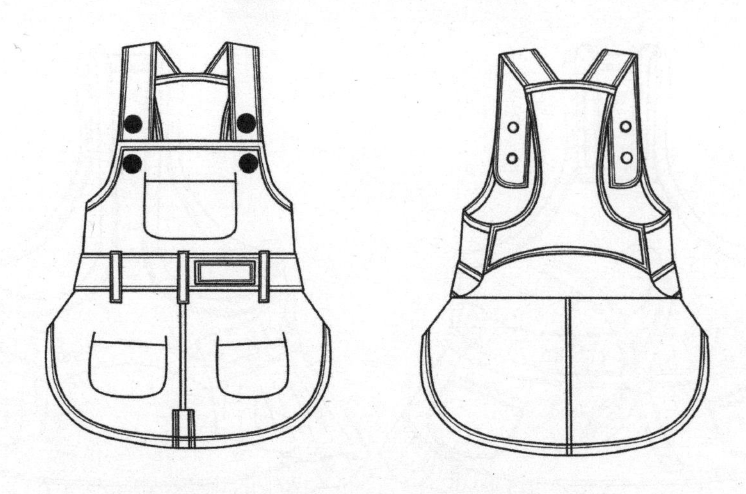

部位	身长	胸围	领围
尺寸/cm	28	45	32

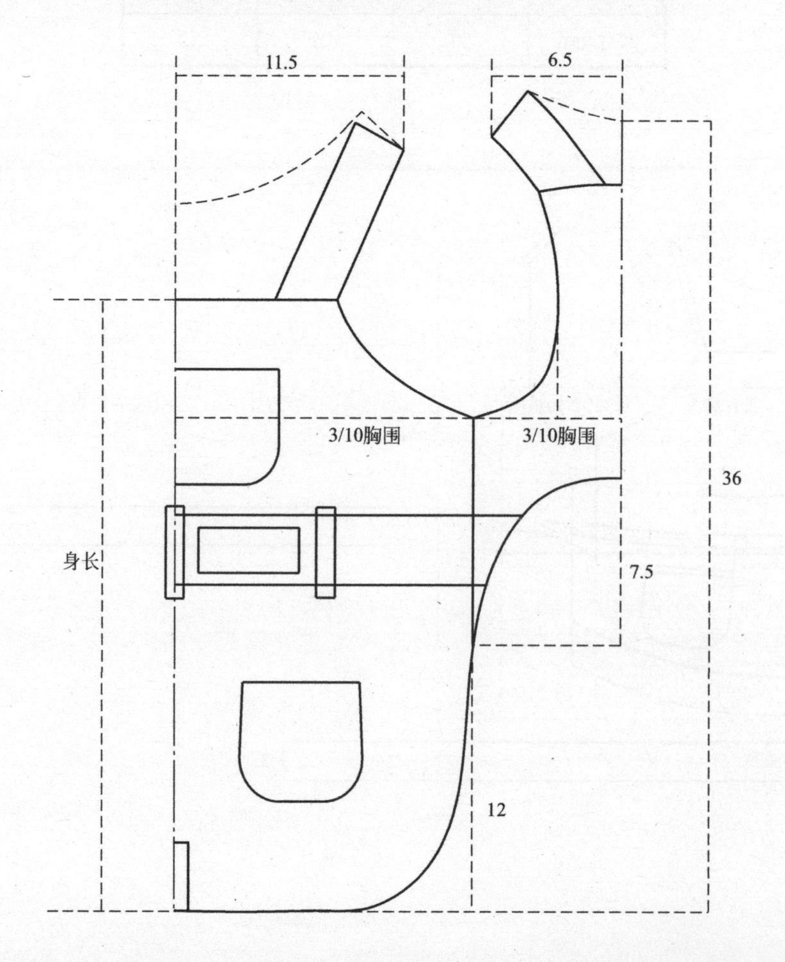

42. 蝴蝶结吊带裙

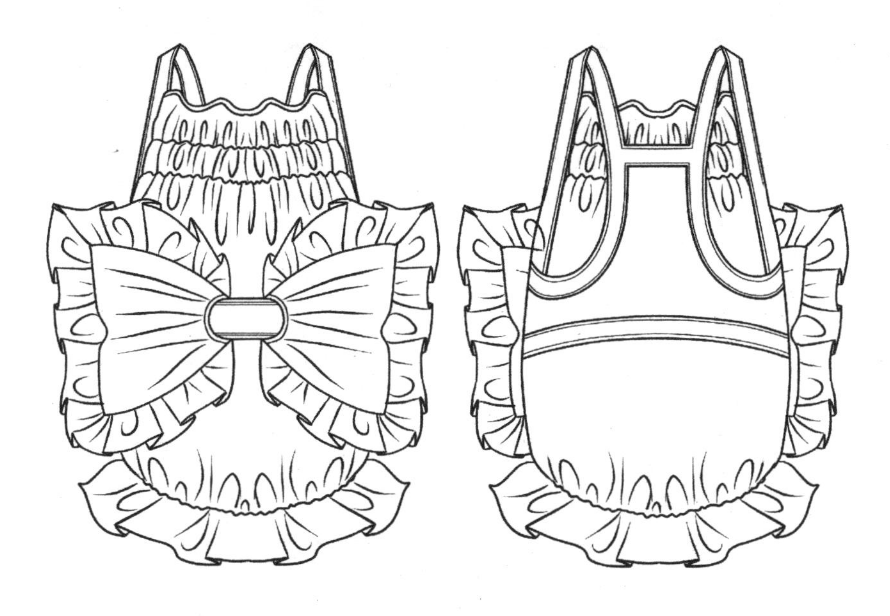

部位	身长	胸围	领围
尺寸/cm	29	45	32

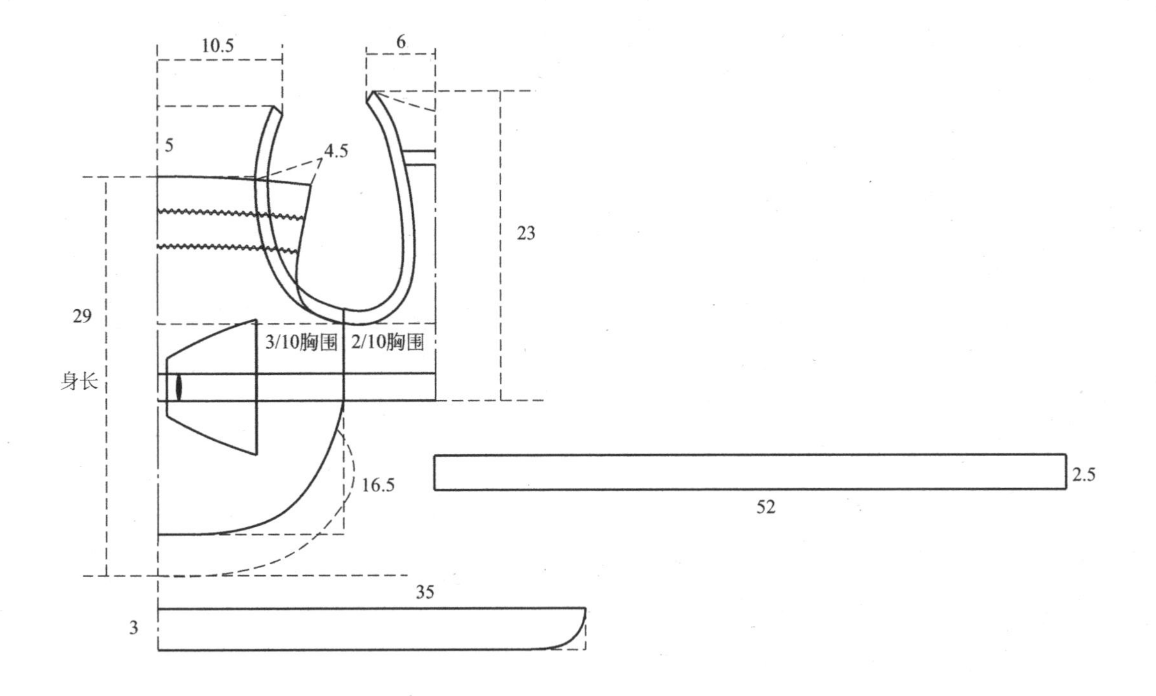

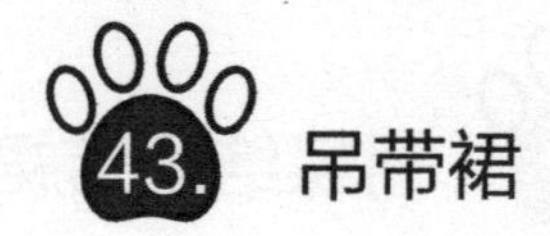

吊带裙

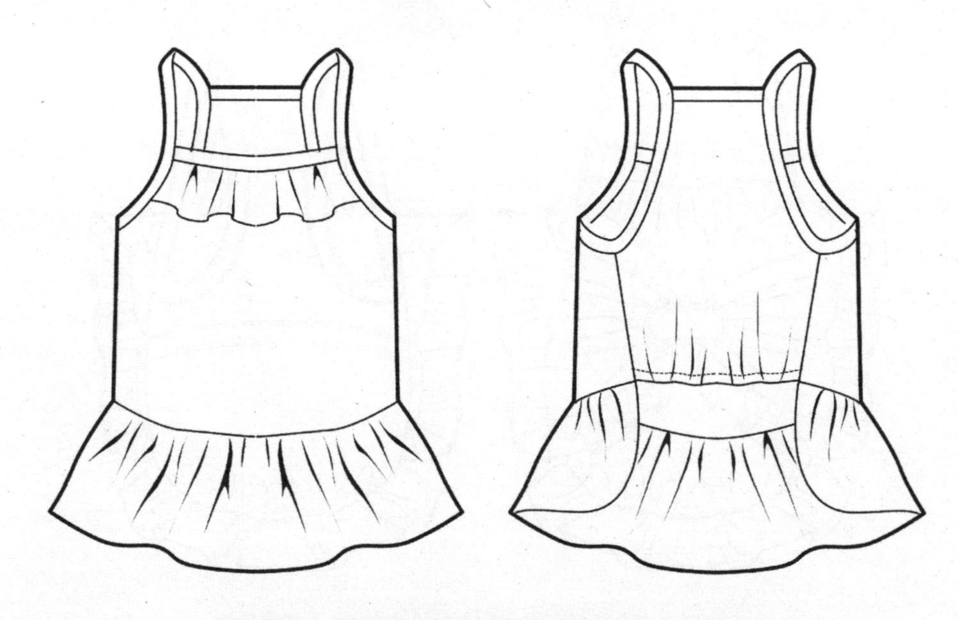

部位	身长	胸围	领围
尺寸/cm	31	45	32

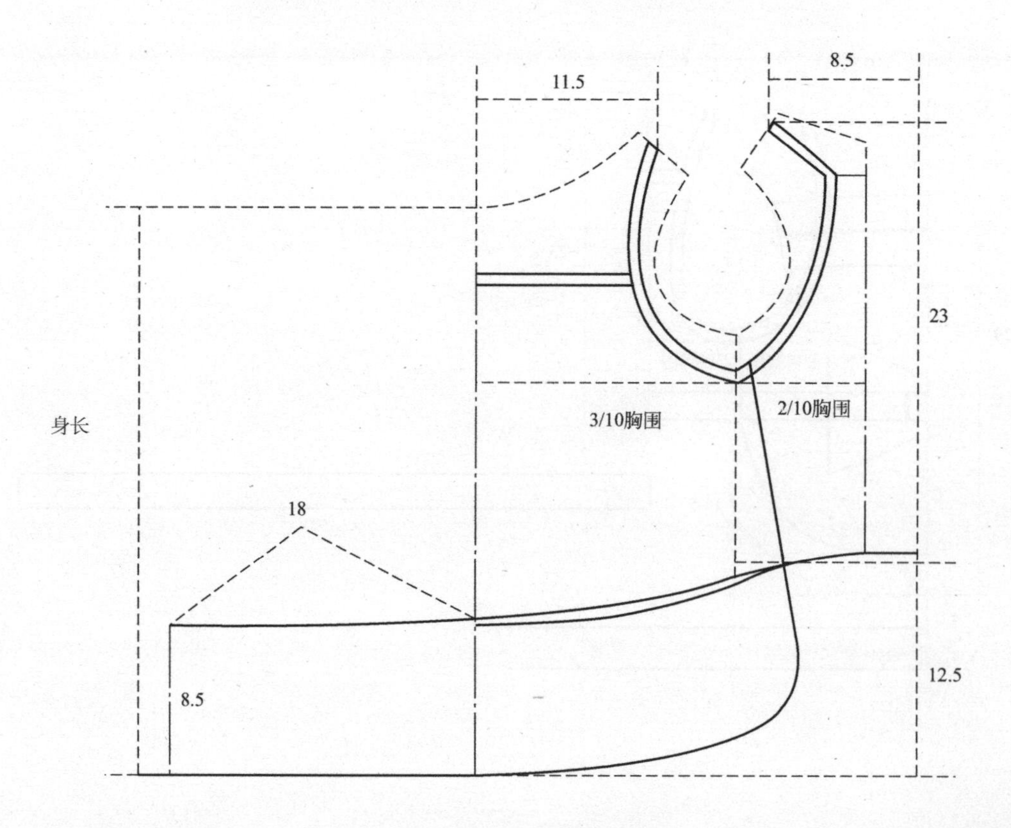

星形图案吊带裙

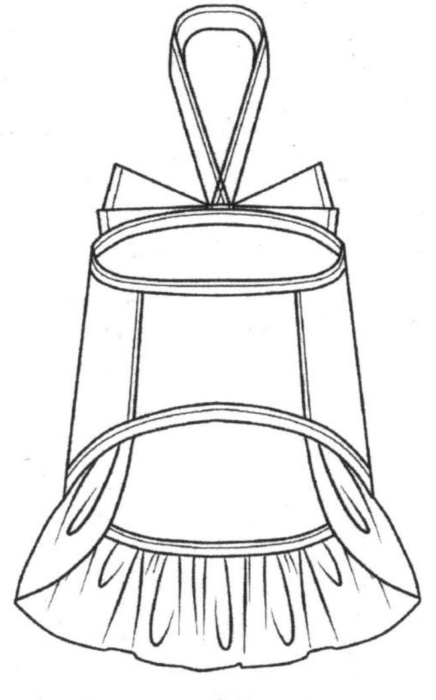

部位	身长	胸围	领围
尺寸/cm	31	45	32

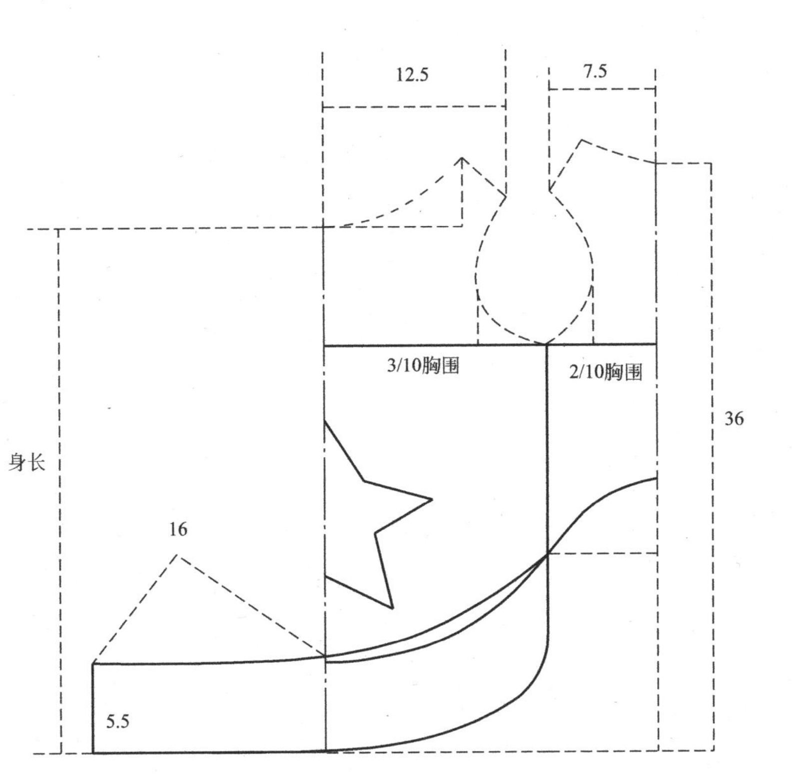

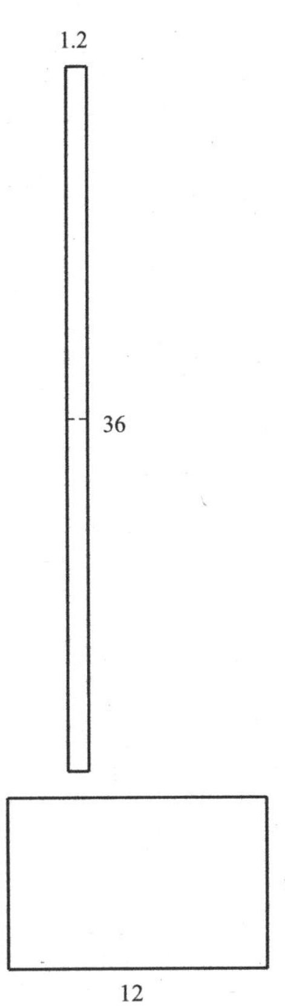

45. 波点连衣裙

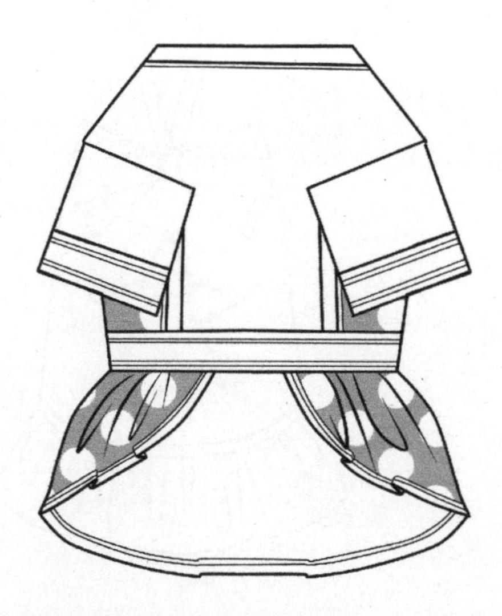

部位	身长	胸围	领围
尺寸/cm	31	45	32

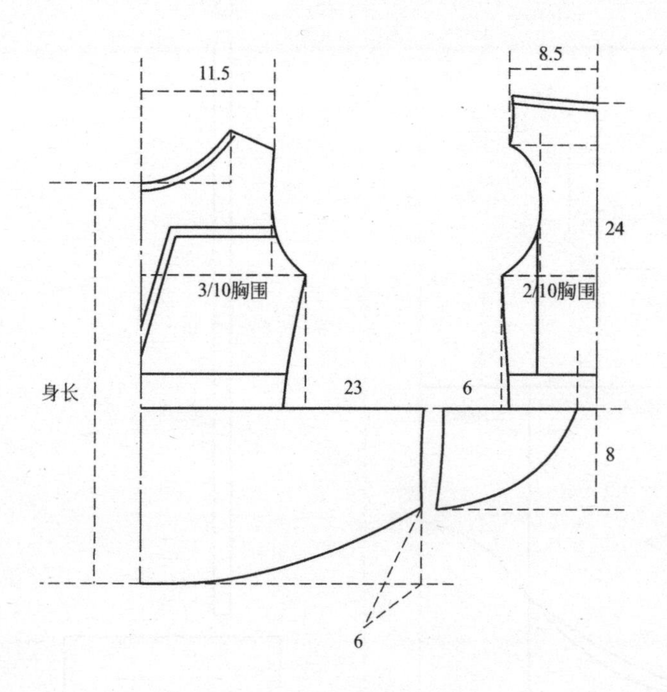

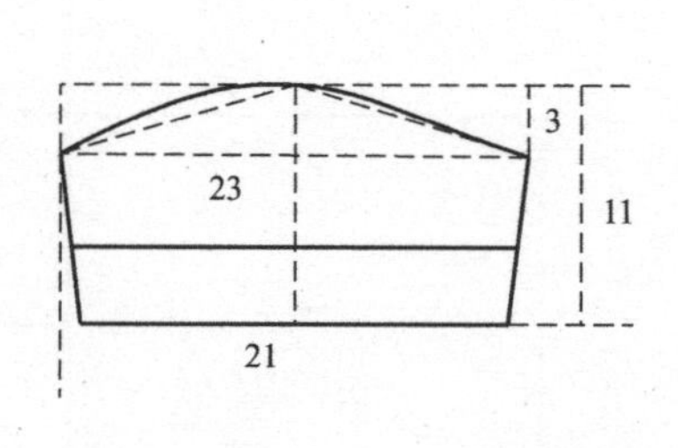

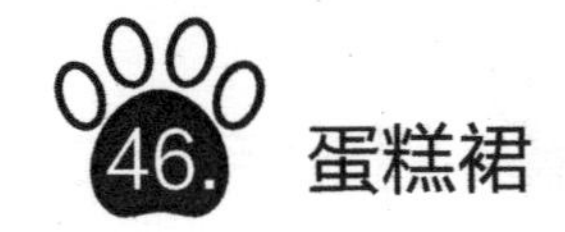

蛋糕裙

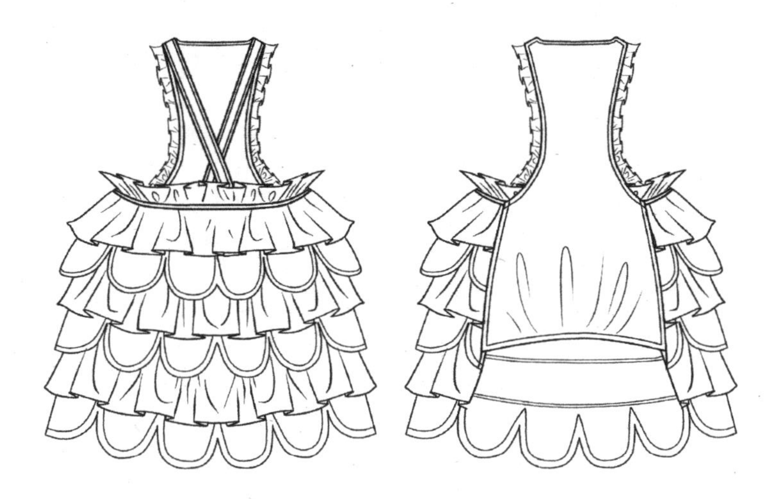

部位	身长	胸围	领围
尺寸/cm	32	45	32

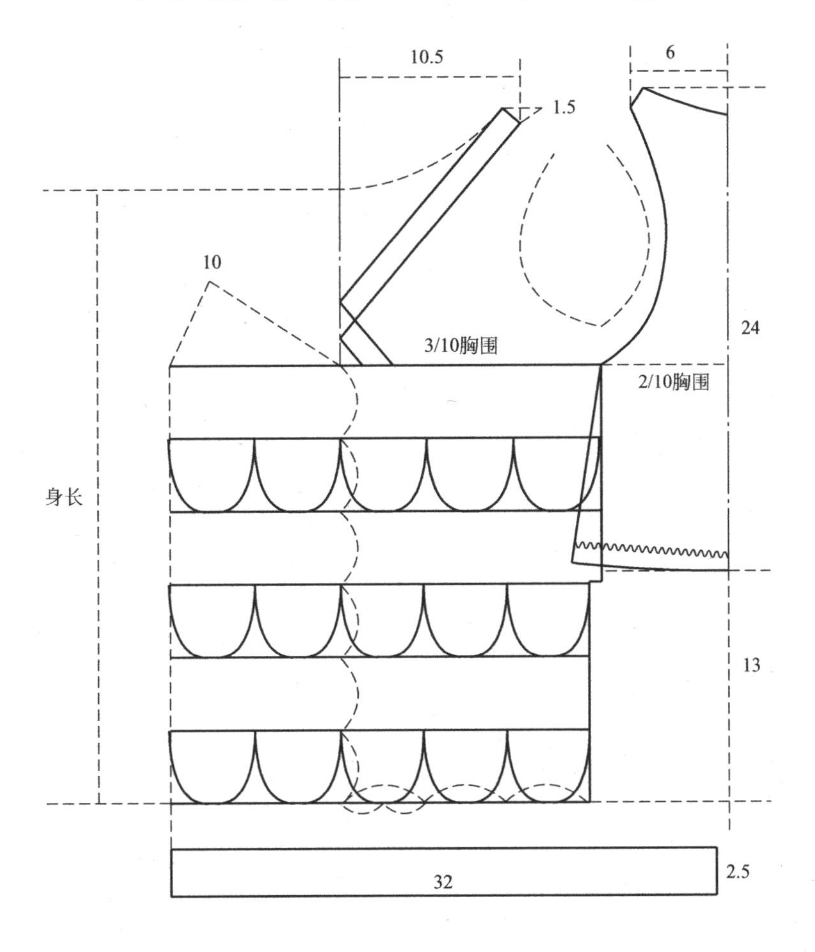

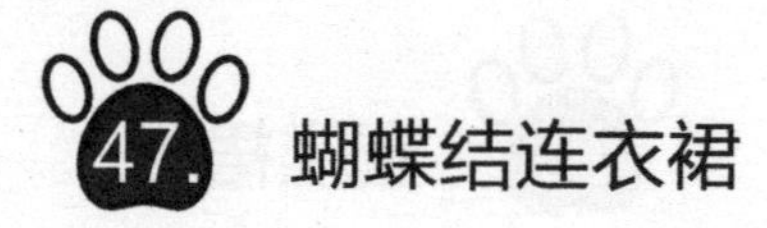

47. 蝴蝶结连衣裙

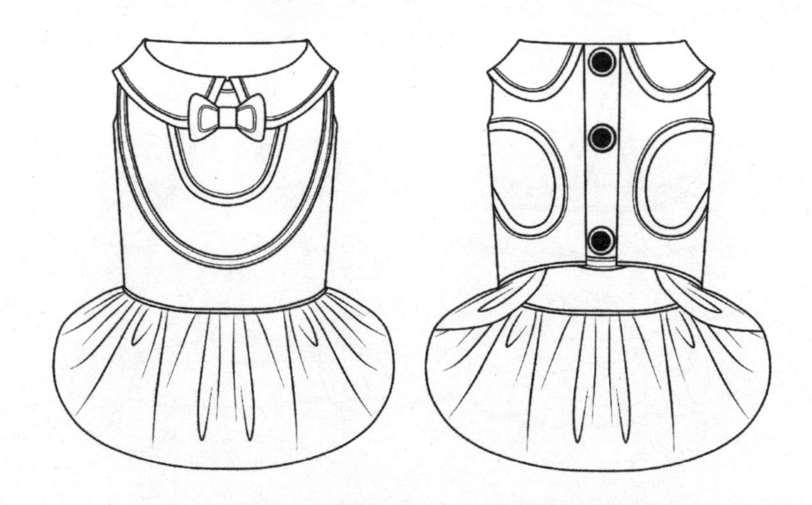

部位	身长	胸围	领围
尺寸/cm	31	45	32

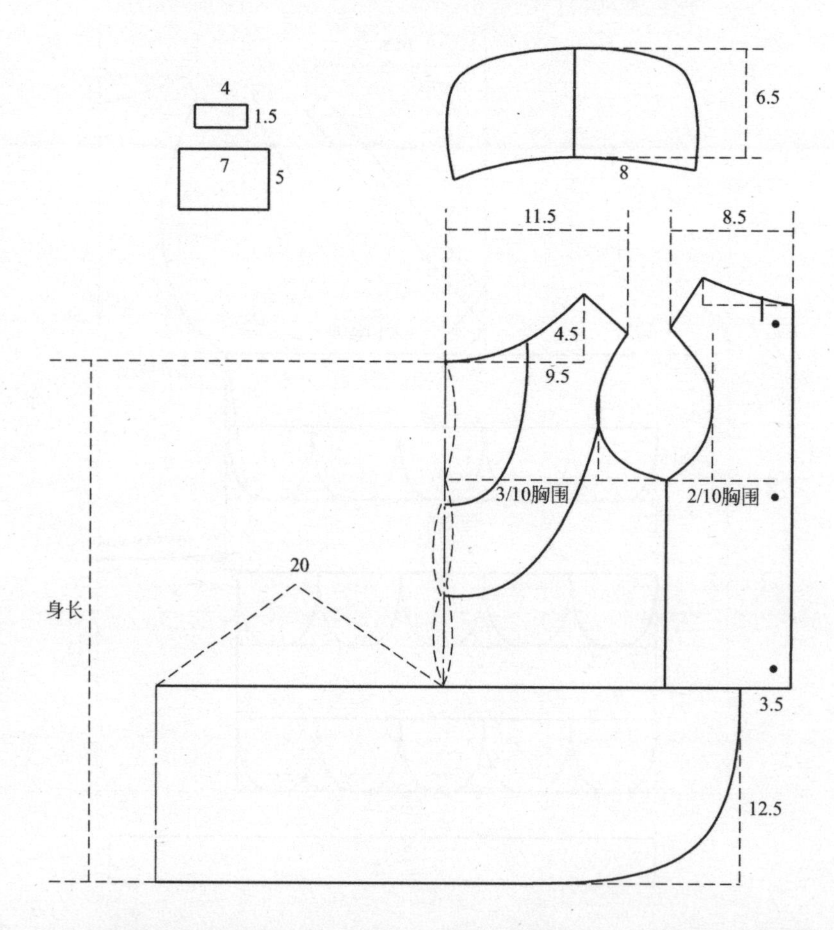

48. 半裙

部位	身长	胸围	领围
尺寸/cm	31	45	32

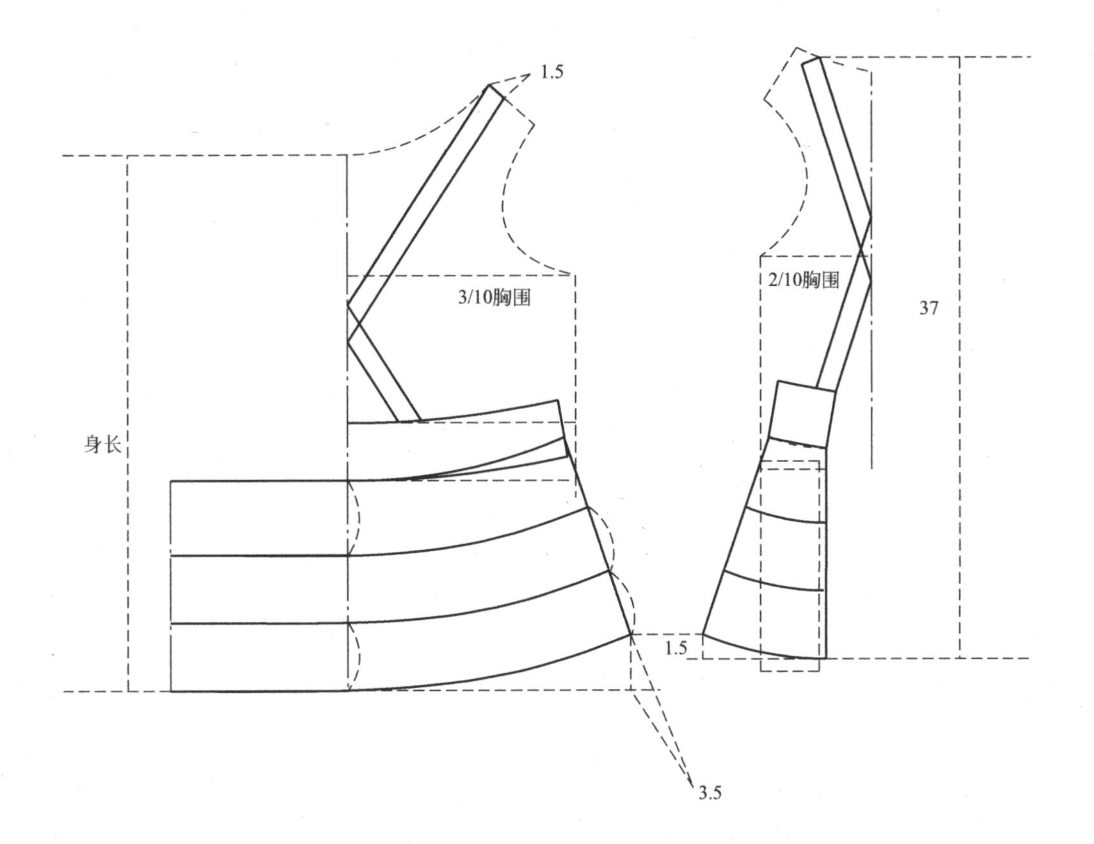

49. 连衣裙A款

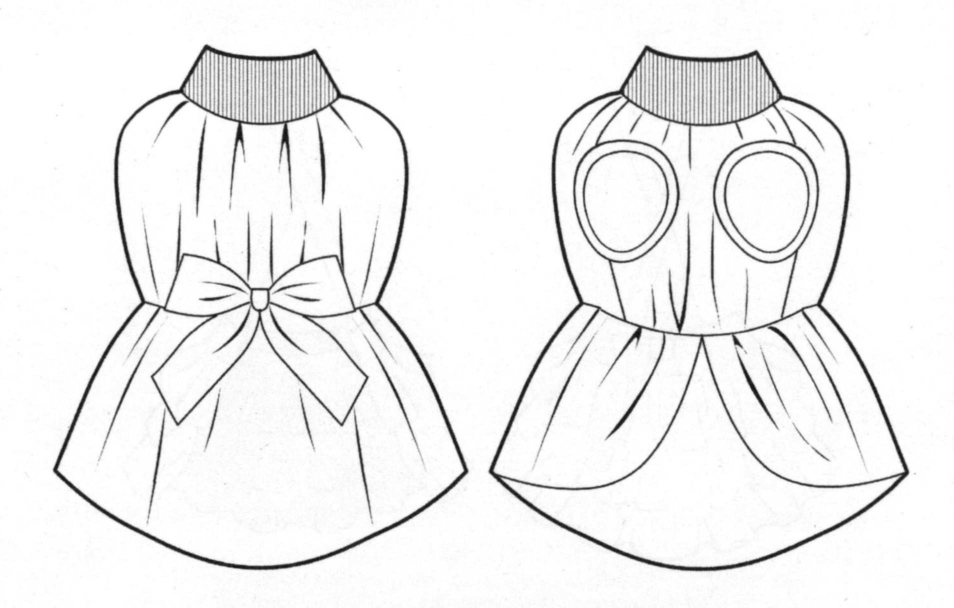

部位	身长	胸围	领围
尺寸/cm	31	45	29

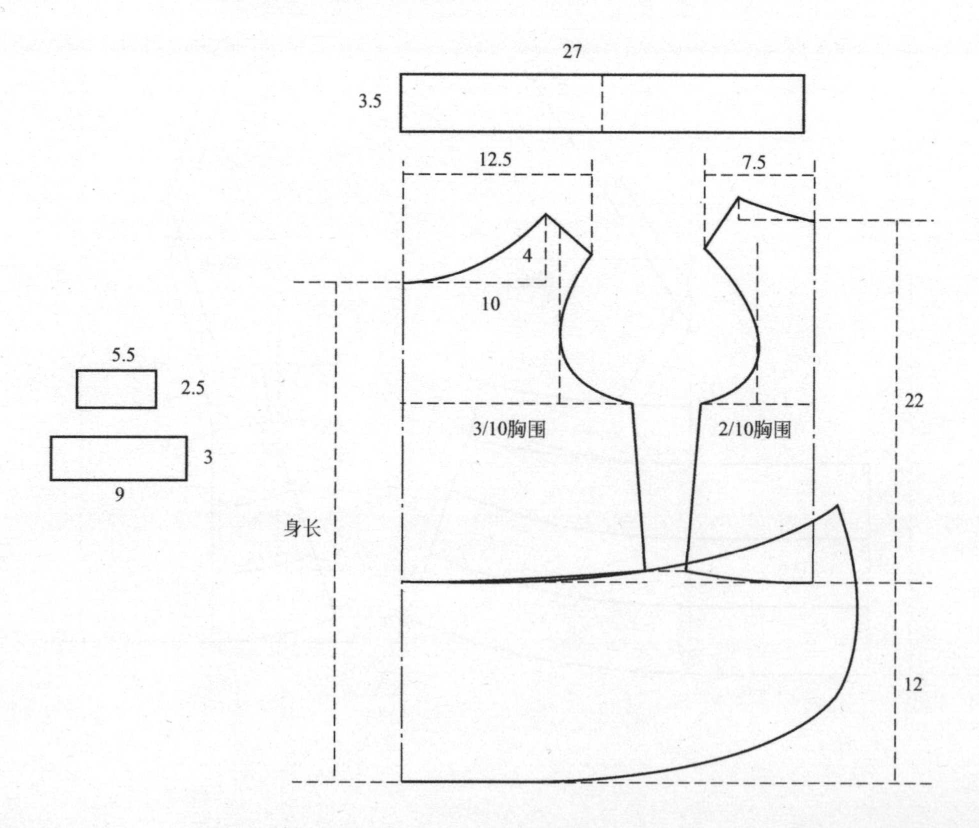

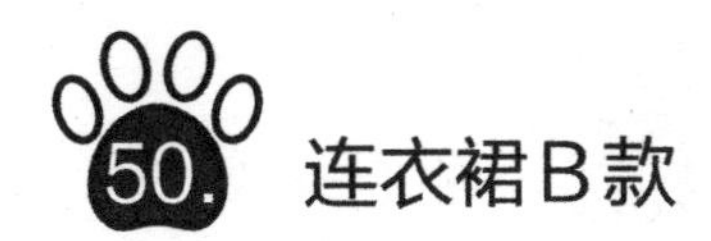

50. 连衣裙B款

部位	身长	胸围	领围
尺寸/cm	31	45	32

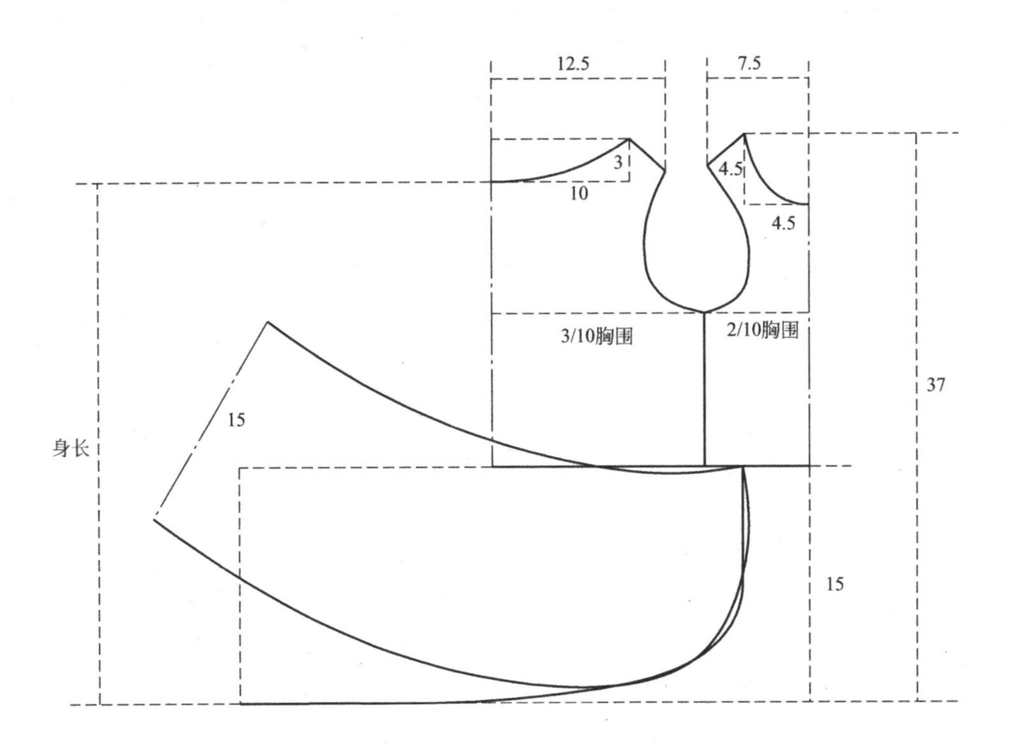

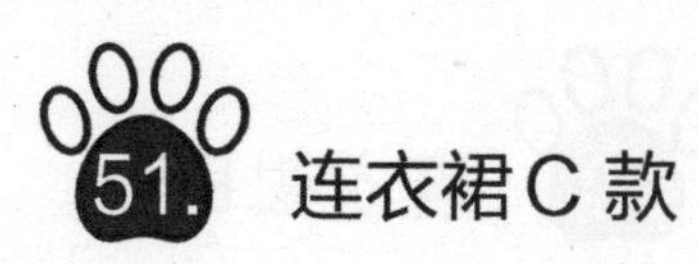

51. 连衣裙C款

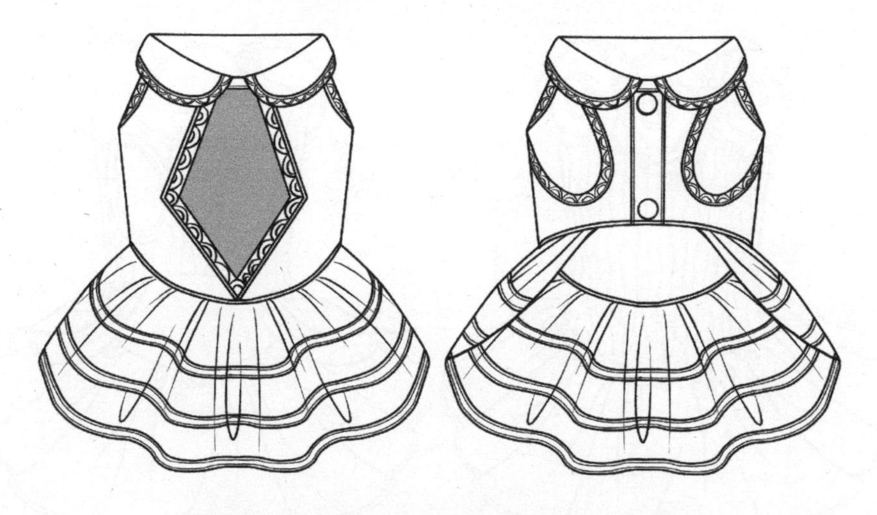

部位	身长	胸围	领围
尺寸/cm	31	45	32

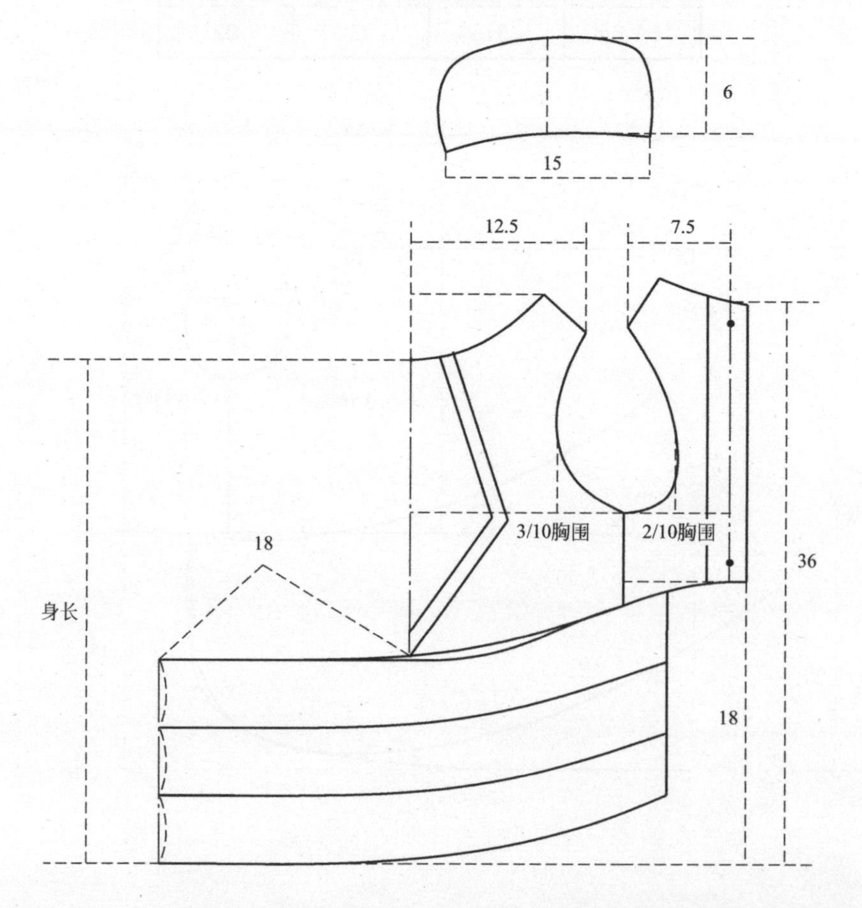

52. 连衣裙D款

部位	身长	胸围	领围
尺寸/cm	31	45	32

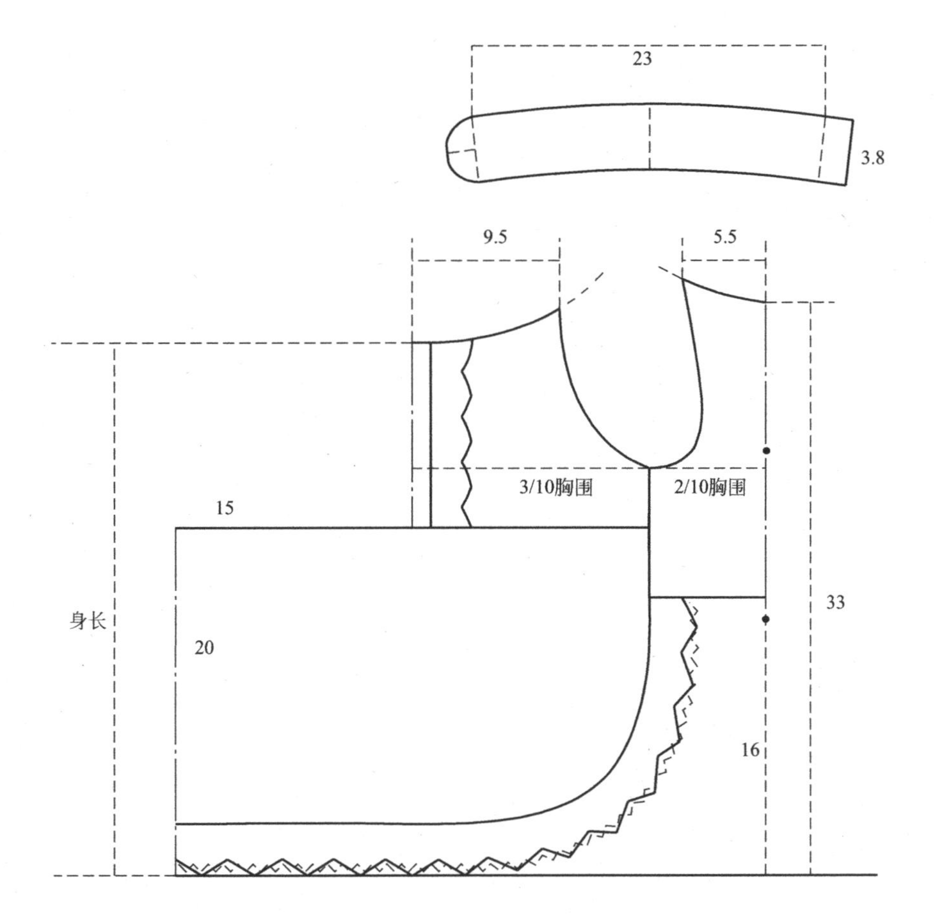

53. 连衣裙E款

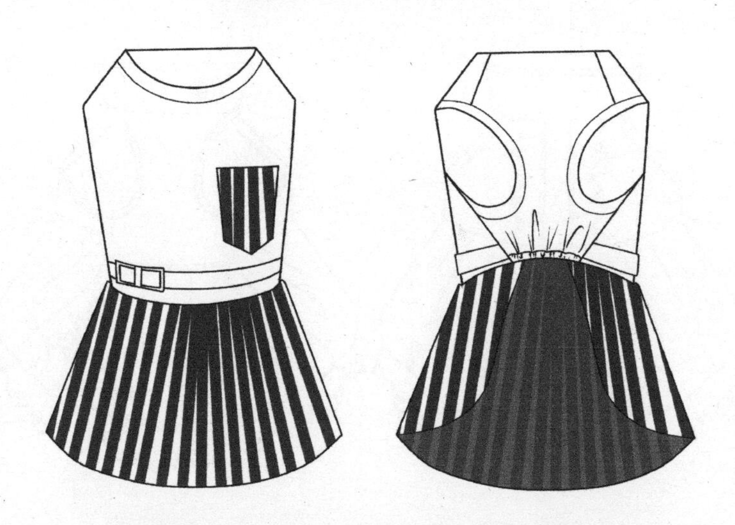

部位	身长	胸围	领围
尺寸/cm	31	45	32

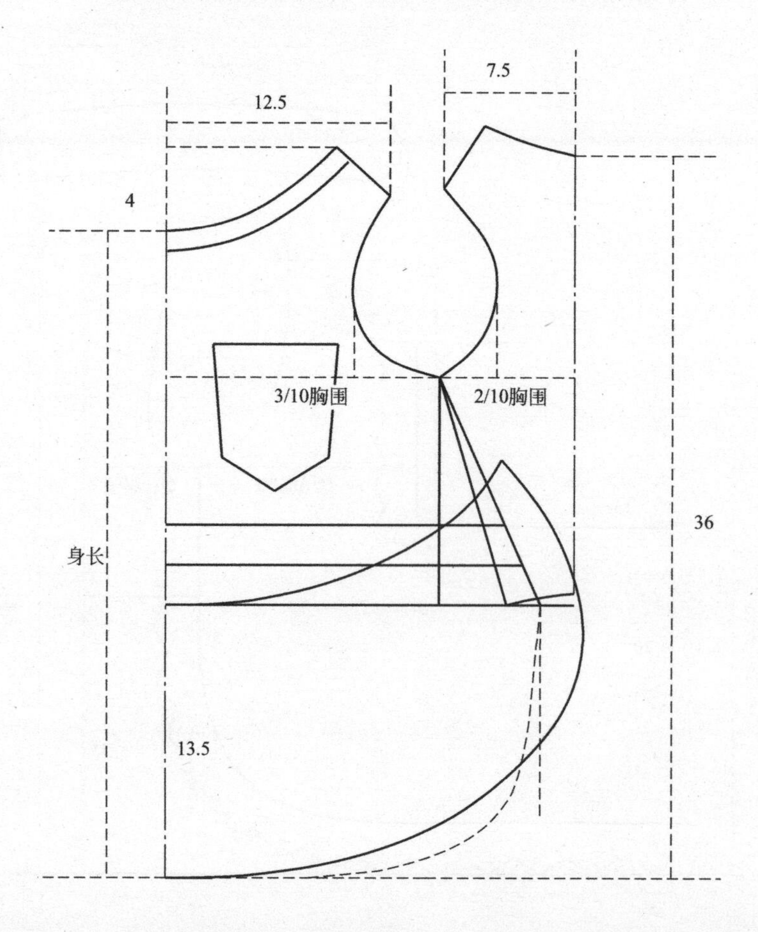

54. 连衣裙F款

部位	身长	胸围	领围
尺寸/cm	34	45	32

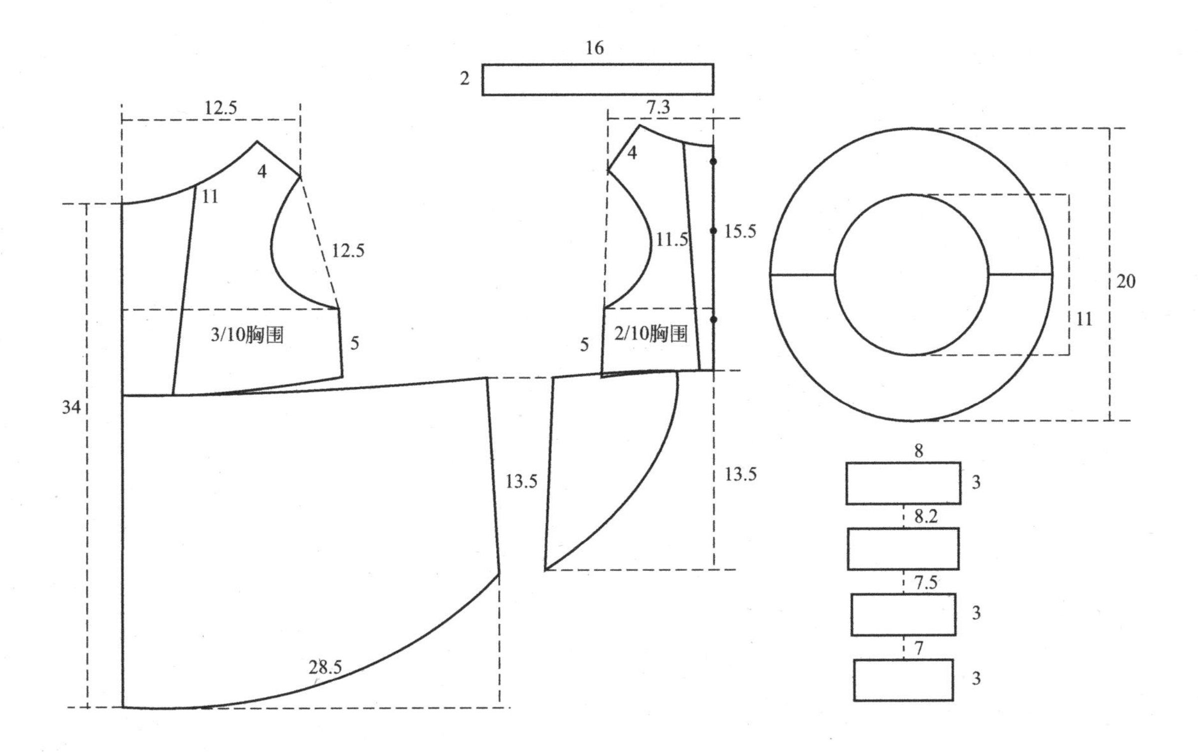

55. 公主裙

部位	身长	胸围	领围
尺寸/cm	31	45	32

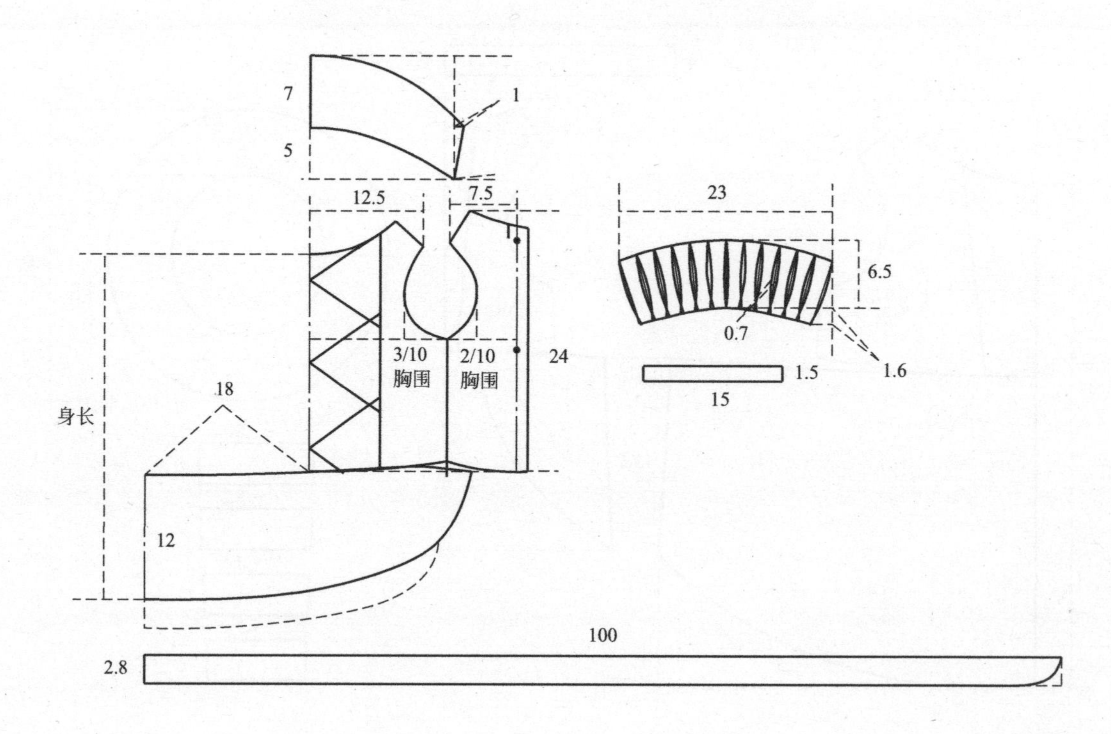

56. 荷叶边牛仔裙

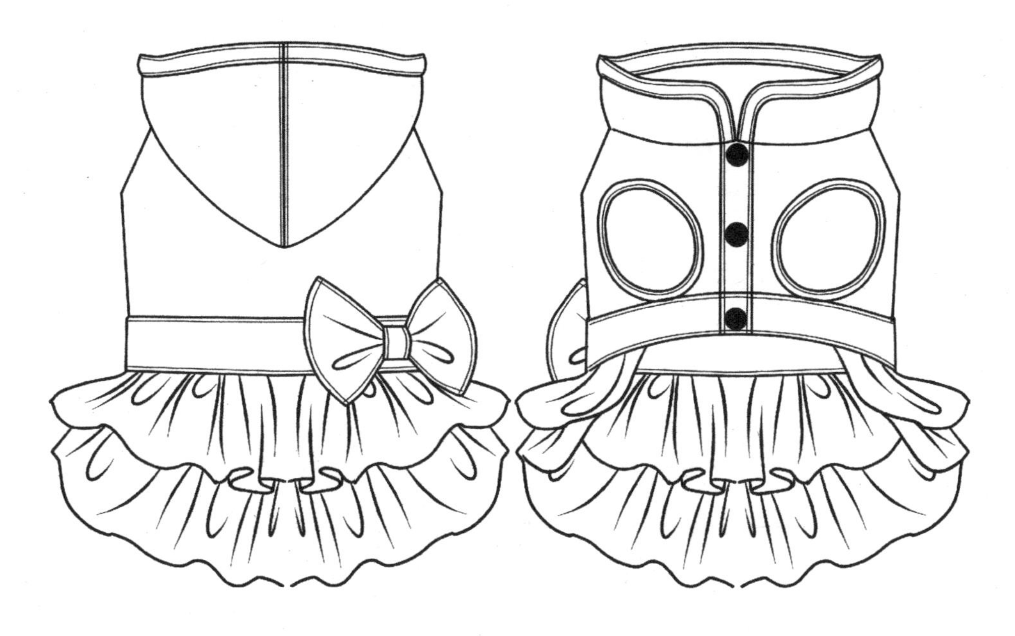

部位	身长	胸围	领围
尺寸/cm	31	45	32

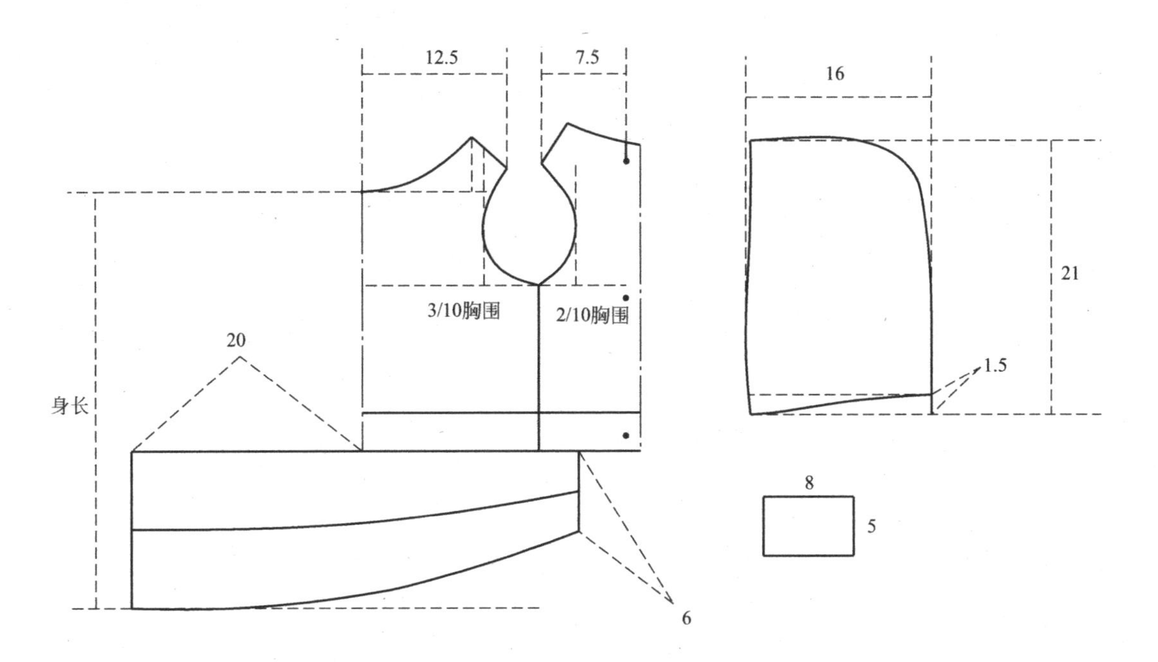

57. 蝴蝶结连衣裙A款

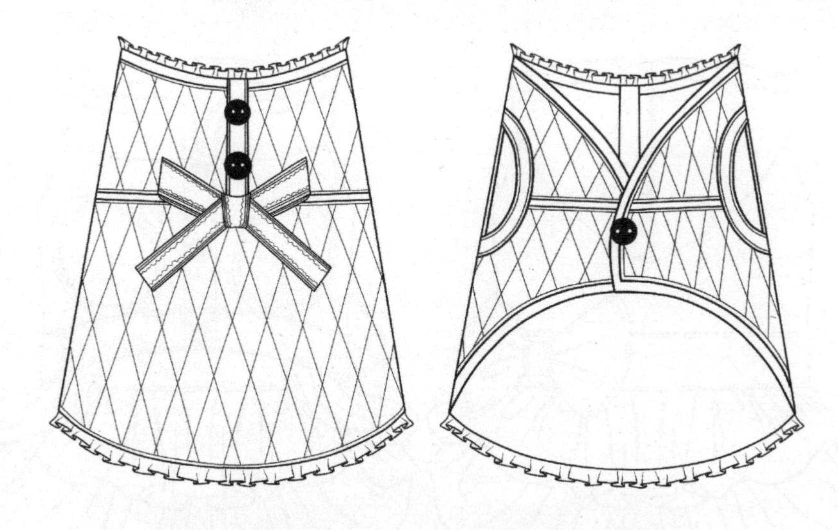

部位	身长	胸围	领围
尺寸/cm	31	45	32

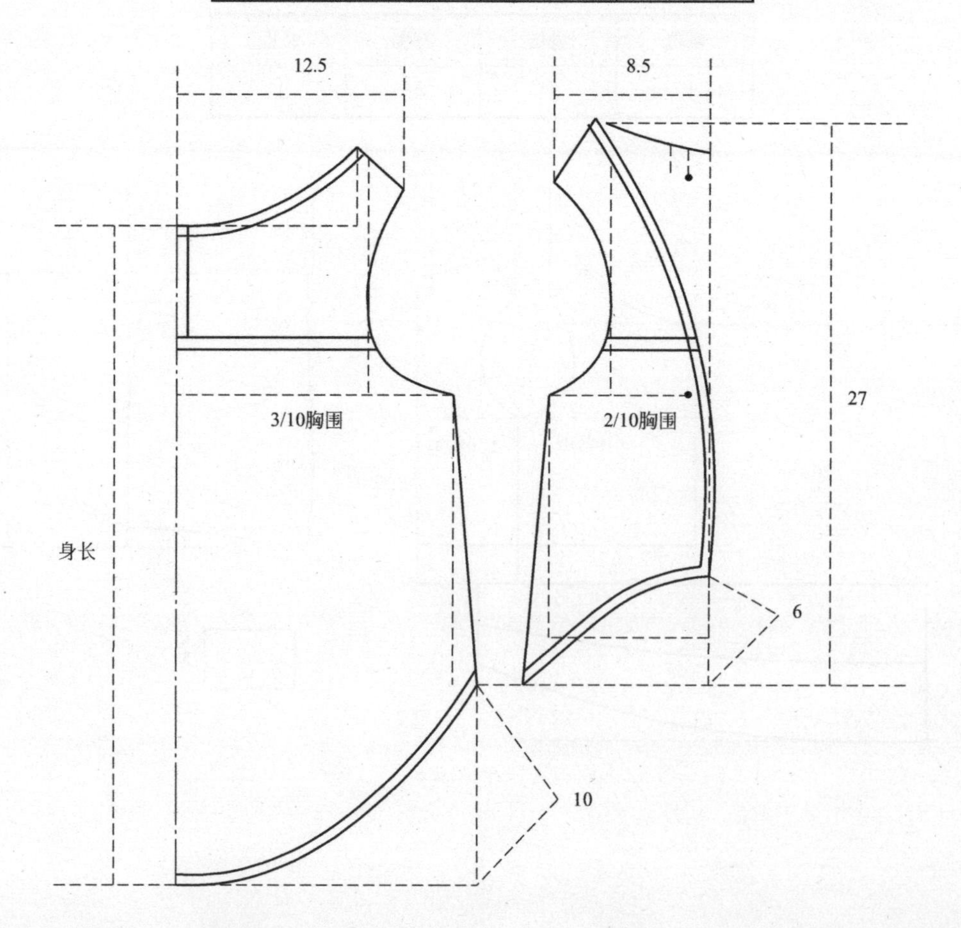

蝴蝶结连衣裙B款

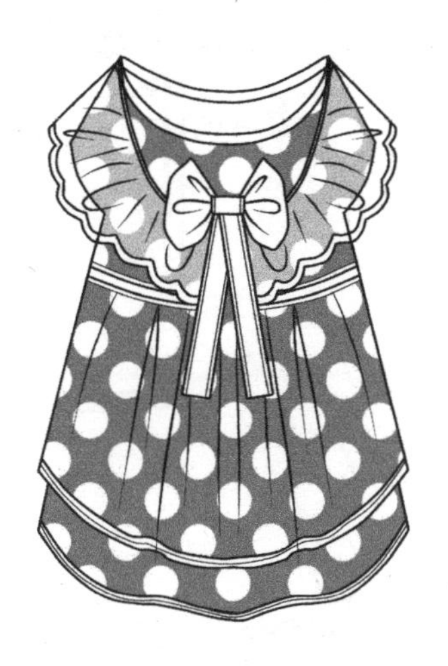

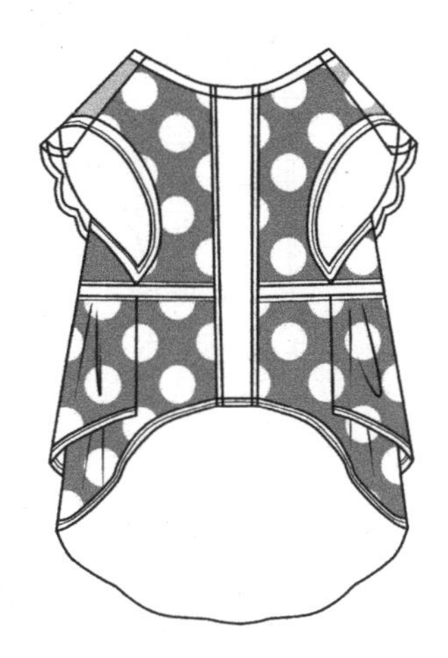

部位	身长	胸围	领围
尺寸/cm	31	45	32

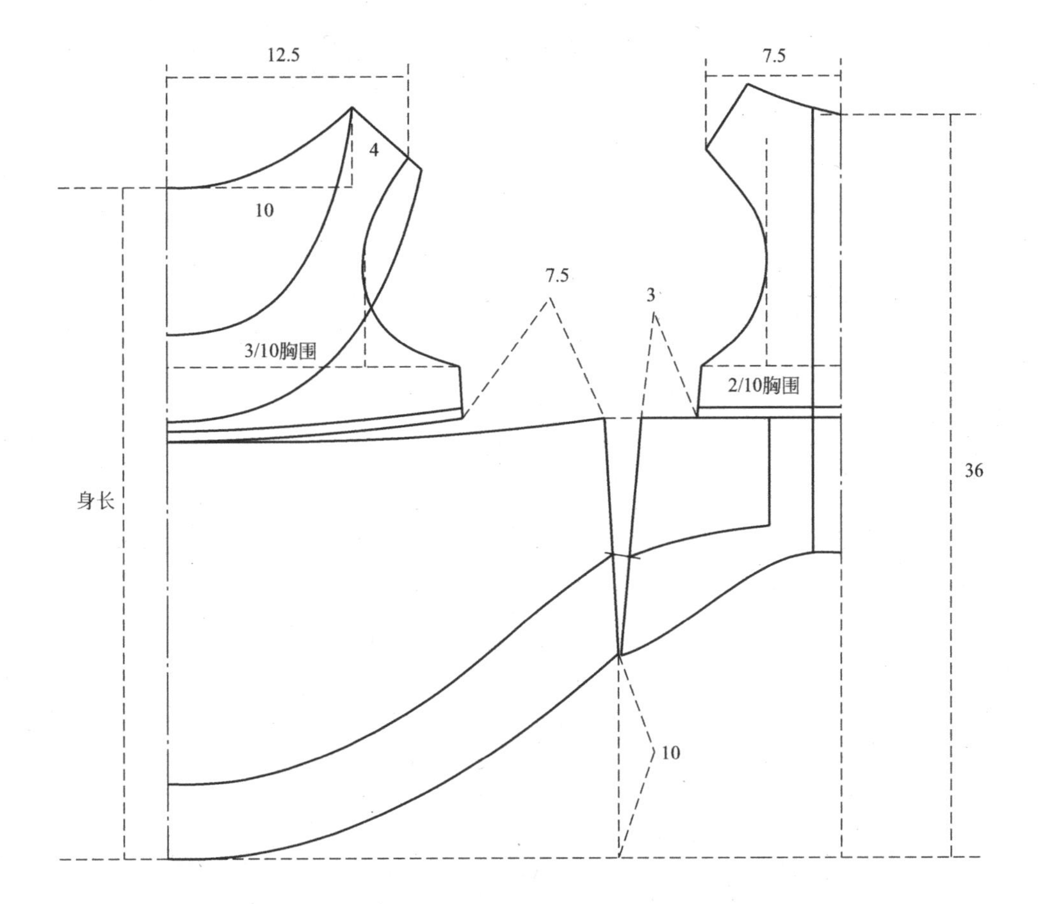

59. 蝴蝶结连衣裙C款

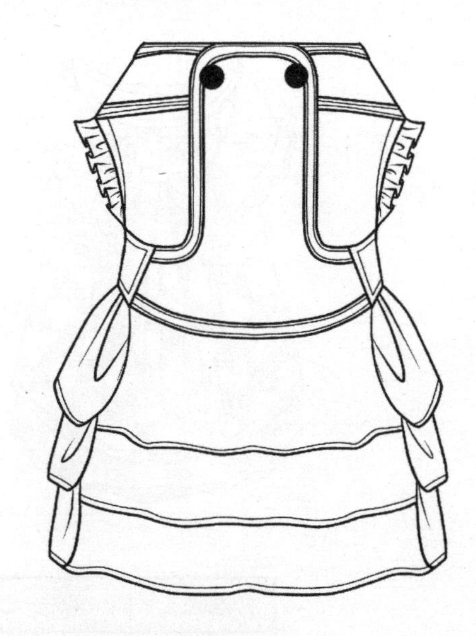

部位	身长	胸围	领围
尺寸/cm	31	45	32

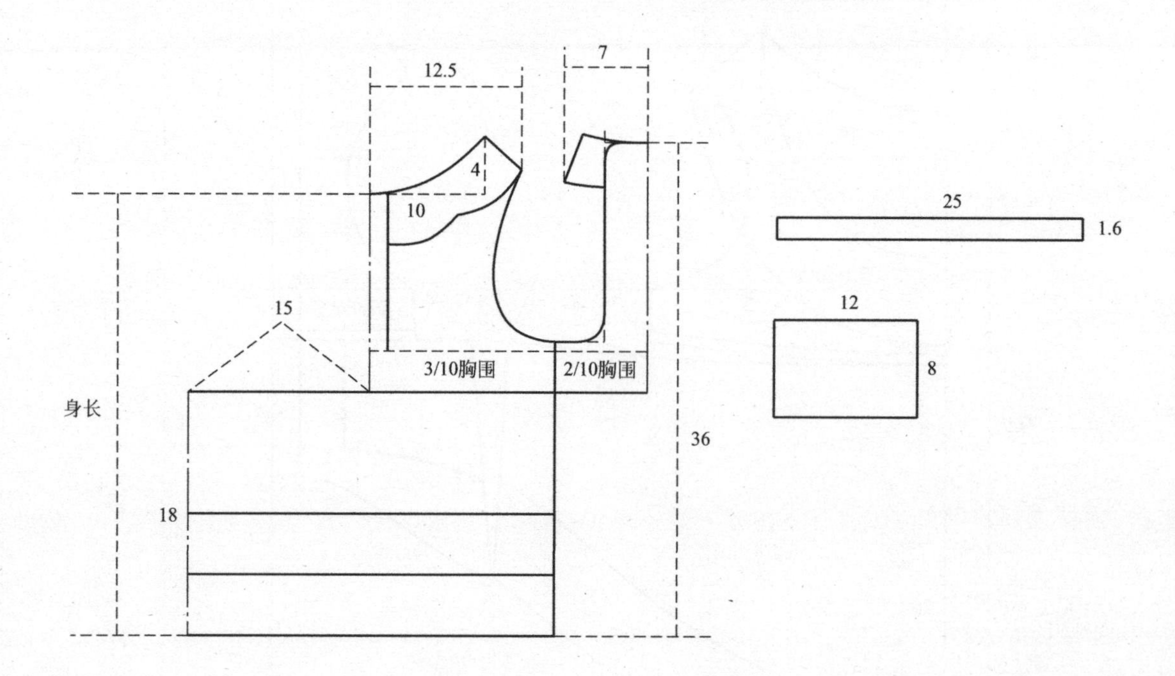

60. 蝴蝶结连衣裙D款

部位	身长	胸围	领围
尺寸/cm	31	45	32

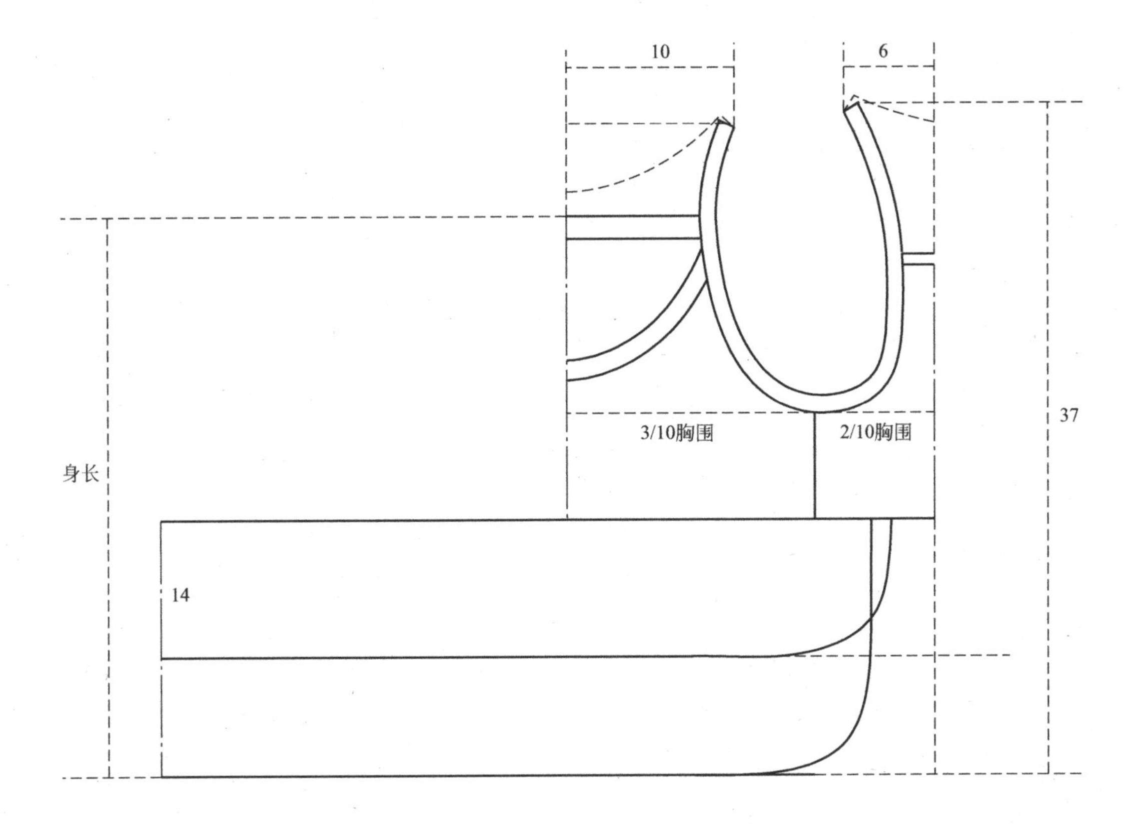

61. 蝴蝶结连衣裙E款

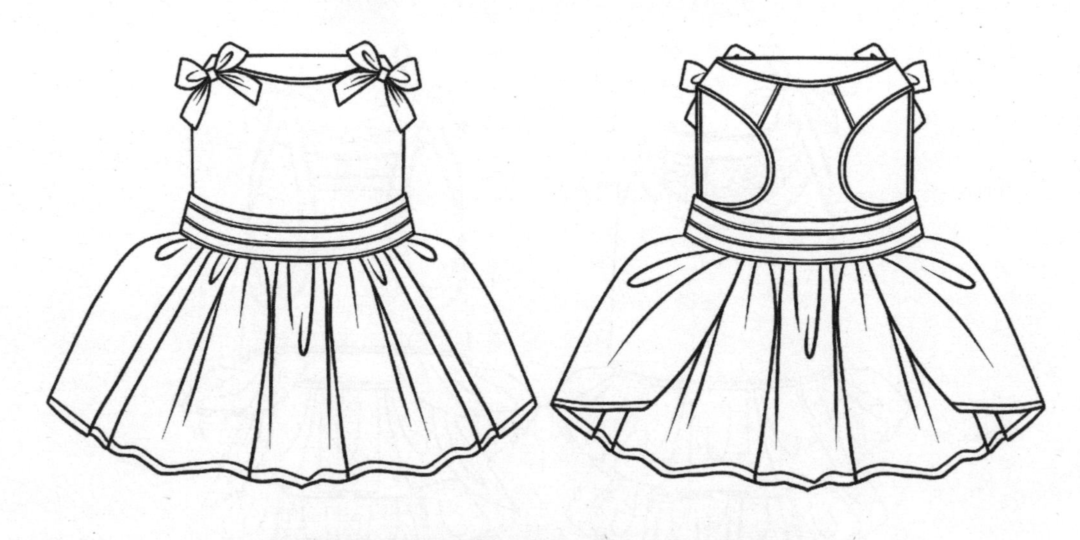

部位	身长	胸围	领围
尺寸/cm	31	45	32

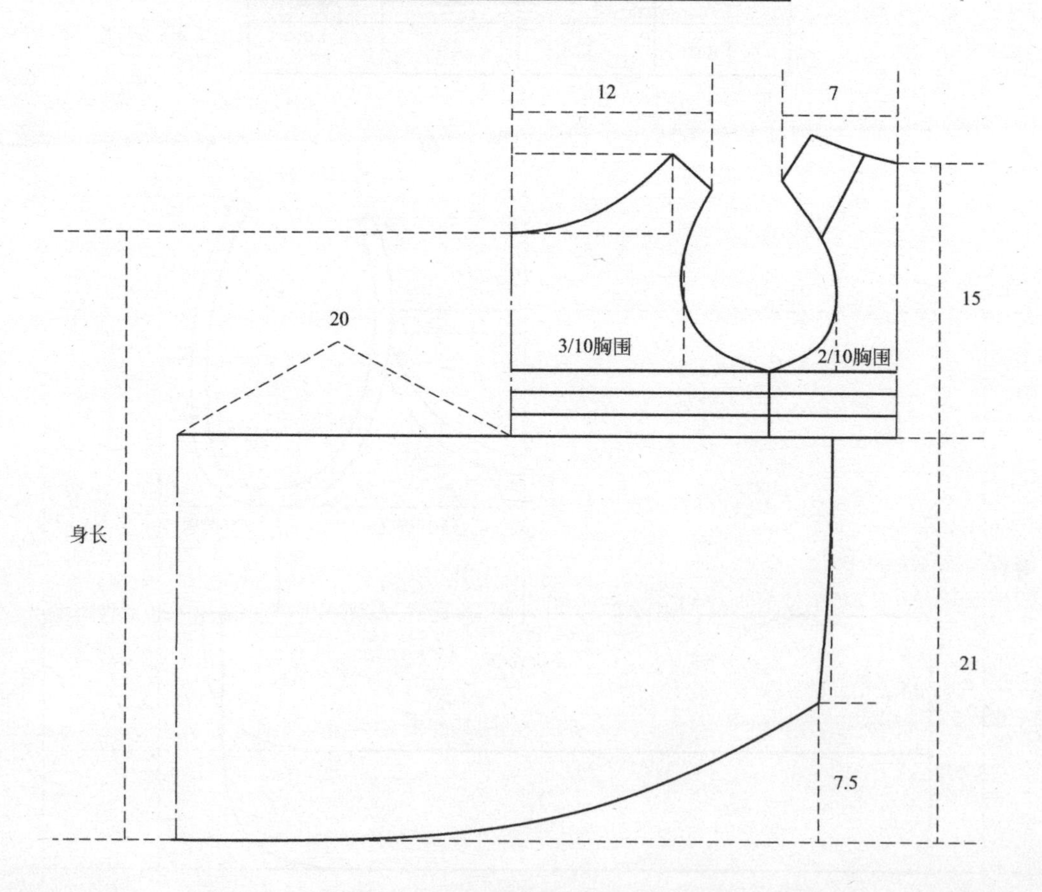

62. 蝴蝶袖连衣裙

部位	身长	胸围	领围
尺寸/cm	31	45	32

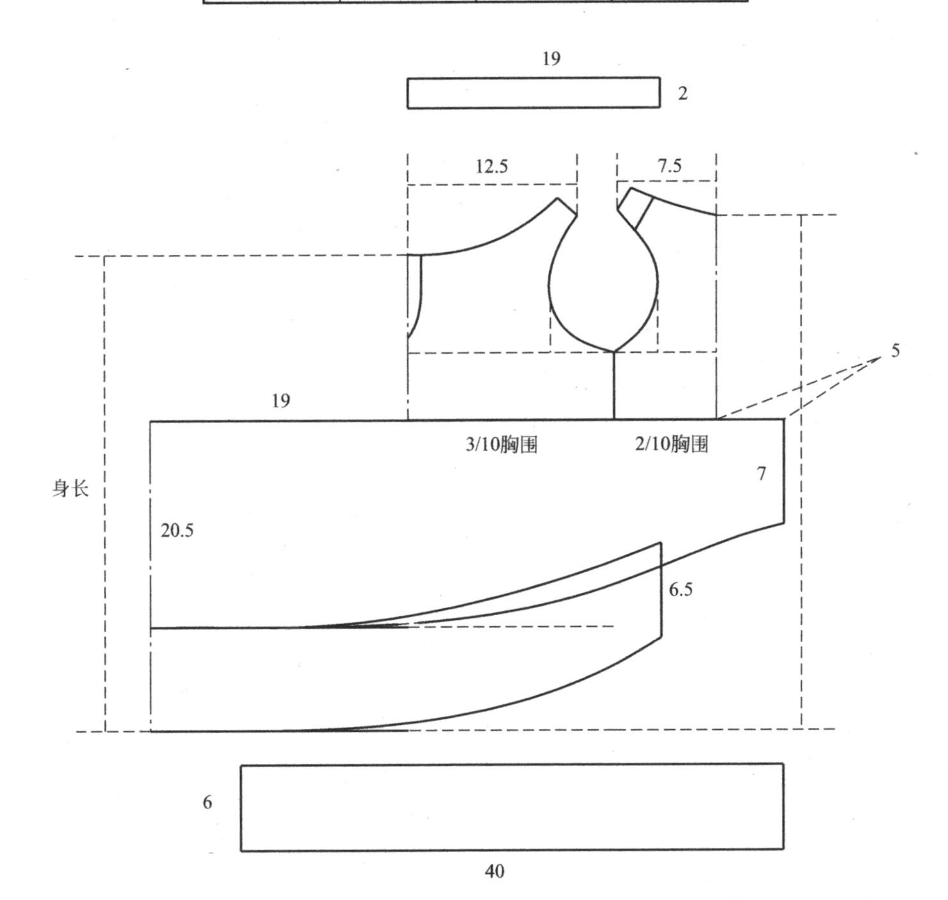

63. 可爱百褶裙

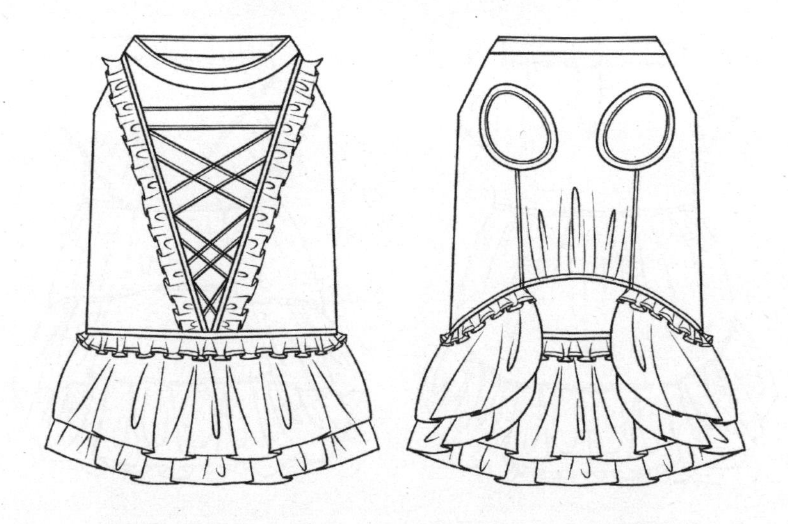

部位	身长	胸围	领围
尺寸/cm	31	45	32

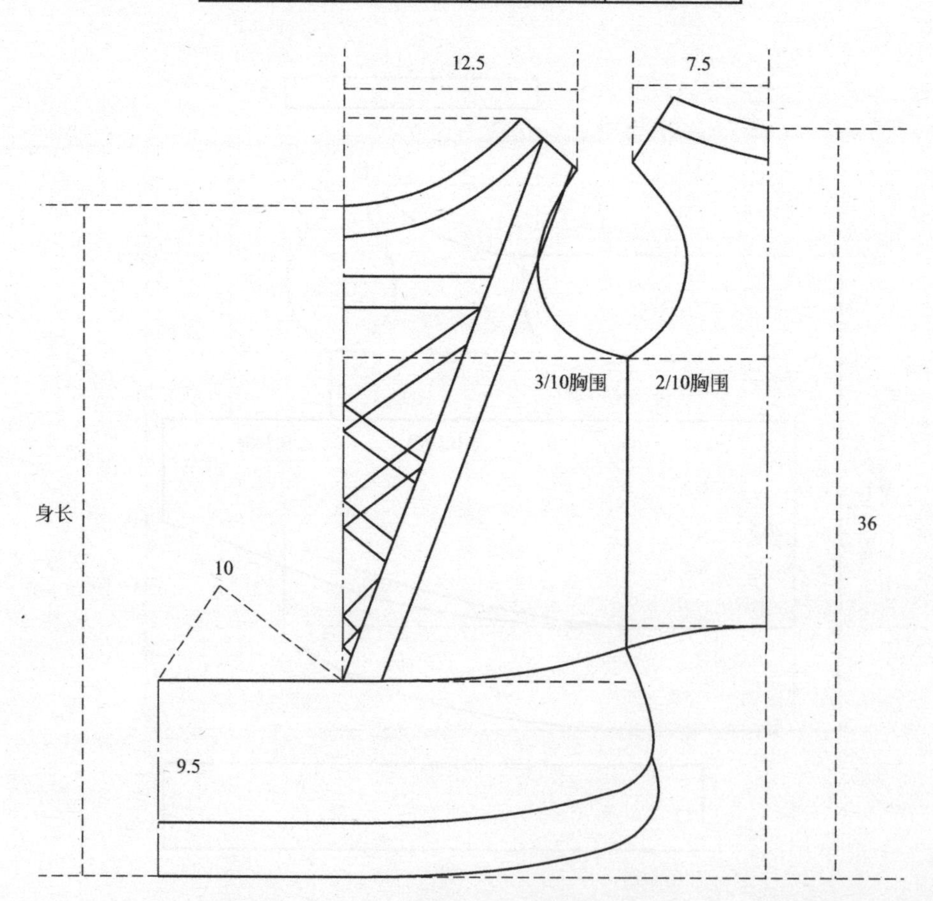

64. 可爱灯笼裙

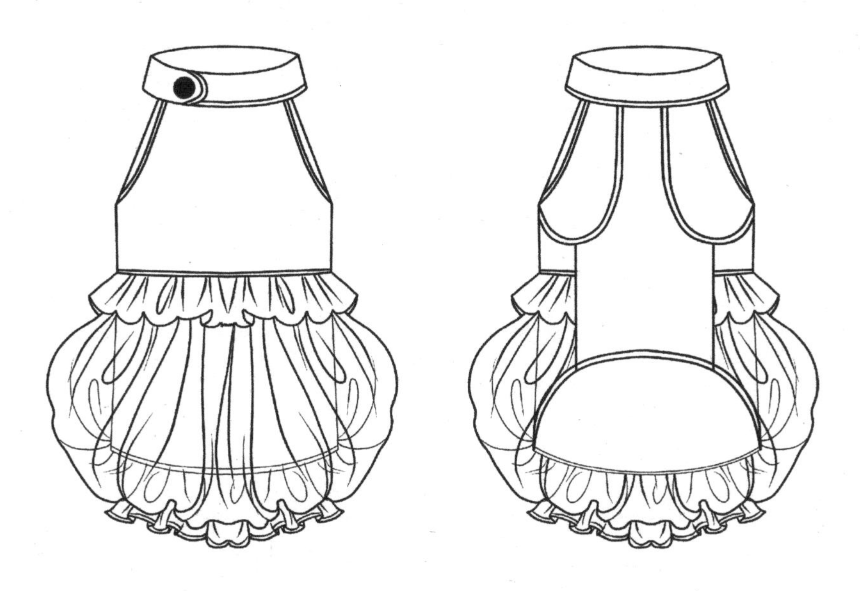

部位	身长	胸围	领围
尺寸/cm	31	45	32

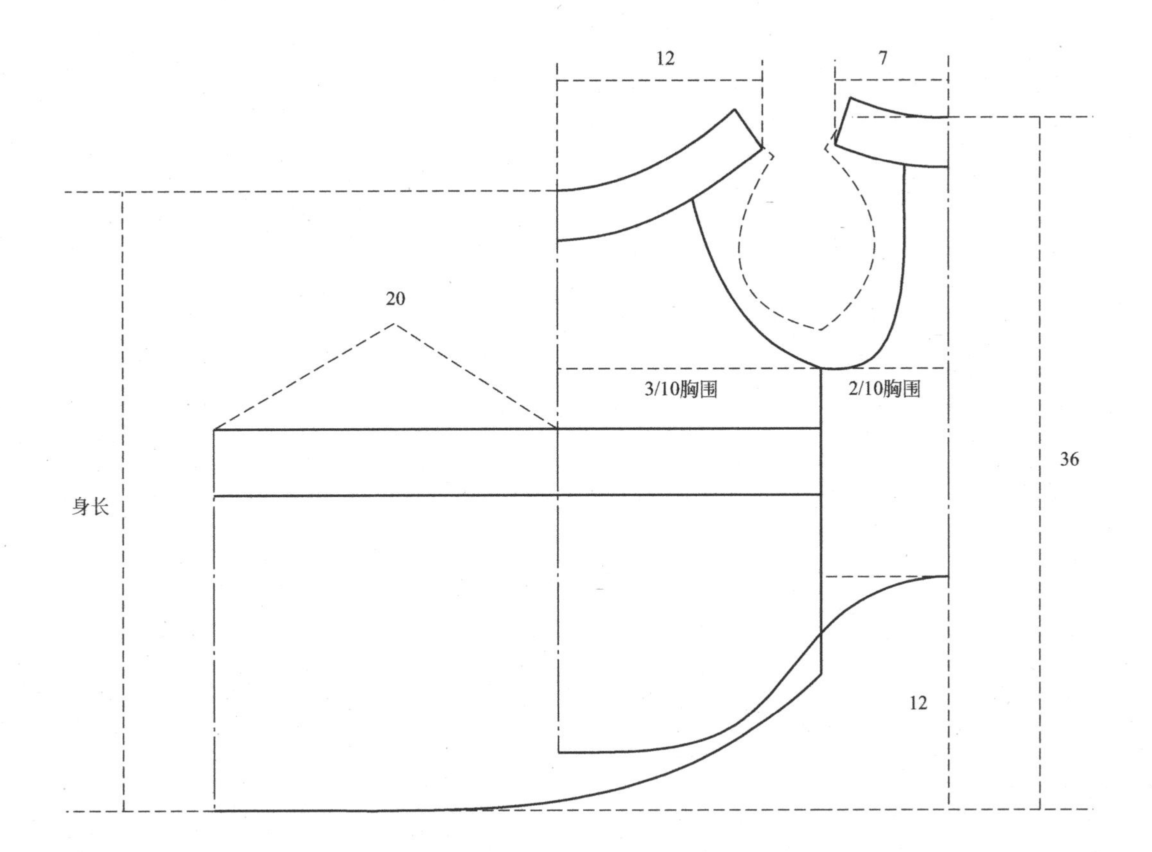

65. 可爱连衣裙A款

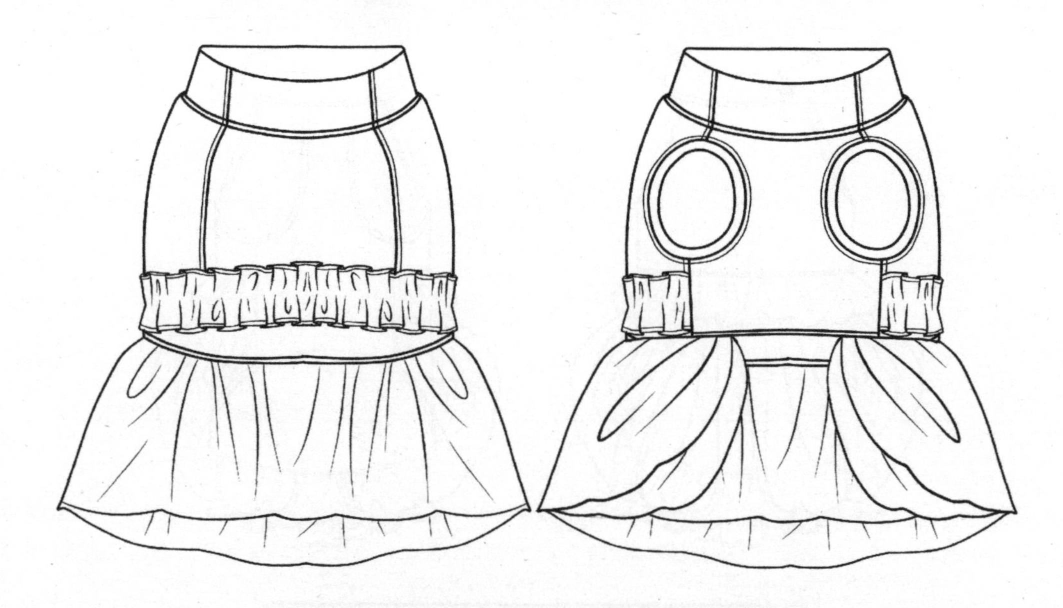

部位	身长	胸围	领围
尺寸/cm	29	45	32

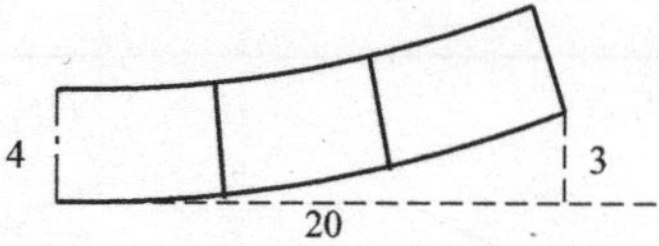

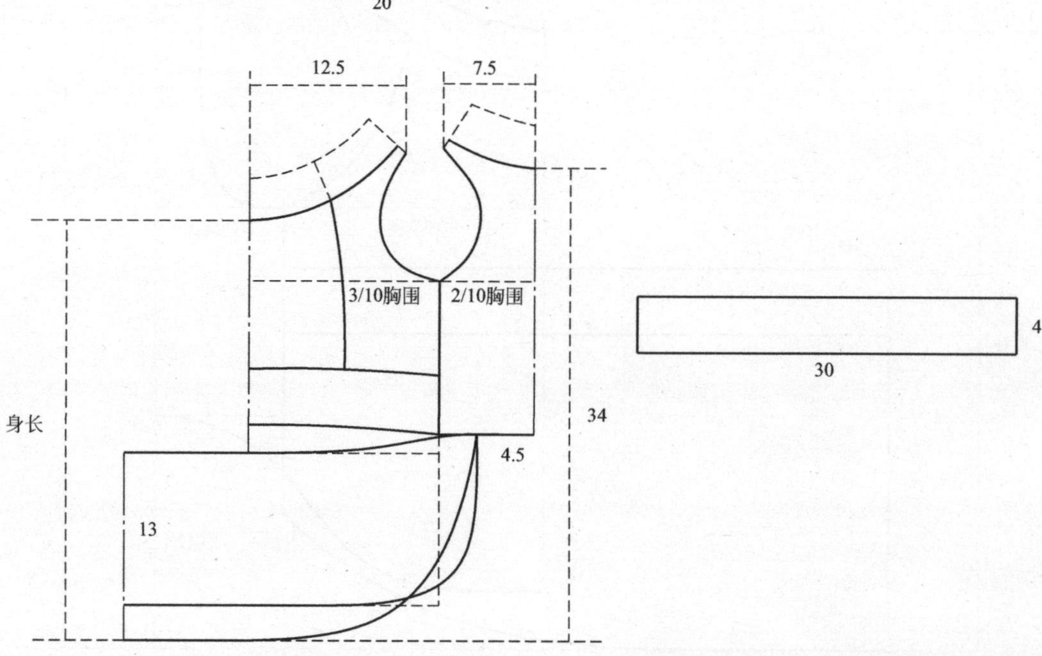

66. 可爱连衣裙B款

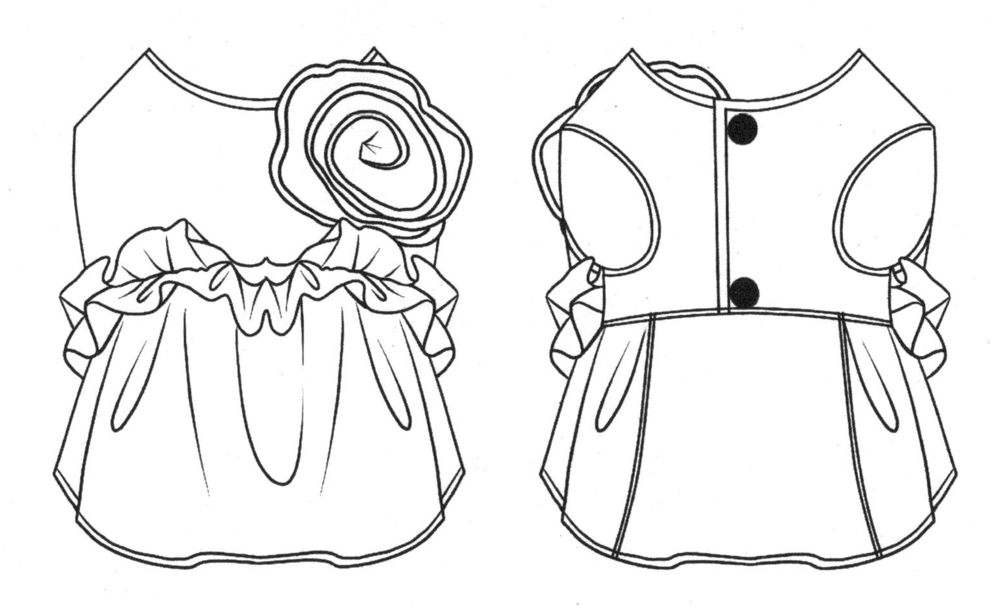

部位	身长	胸围	领围
尺寸/cm	31	45	32

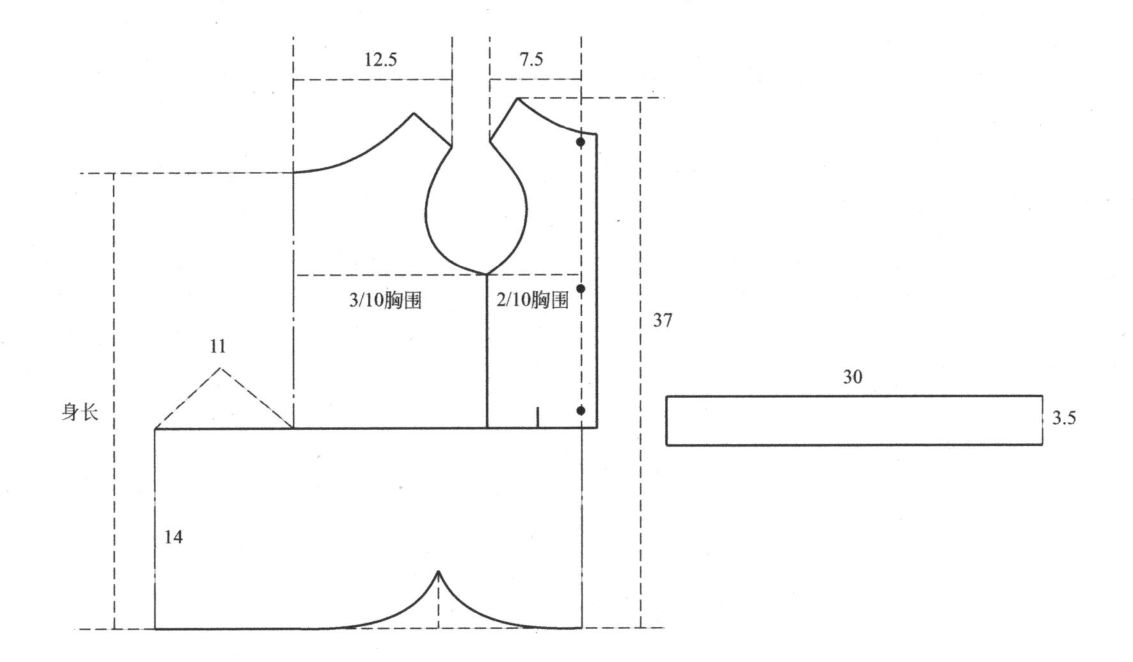

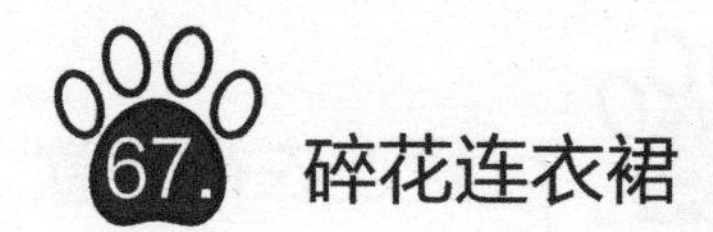

67. 碎花连衣裙

部位	身长	胸围	领围
尺寸/cm	31	45	32

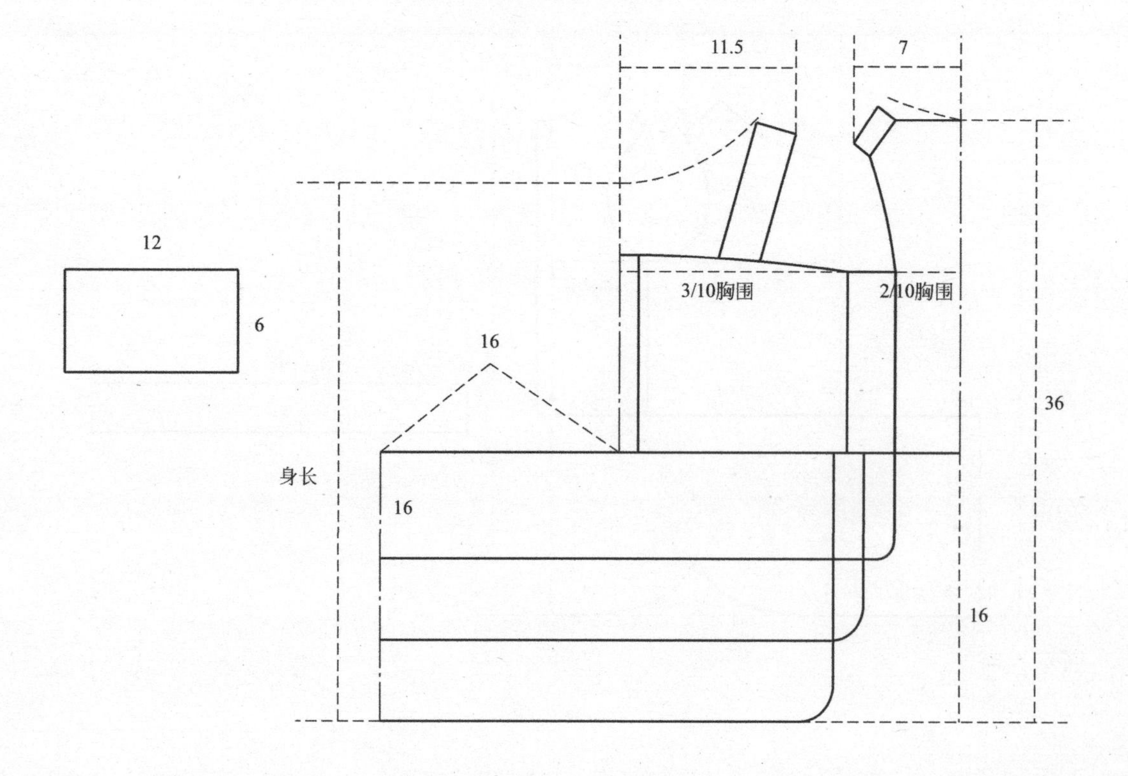

连体服

68. 连体服A款

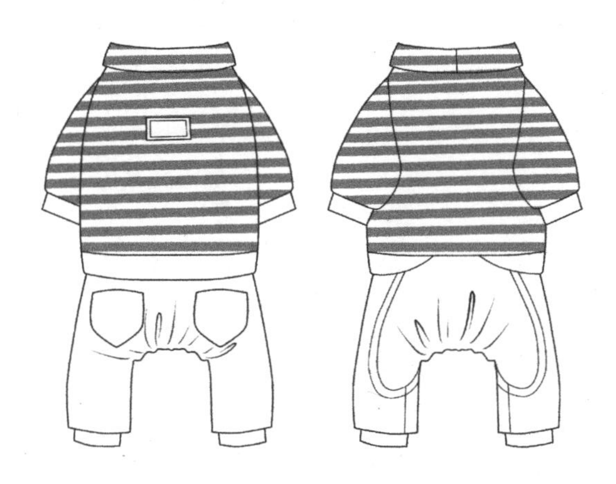

部位	身长	胸围	领围
尺寸/cm	31	45	32

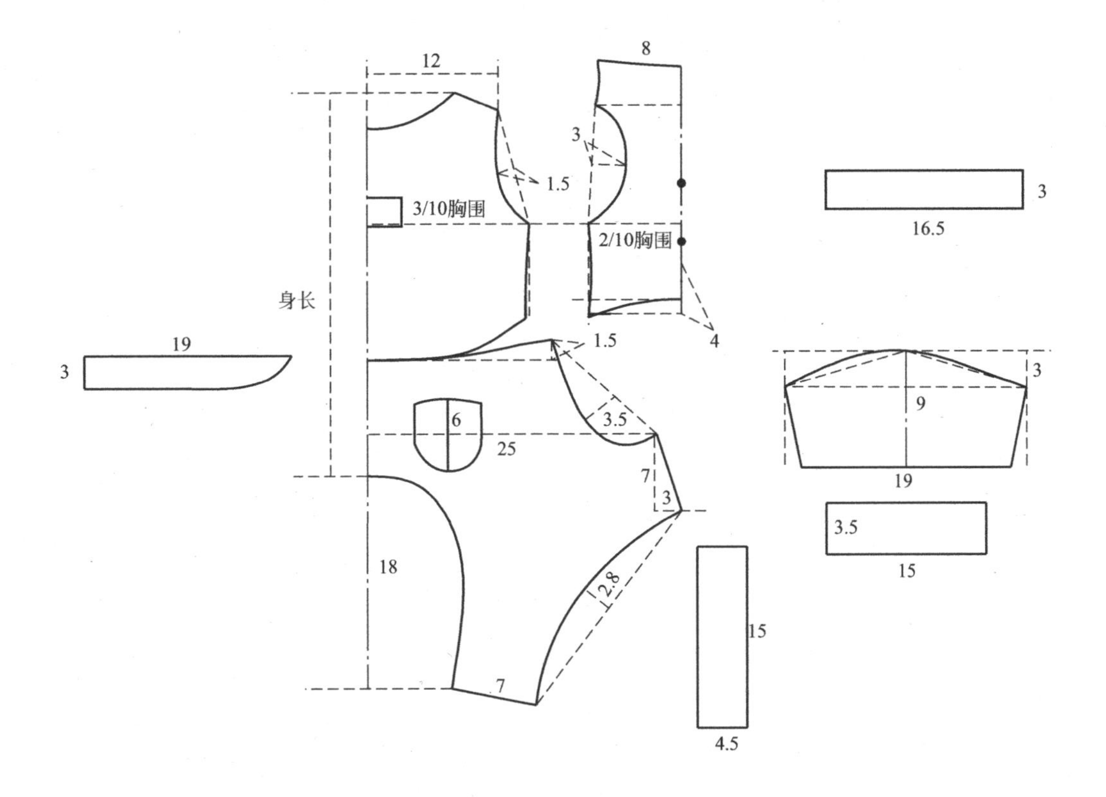

69. 连体服B款

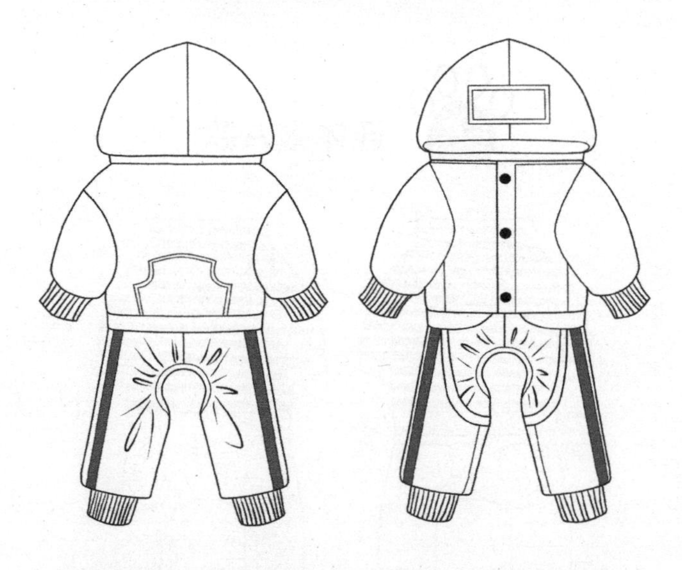

部位	身长	胸围	领围
尺寸/cm	31	45	32

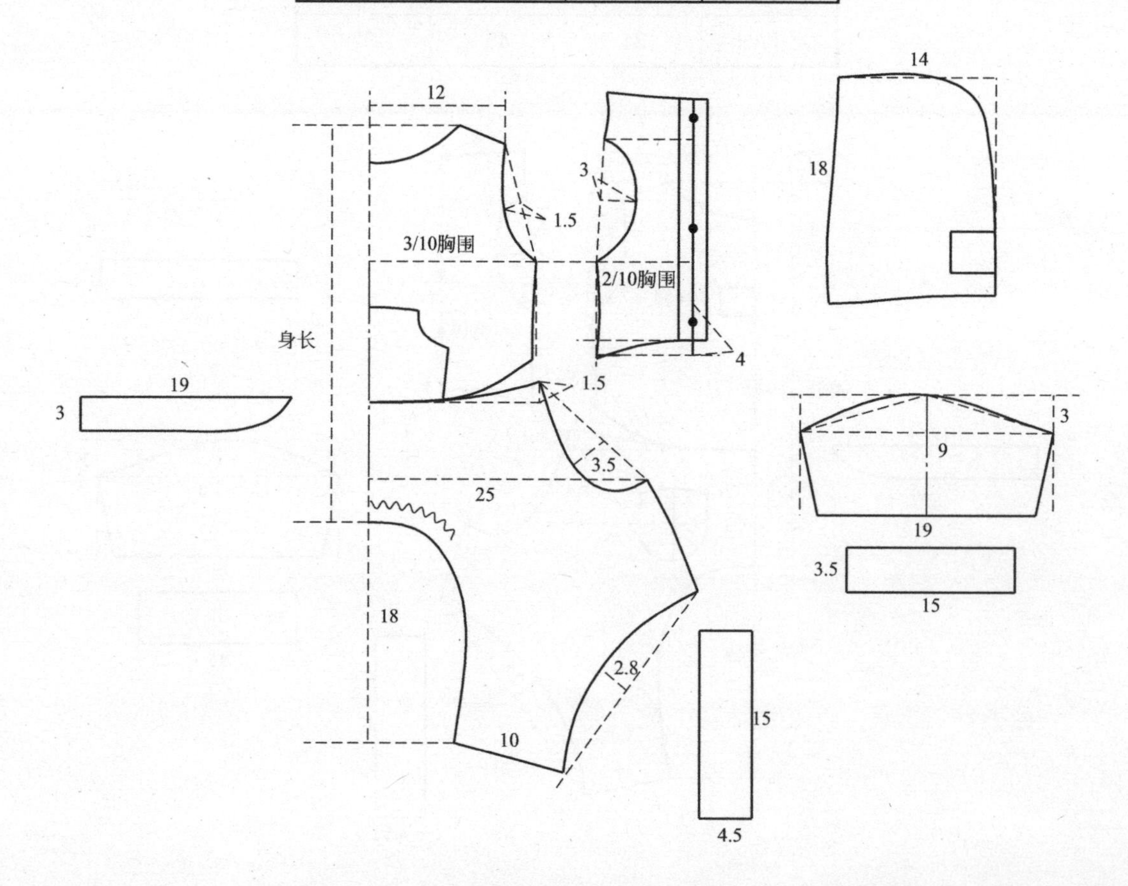

70. 连体服C款

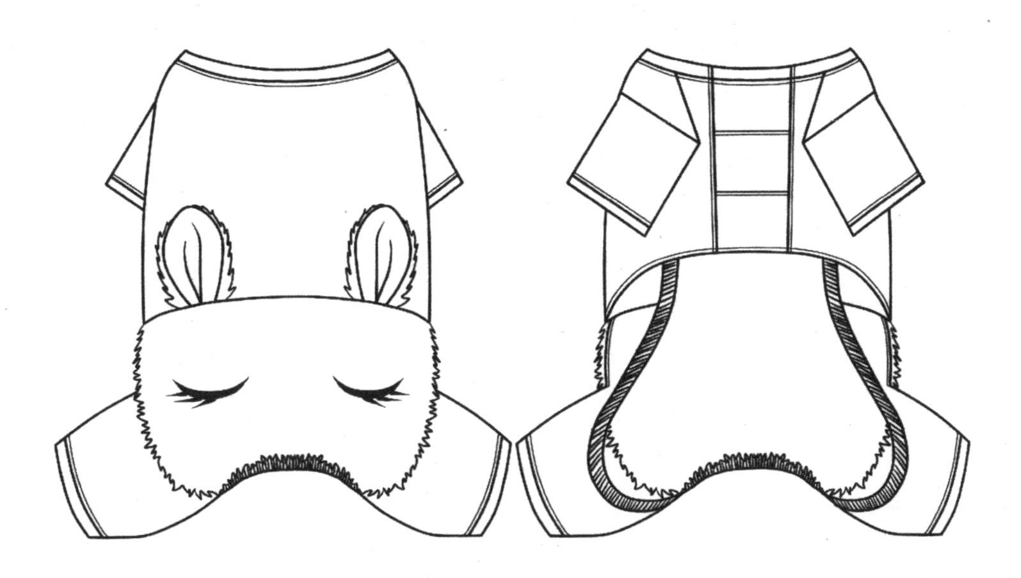

部位	身长	胸围	领围
尺寸/cm	31	45	32

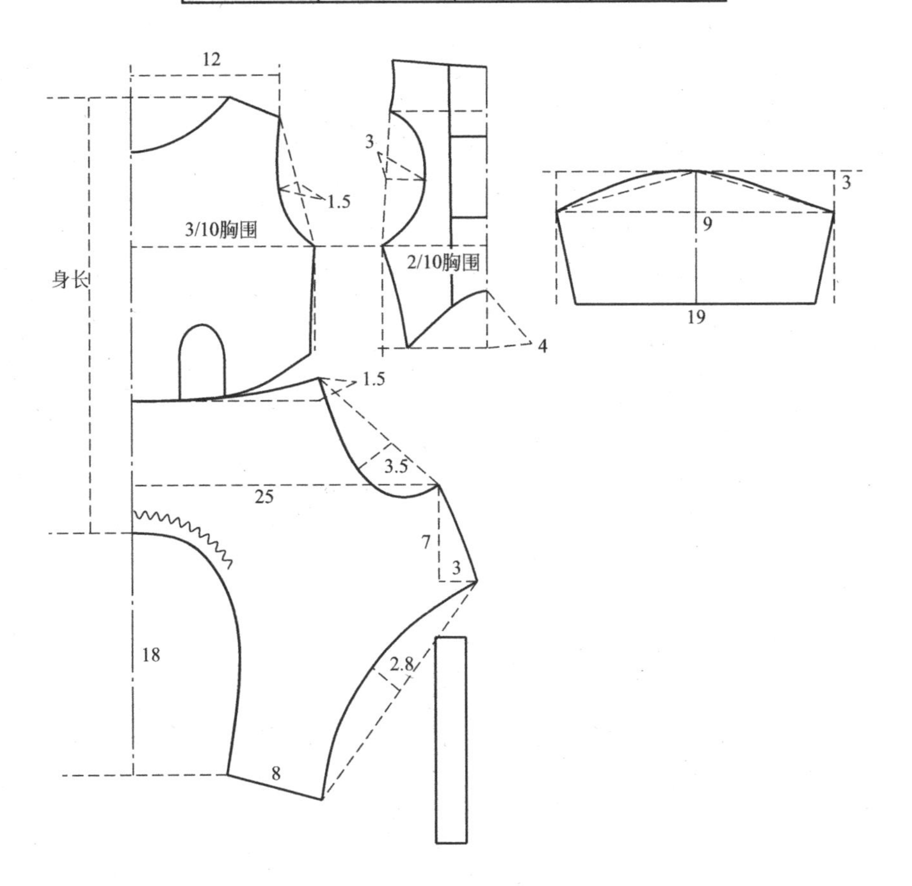

71. 连体服D款

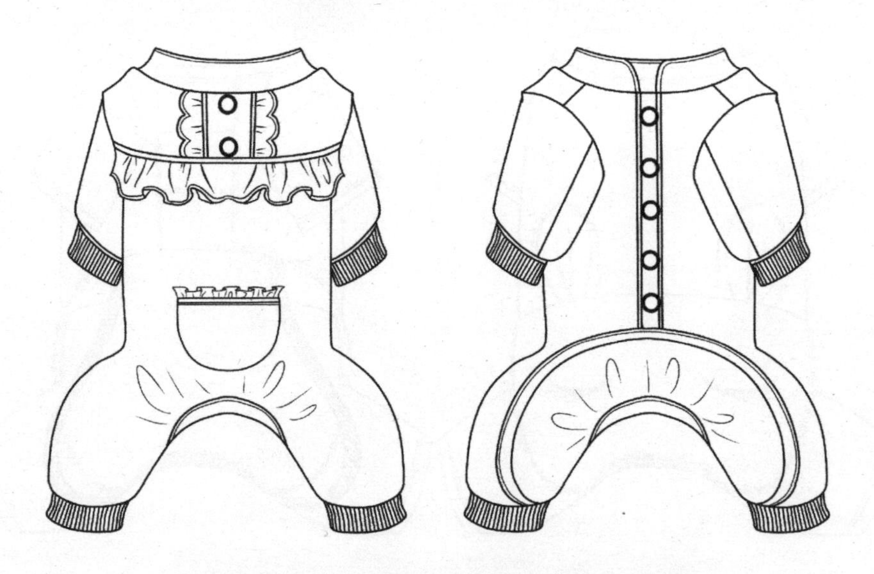

部位	身长	胸围	领围
尺寸/cm	31	45	32

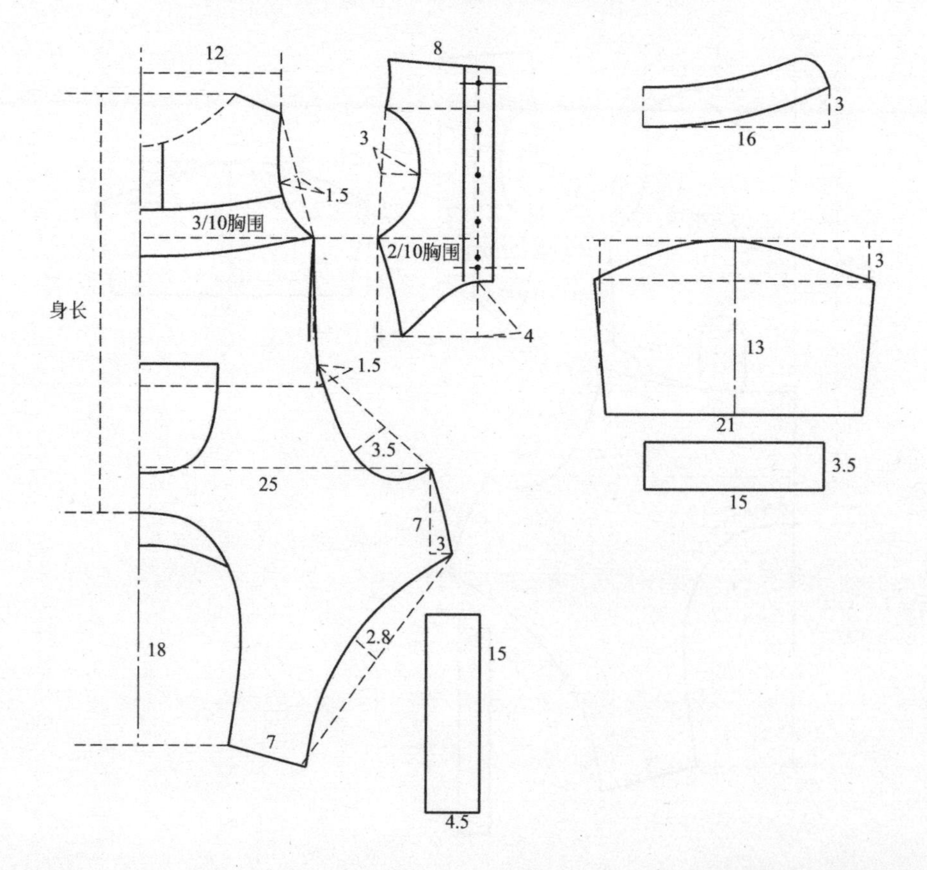

72. 连体服E款

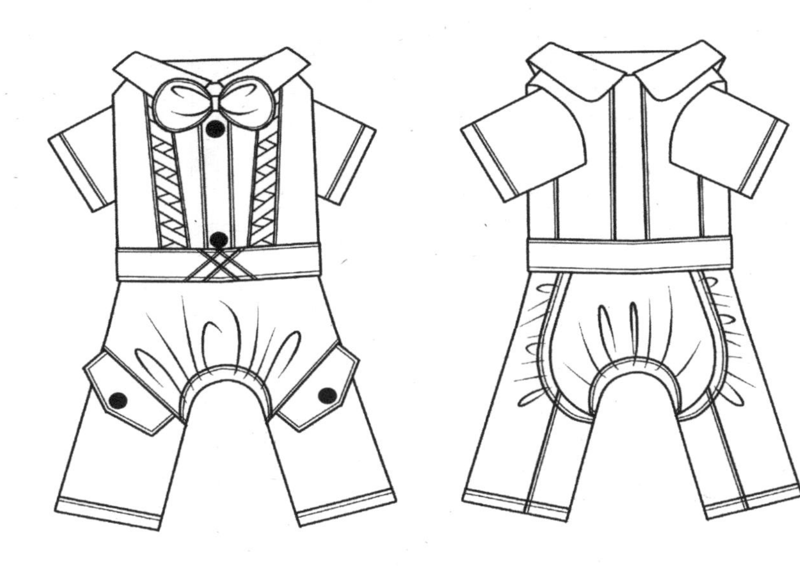

部位	身长	胸围	领围
尺寸/cm	31	45	32

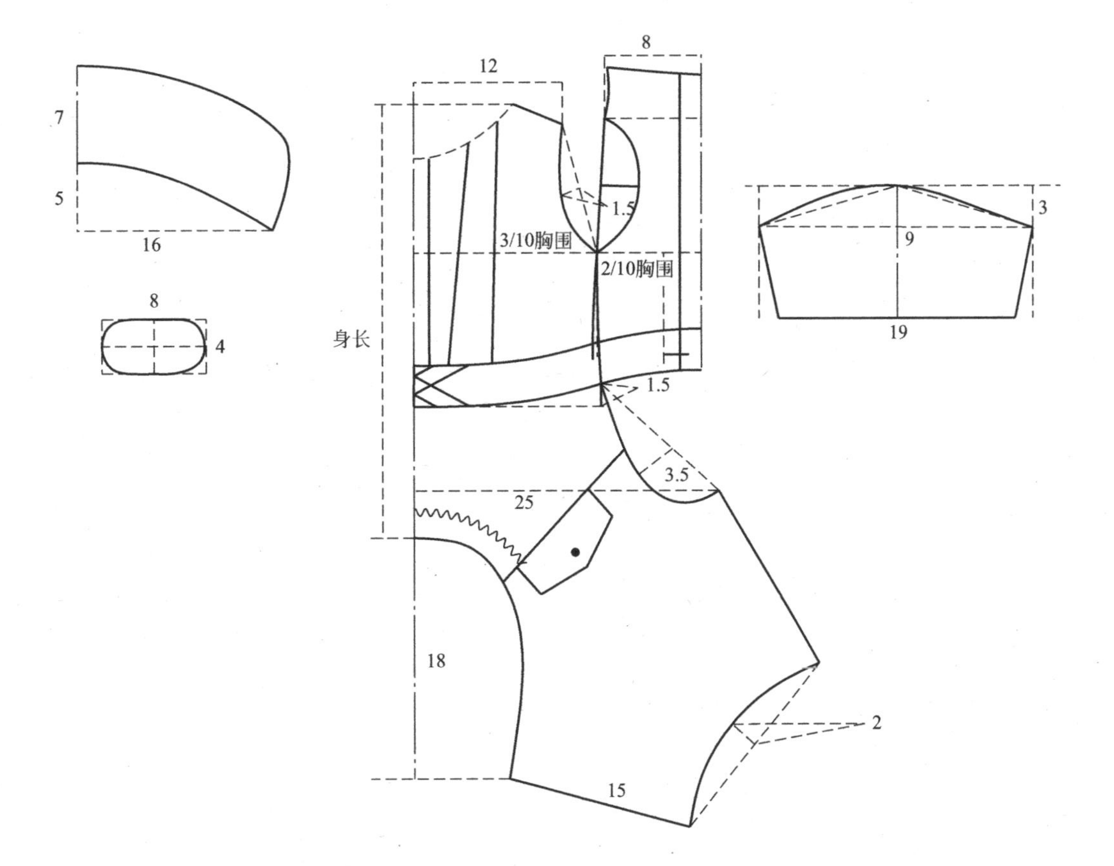

73. V领连体服

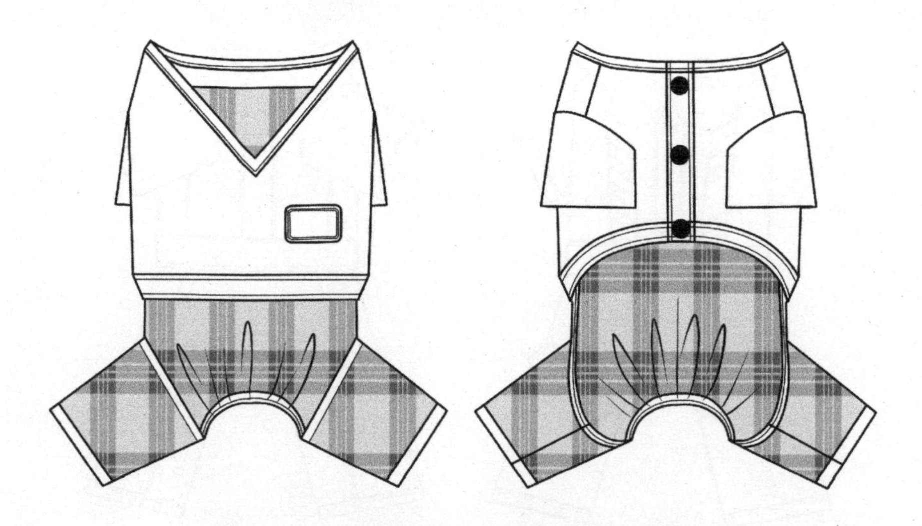

部位	身长	胸围	领围
尺寸/cm	31	45	32

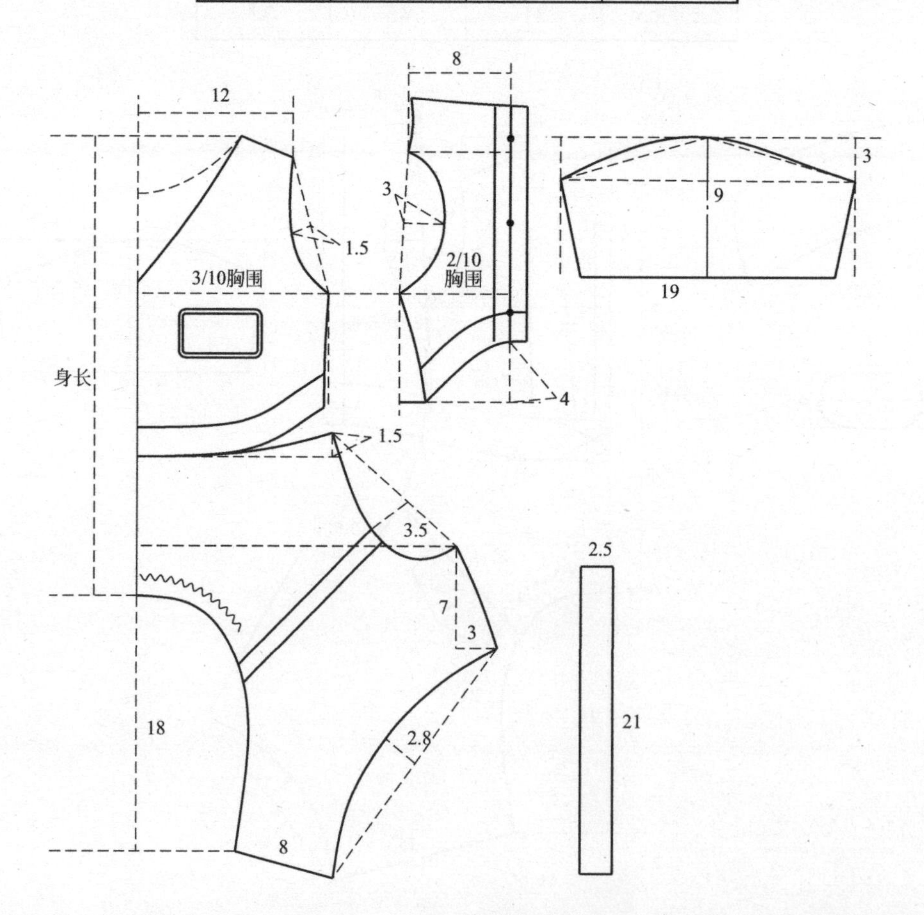

74. 吊带连体服

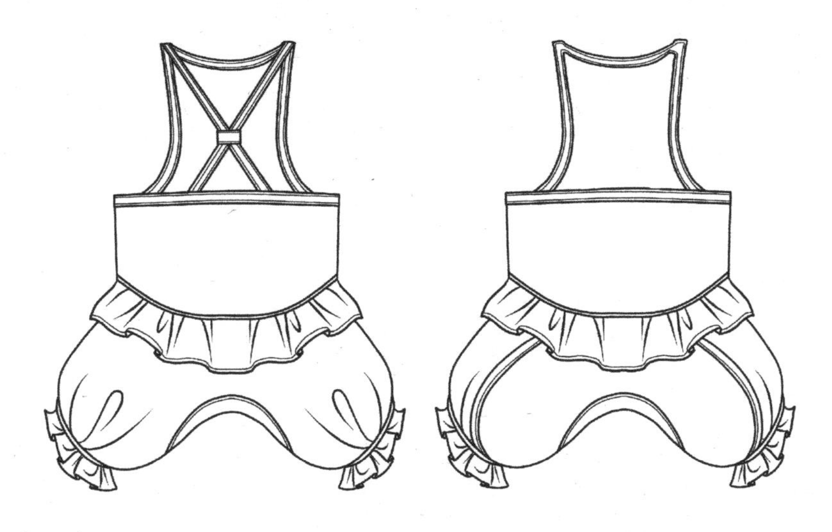

部位	身长	胸围	领围
尺寸/cm	31	45	32

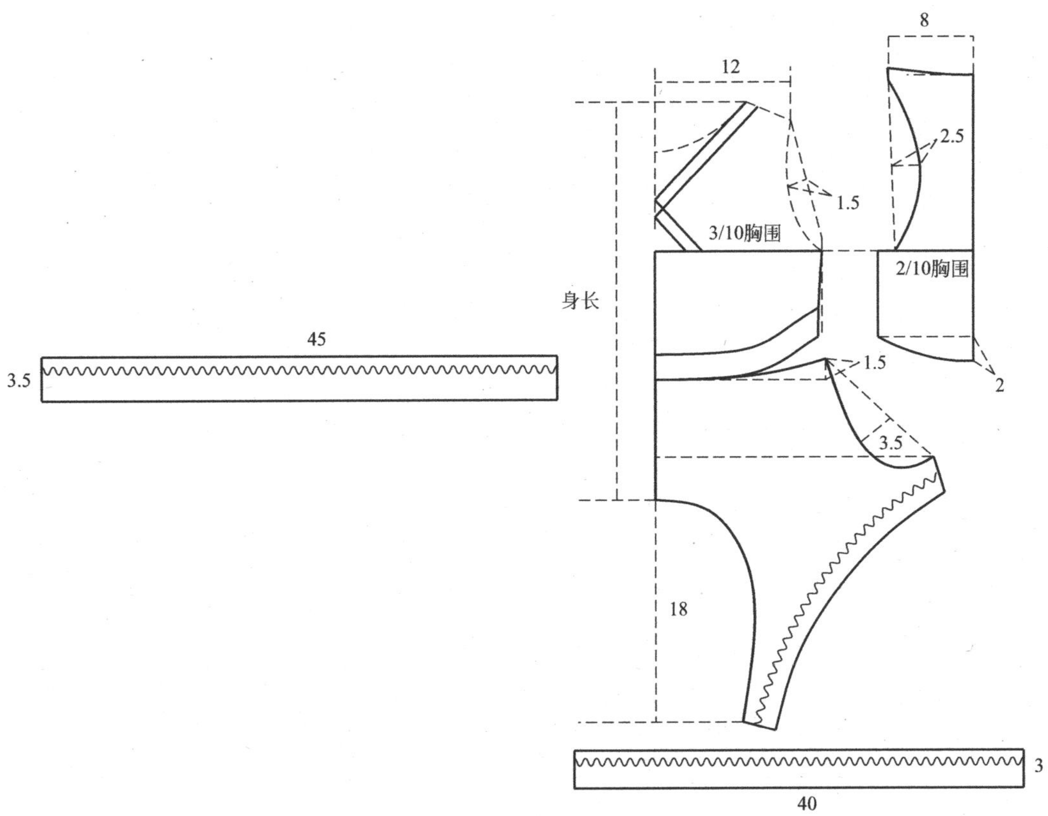

75. 卡通连体服

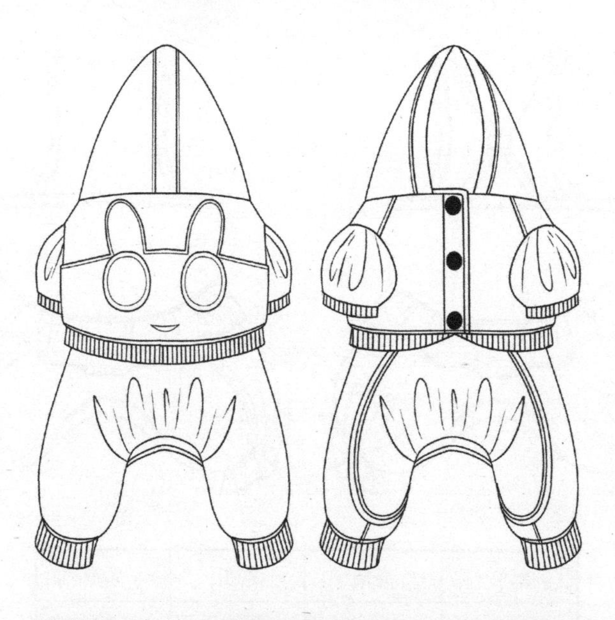

部位	身长	胸围	领围
尺寸/cm	31	45	32

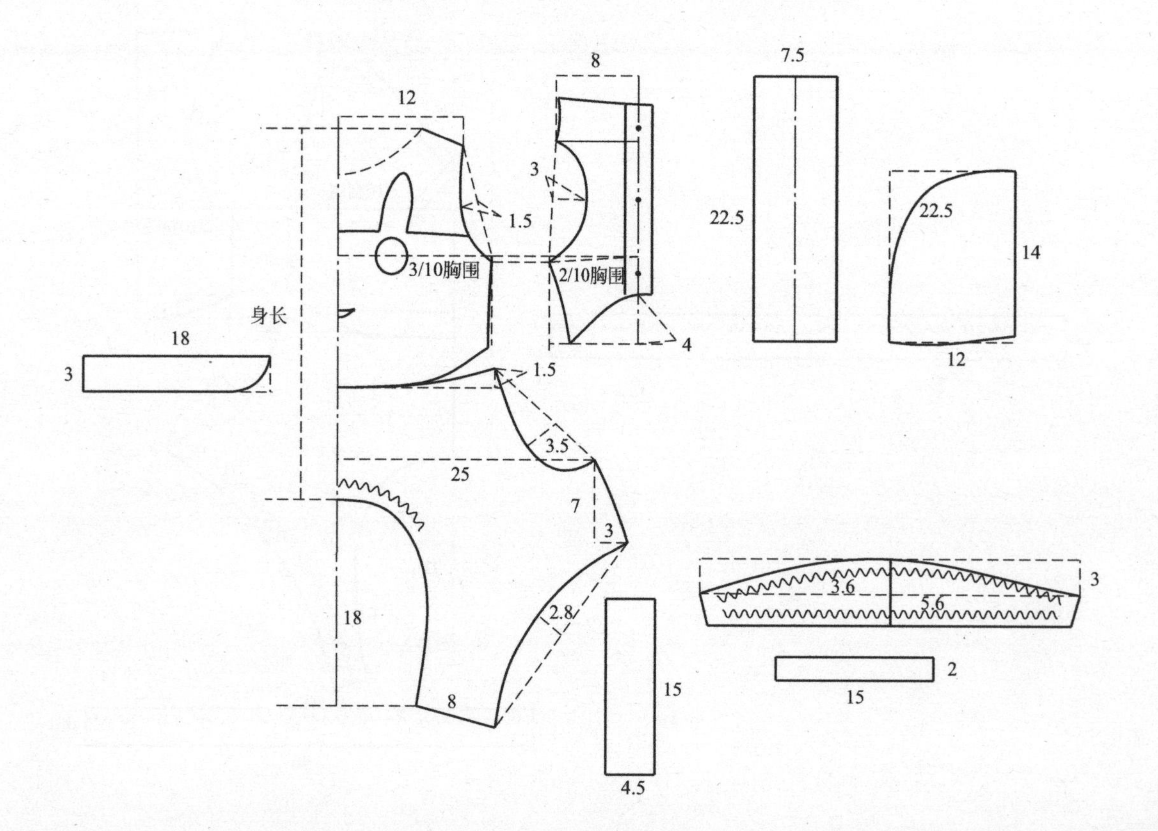

可爱背带裤连体服

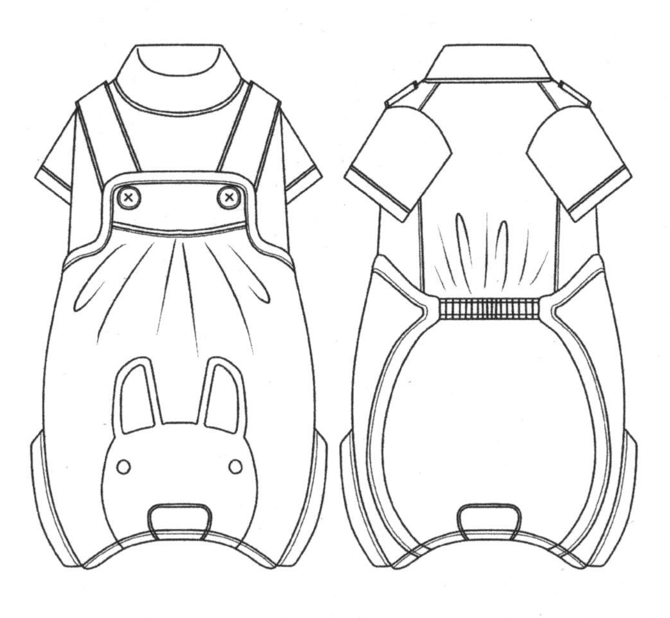

部位	身长	胸围	领围
尺寸/cm	31	45	32

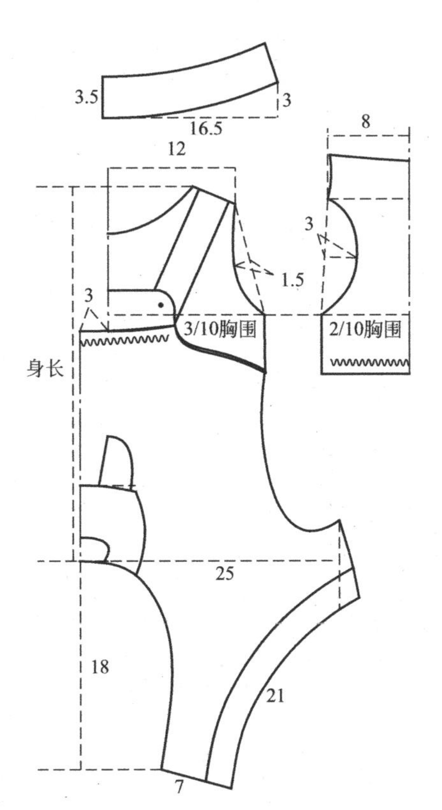

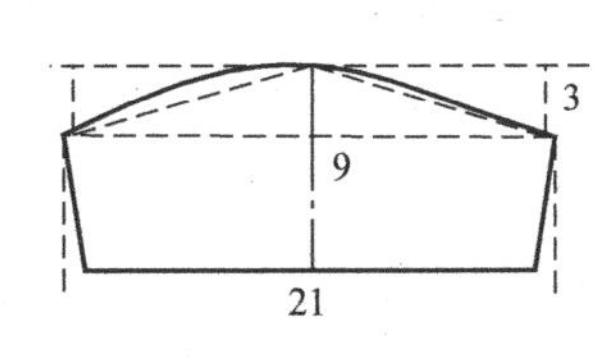

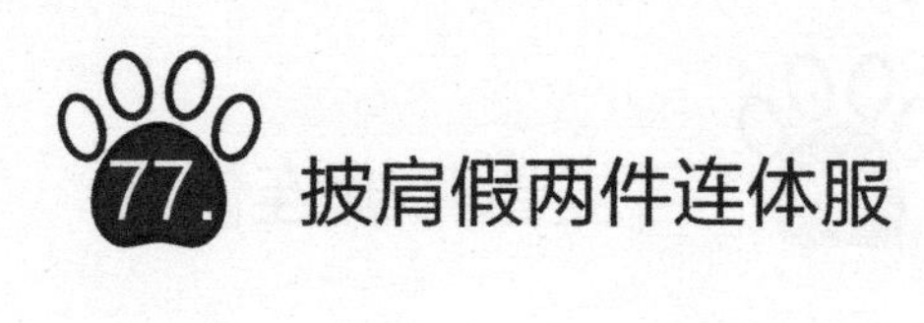

77. 披肩假两件连体服

部位	身长	胸围	领围
尺寸/cm	31	45	32

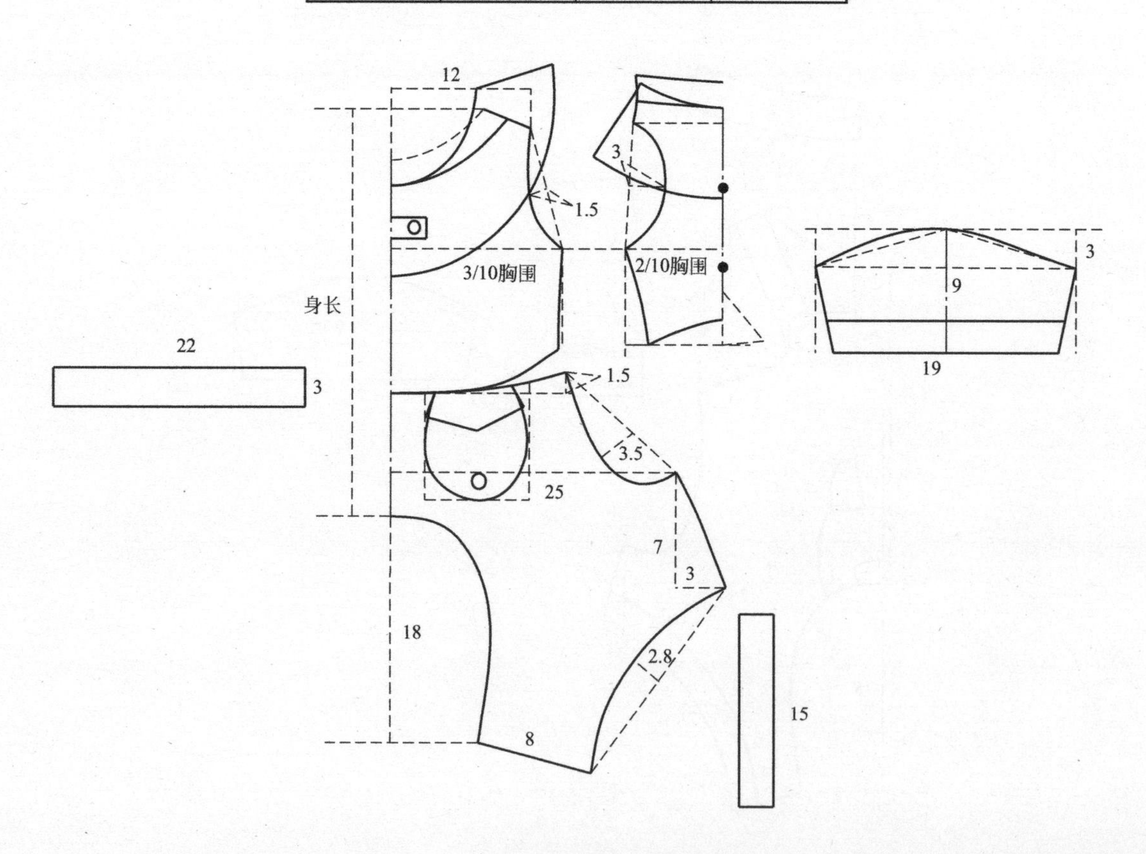

78. 背带裤A款

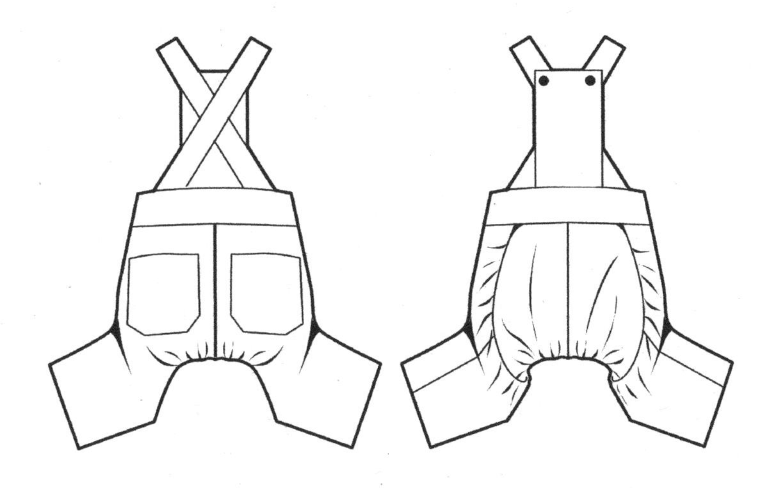

部位	身长	胸围	领围
尺寸/cm	23	42	32

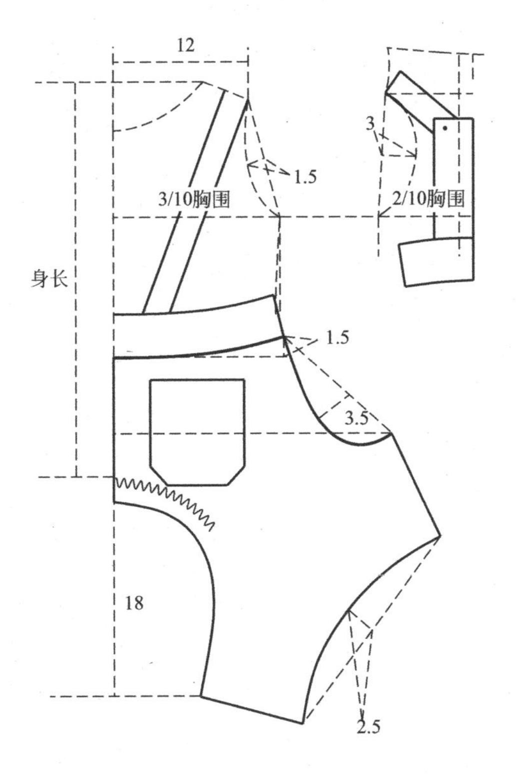

79. 背带裤B款

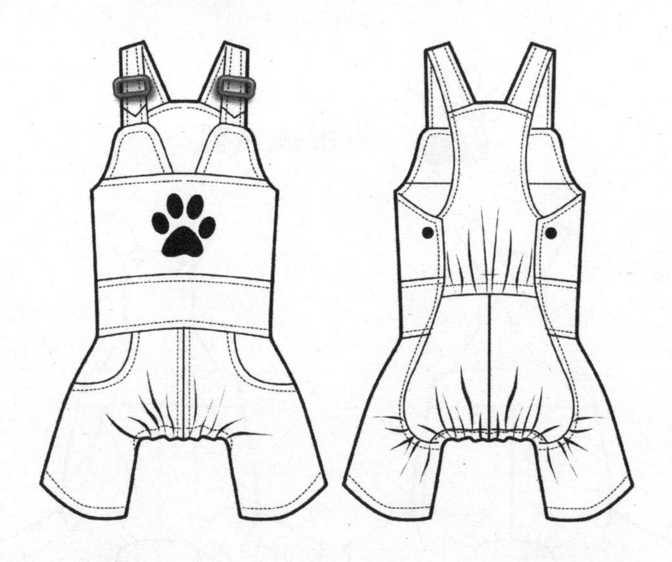

部位	身长	胸围	领围
尺寸/cm	31	45	32

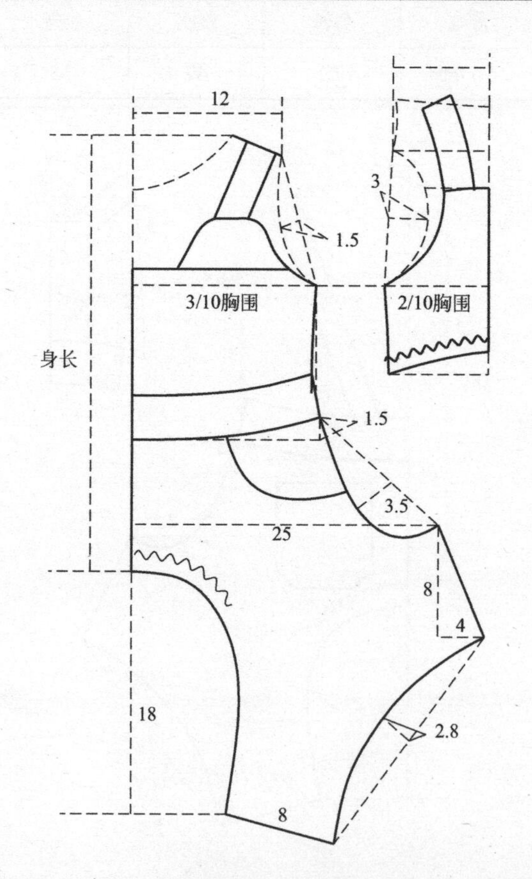

背带裤套装

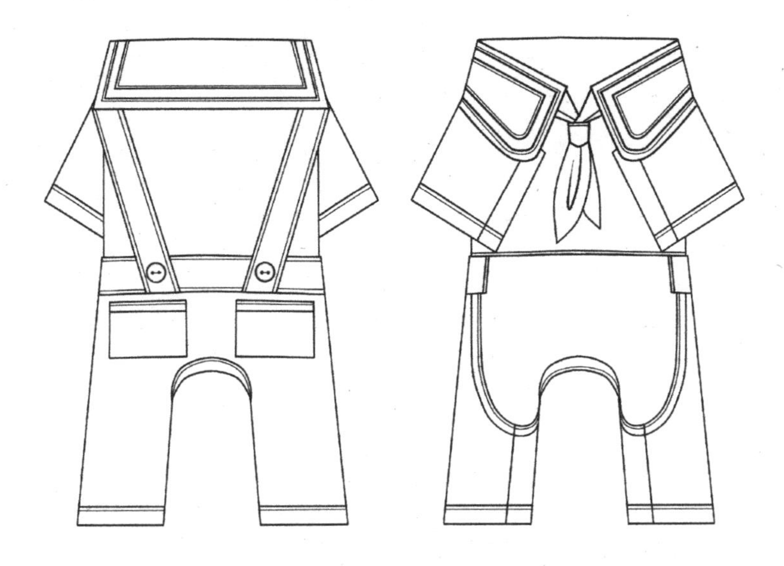

部位	身长	胸围	领围
尺寸/cm	31	45	32

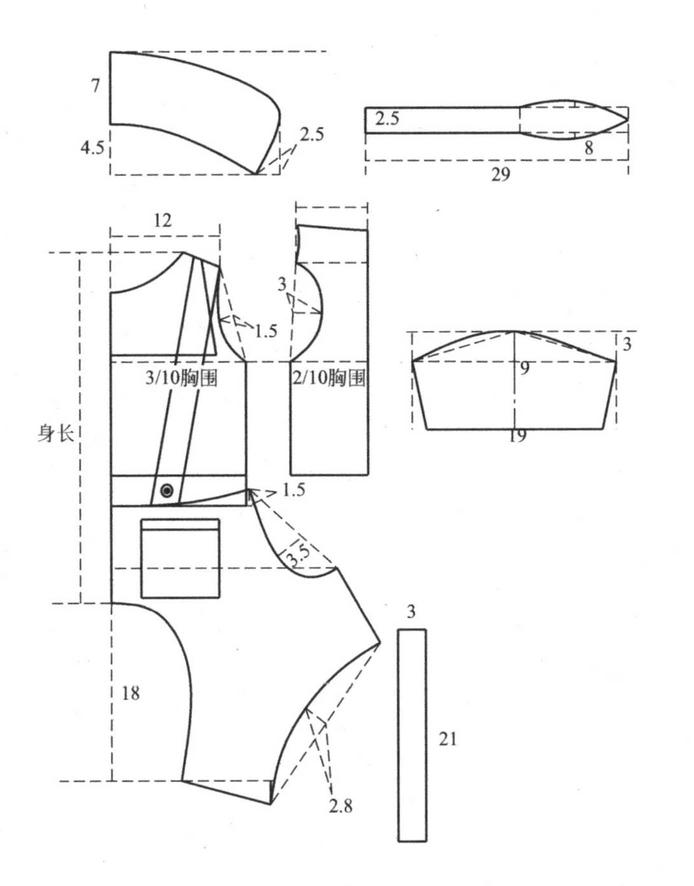

81. 假两件背带裤

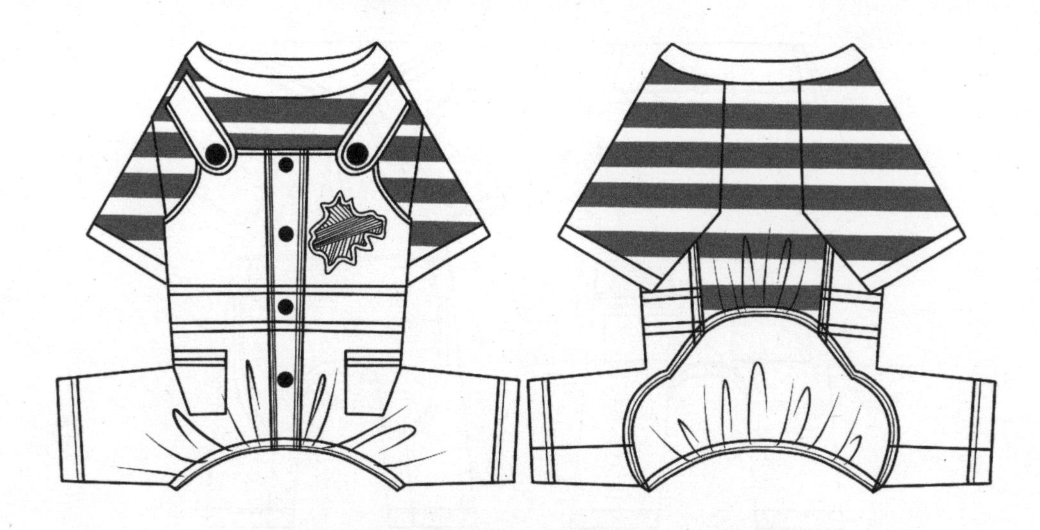

部位	身长	胸围	领围
尺寸/cm	26	45	32

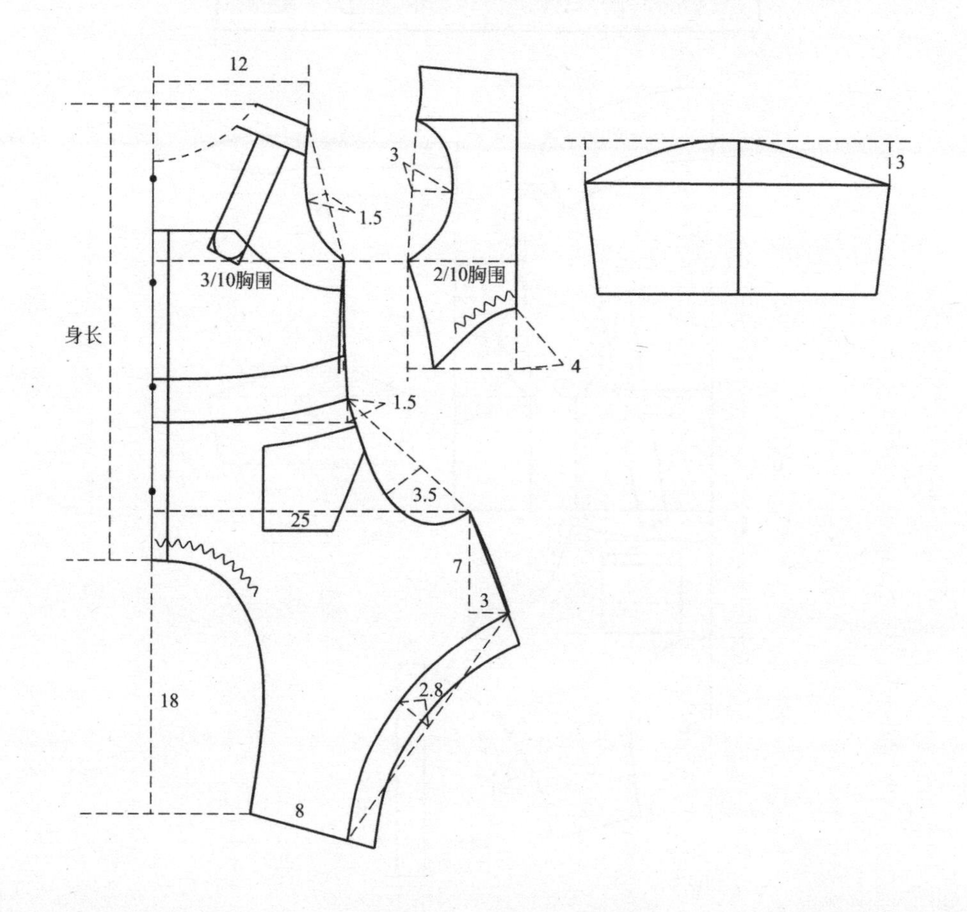

82. 牛仔背带裤

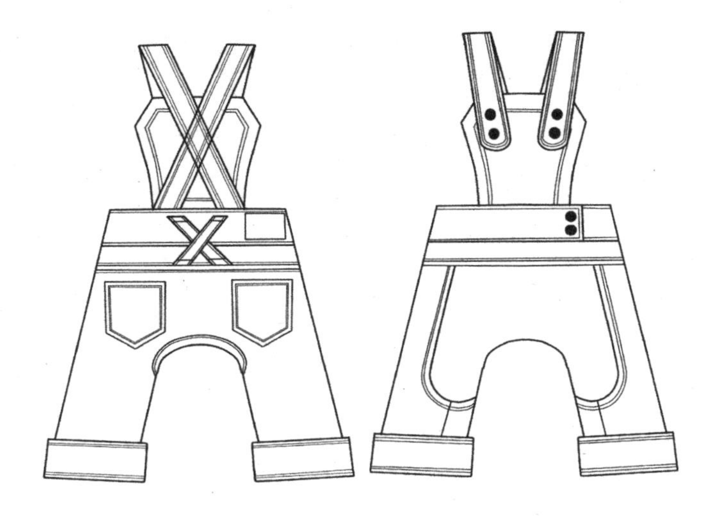

部位	身长	胸围	领围
尺寸/cm	26	45	32

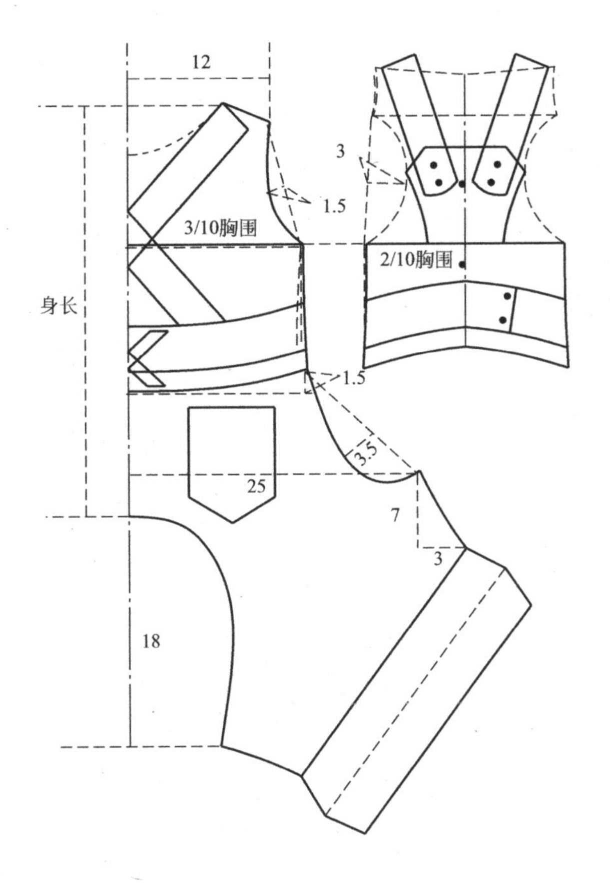

83. 牛仔背带裤套装

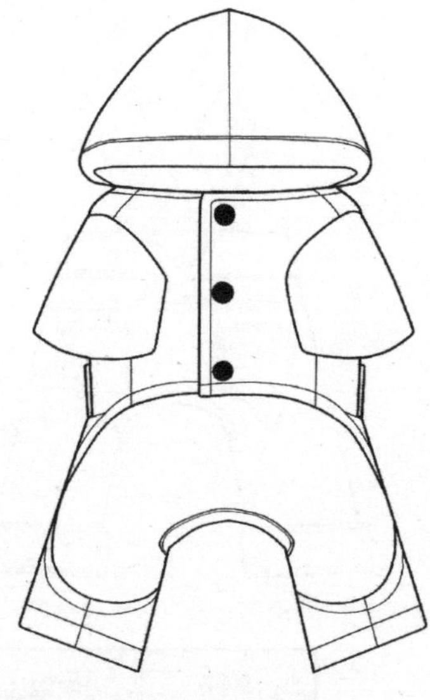

部位	身长	胸围	领围
尺寸/cm	31	45	32

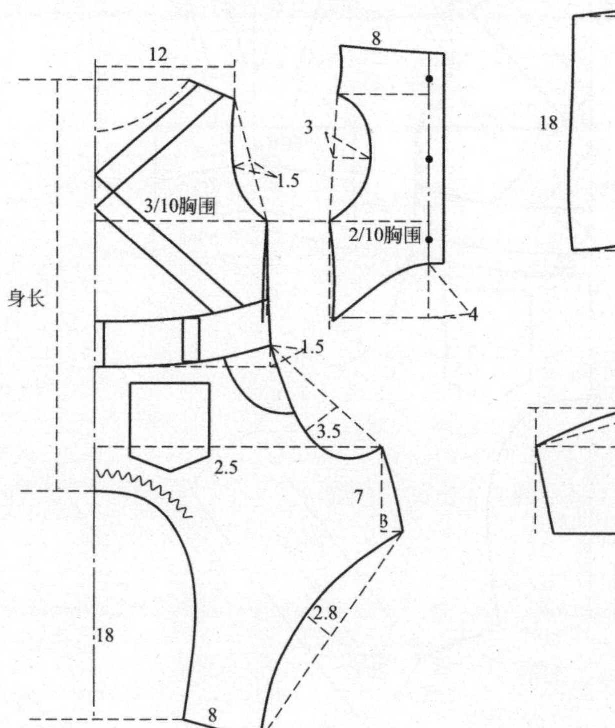

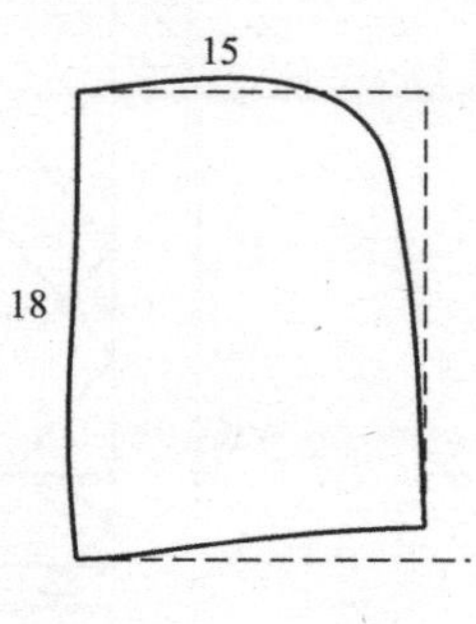

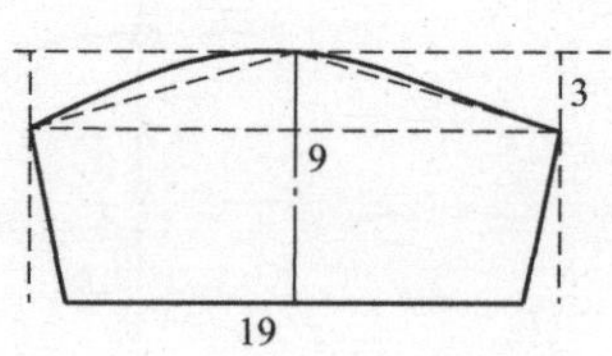

生理裤

84. 背带生理裤

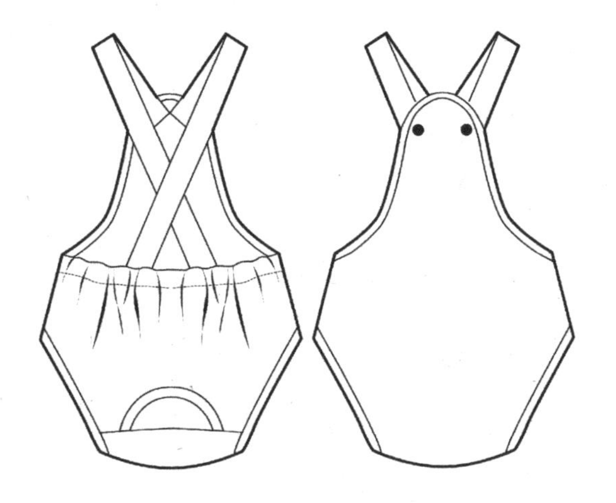

部位	身长	胸围	领围
尺寸/cm	31	45	32

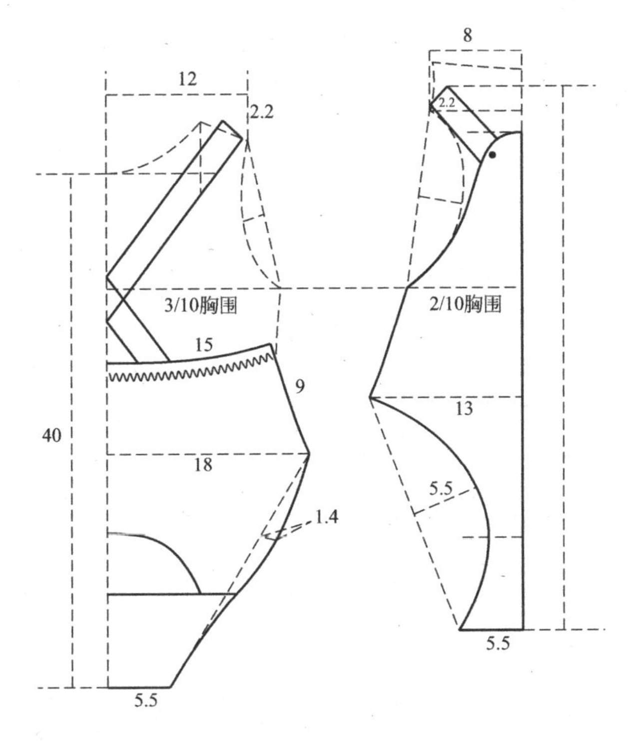

85. 生理裤

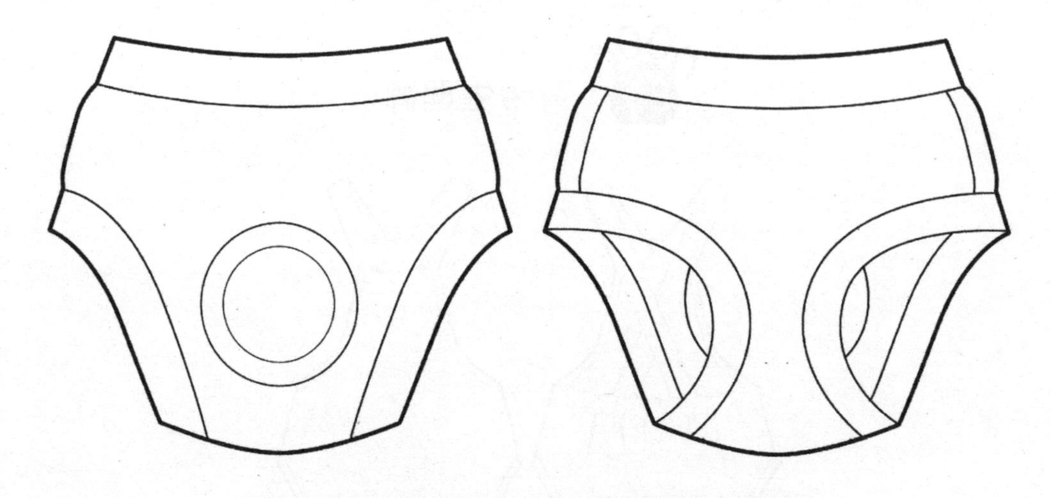

部位	身长
尺寸/cm	22

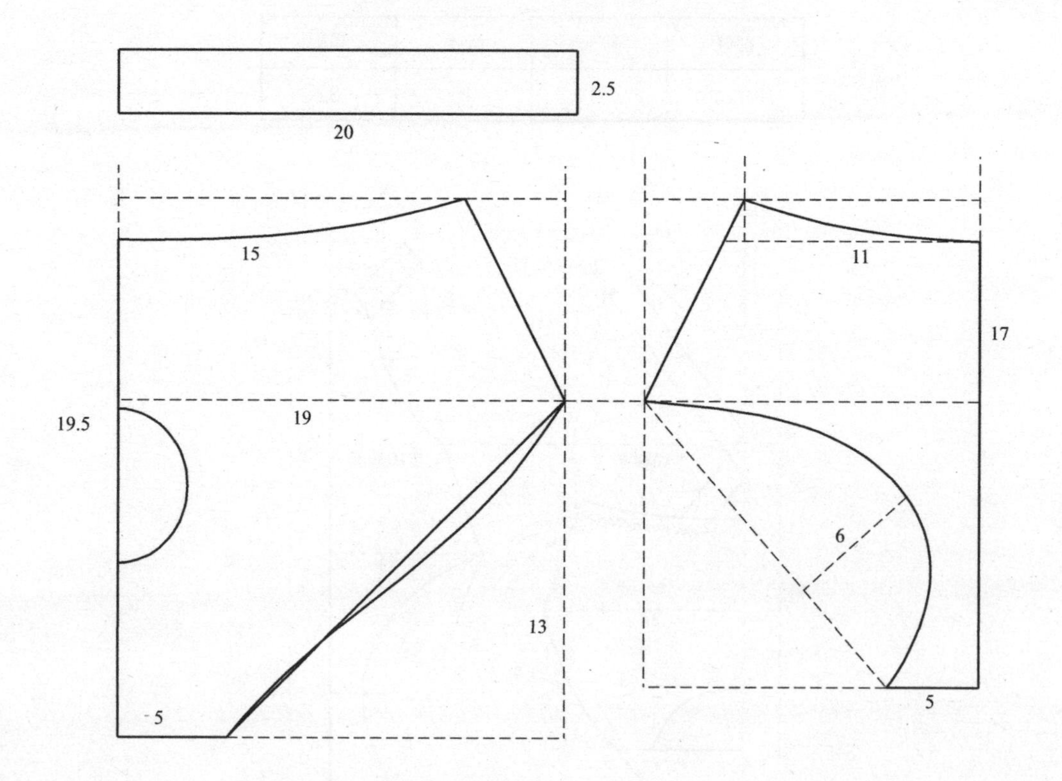

86. 花边生理裤

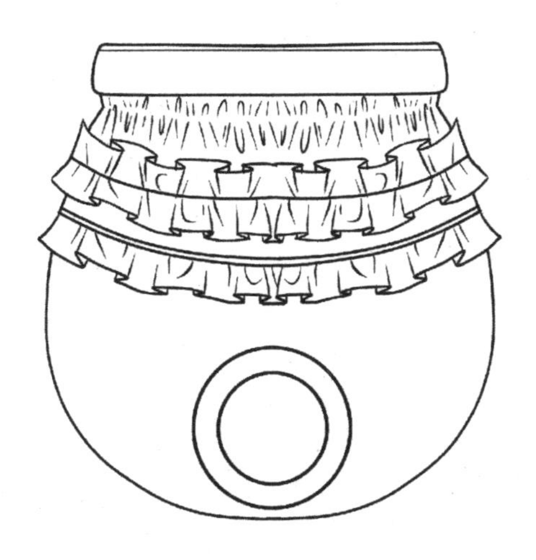

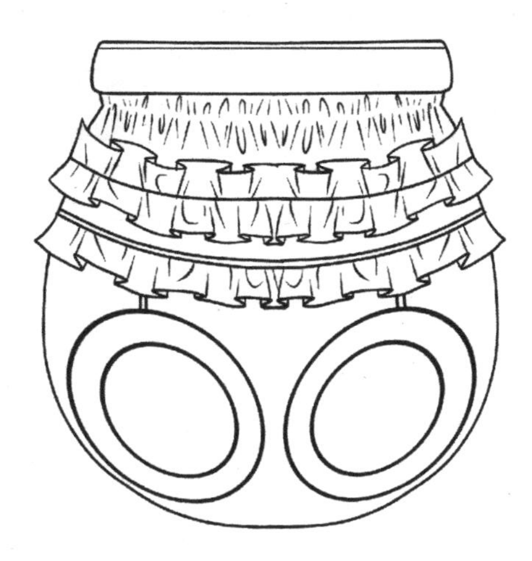

部位	身长	胸围
尺寸/cm	31	45

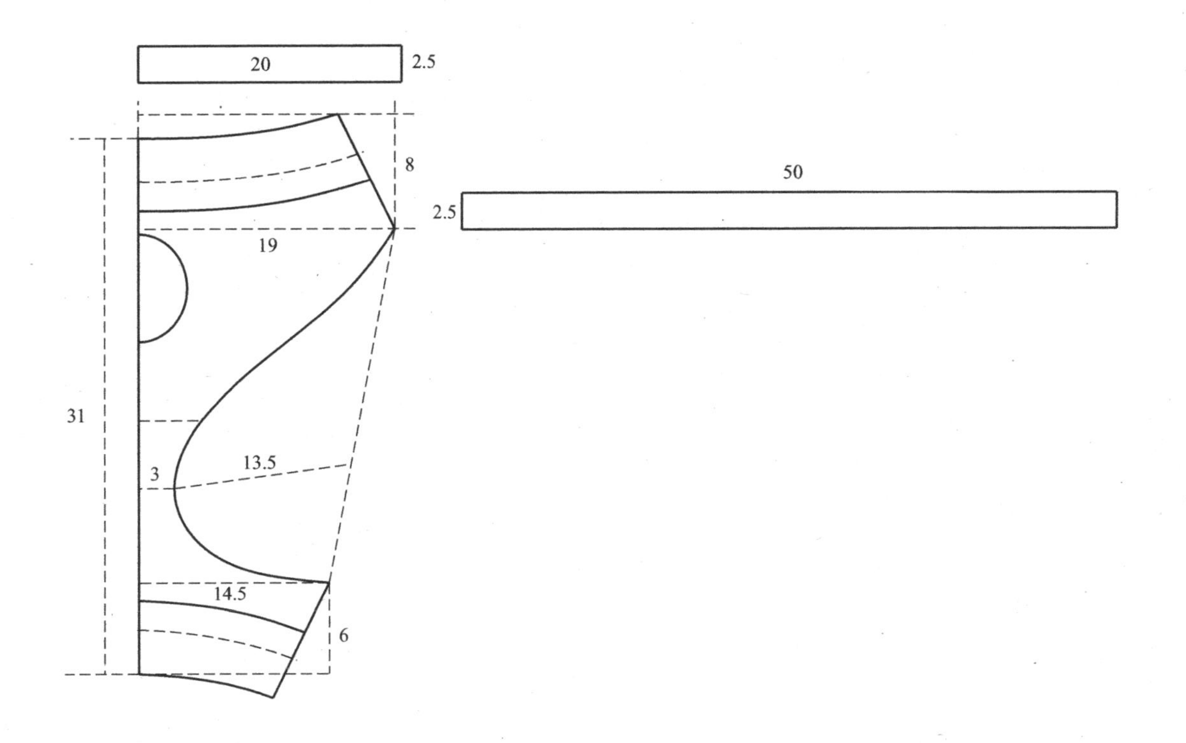

四脚服A款

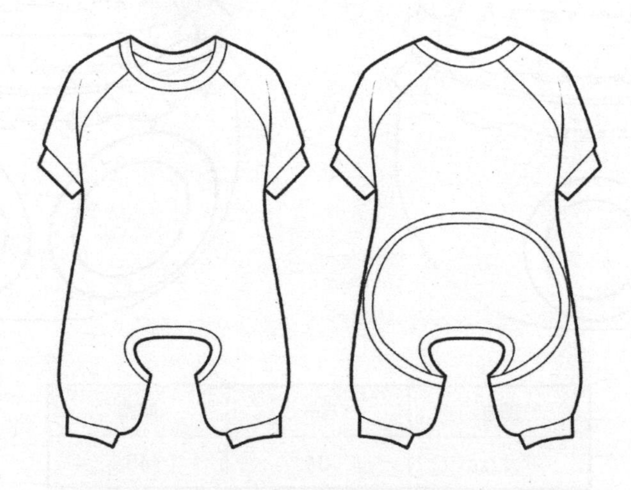

部位	身长	胸围	领围
尺寸/cm	31	45	32

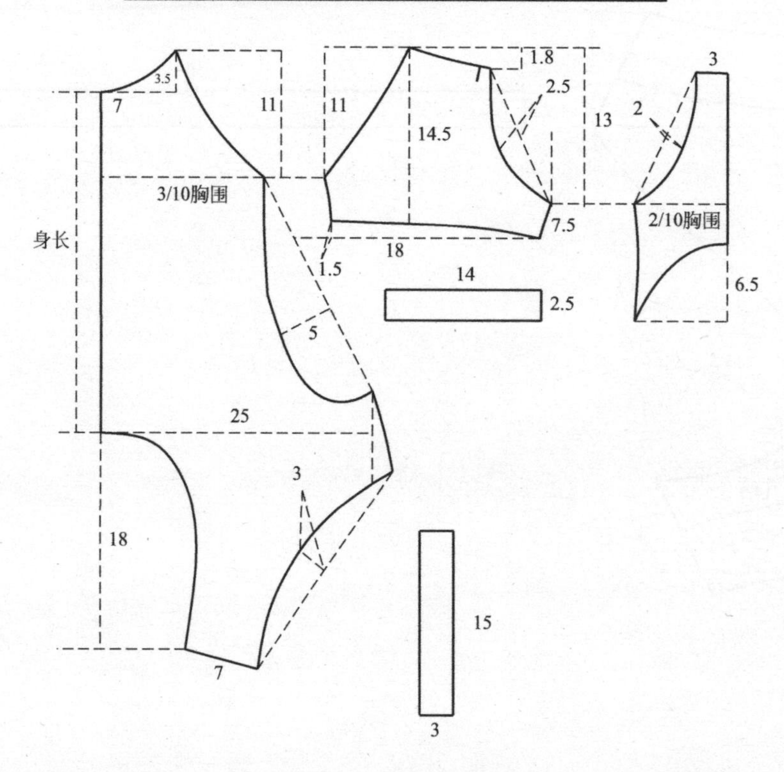

四脚服B款

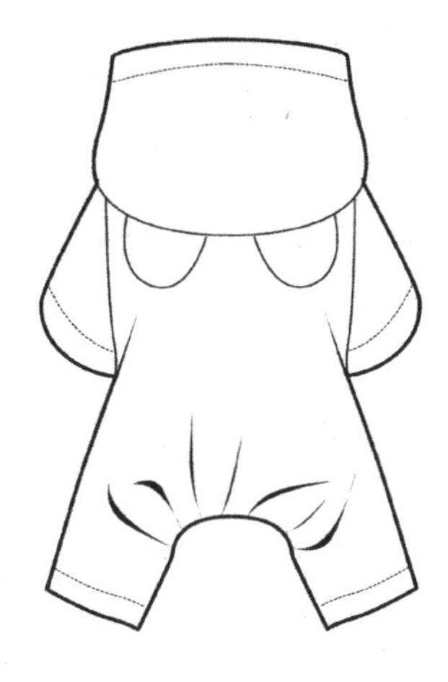

部位	身长	胸围	领围
尺寸/cm	31	45	32

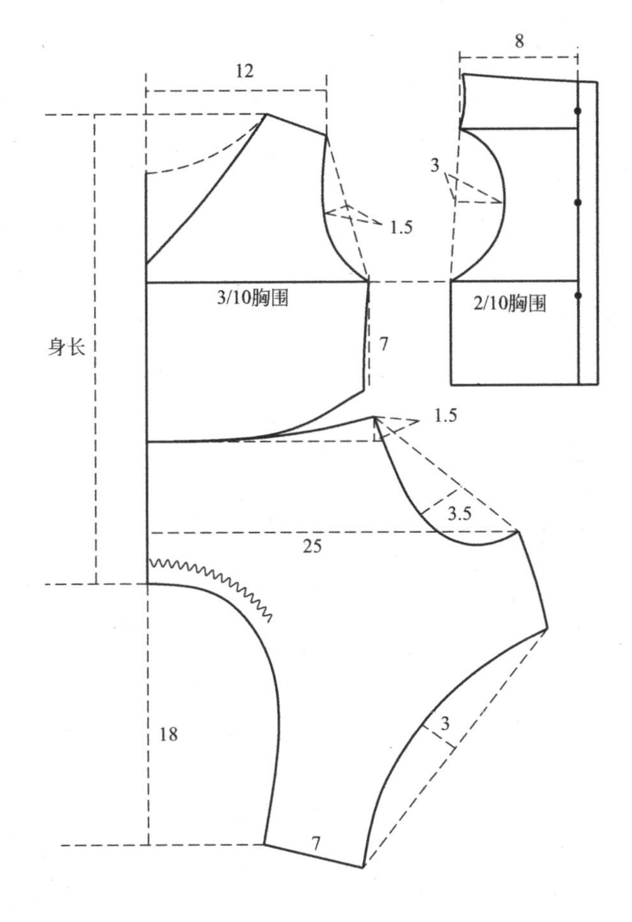

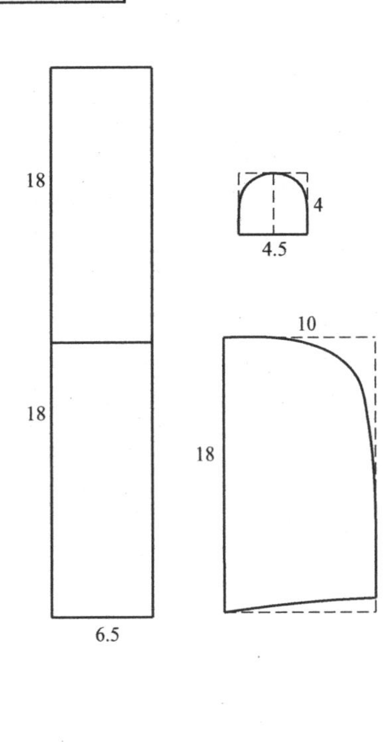

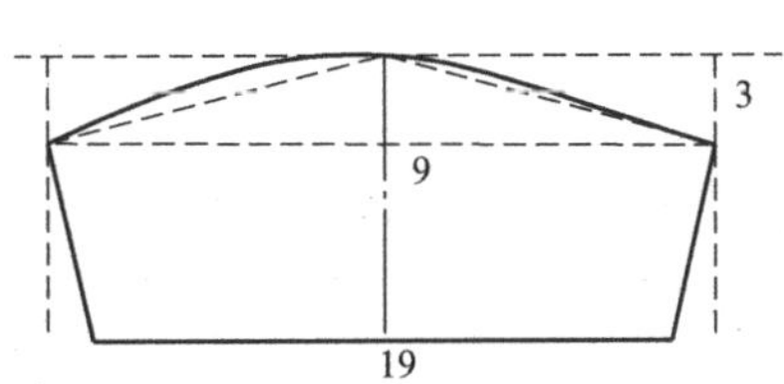

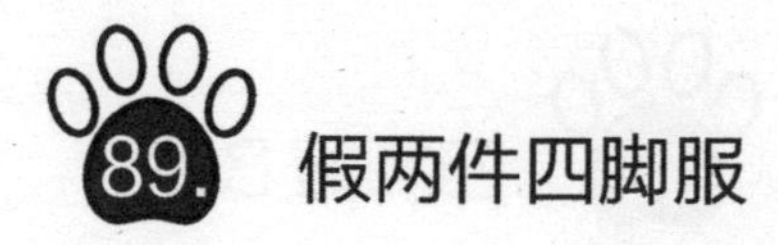

89. 假两件四脚服

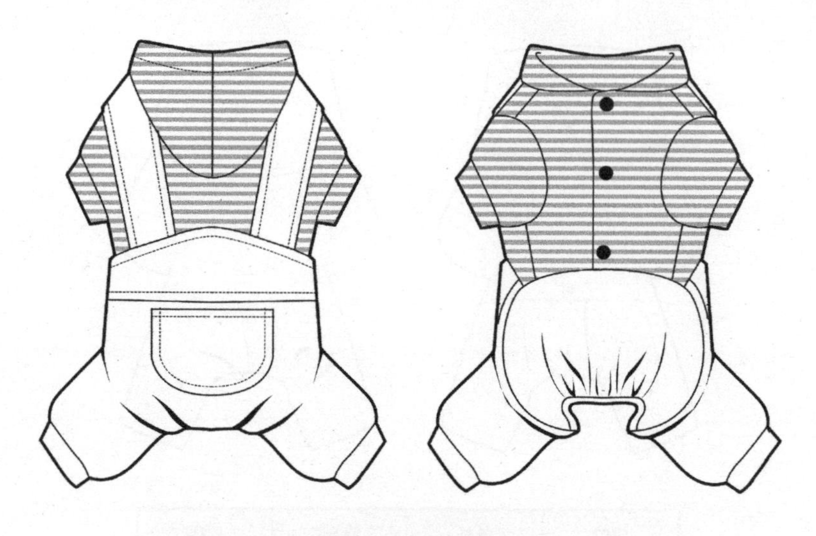

部位	身长	胸围	领围
尺寸/cm	31	45	32

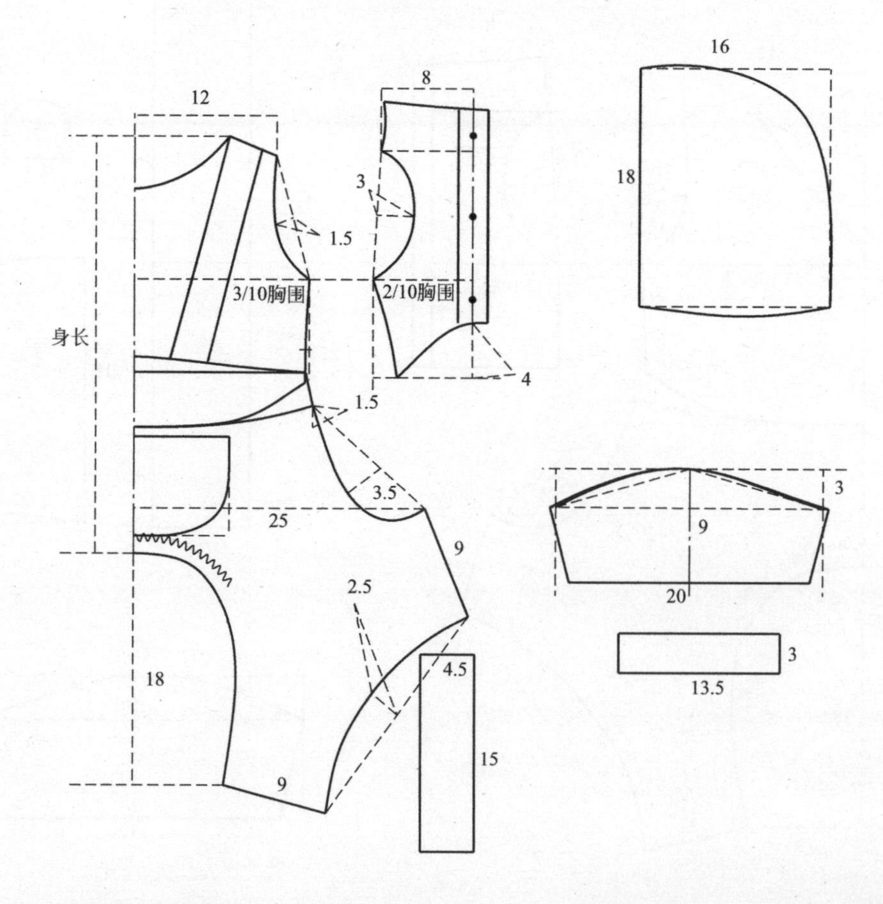

西裤、西服

西裤

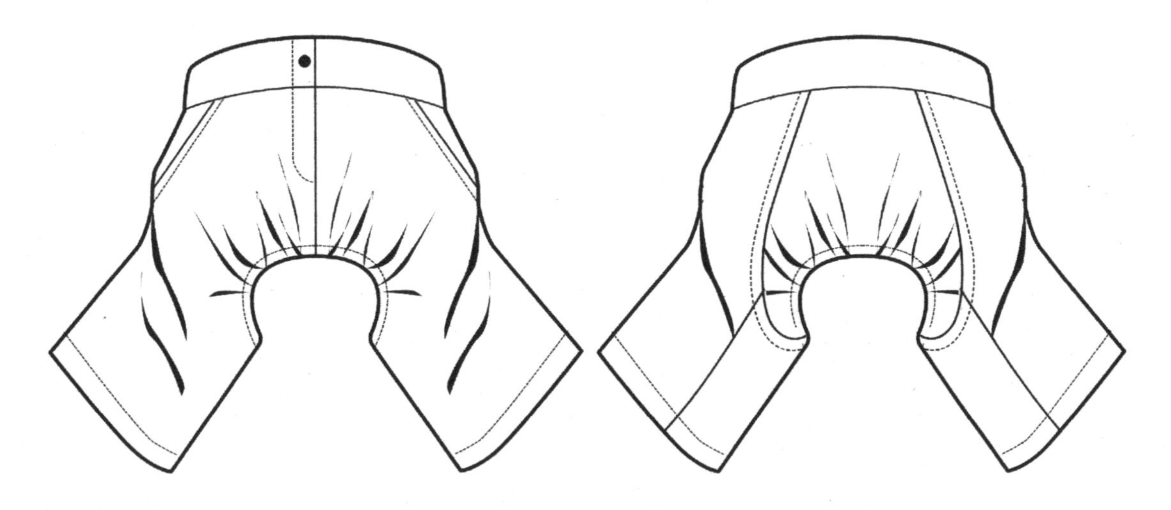

部位	身长	胸围
尺寸/cm	30	45

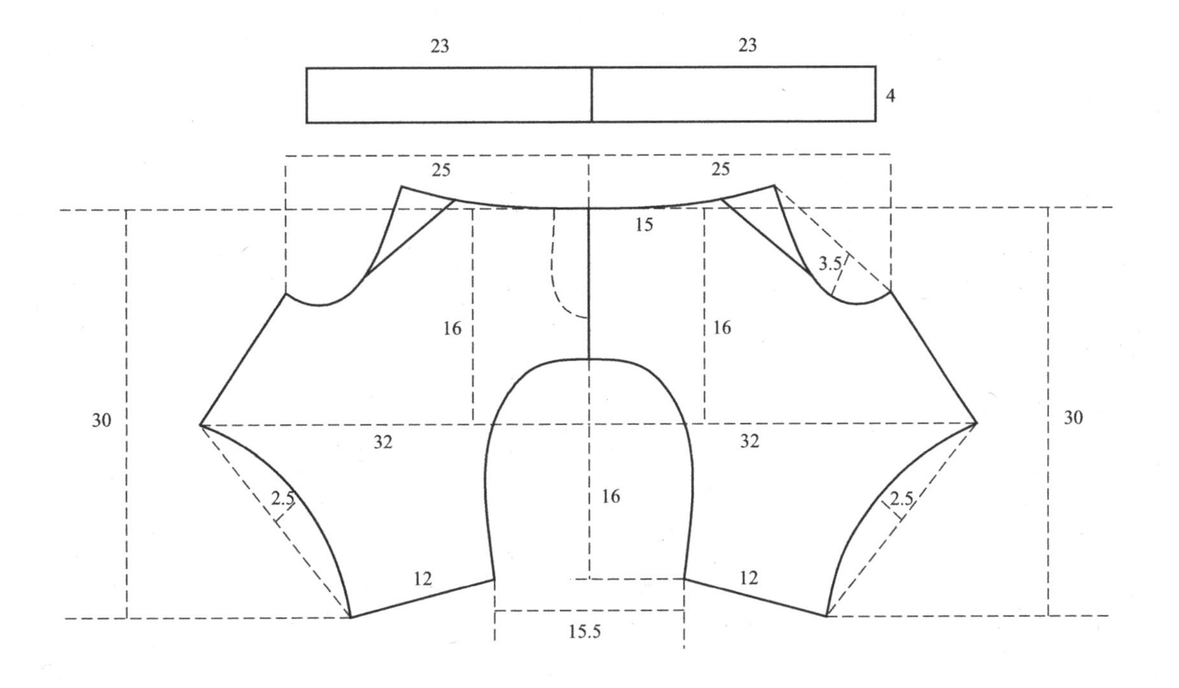

西装

部位	身长	胸围	领围
尺寸/cm	34	45	32

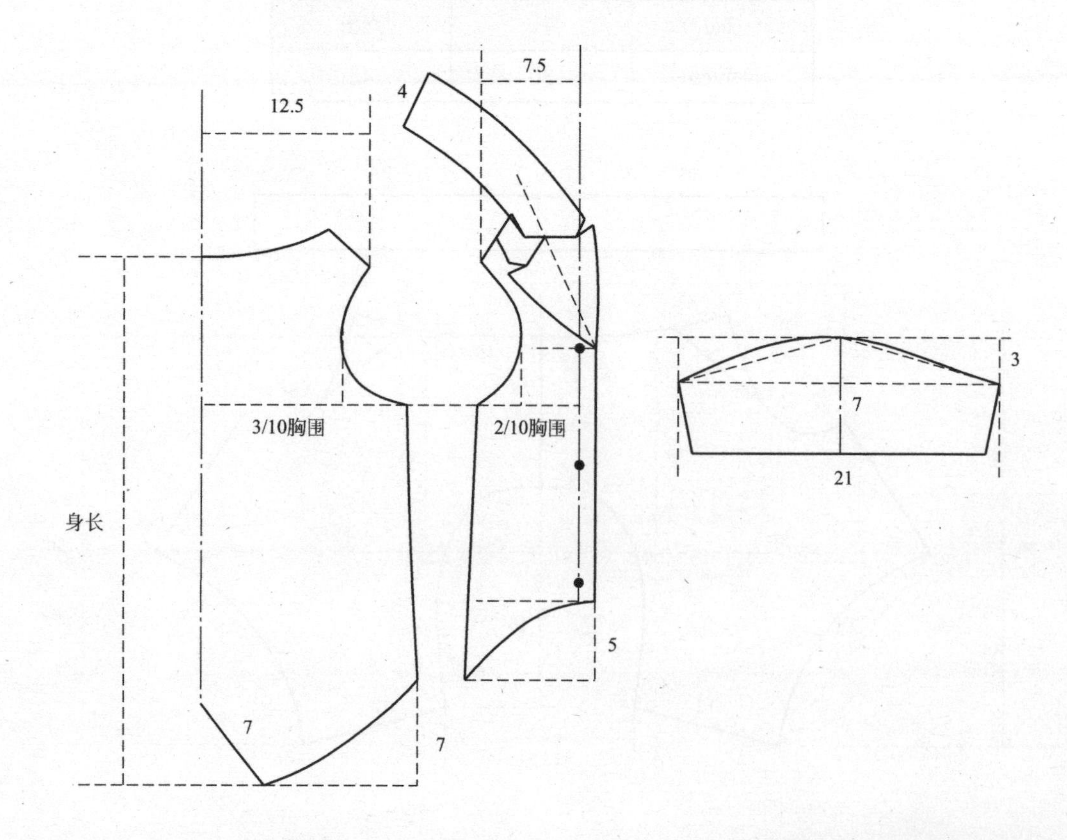

92. 假两件西服

部位	身长	胸围	领围
尺寸/cm	26	45	32

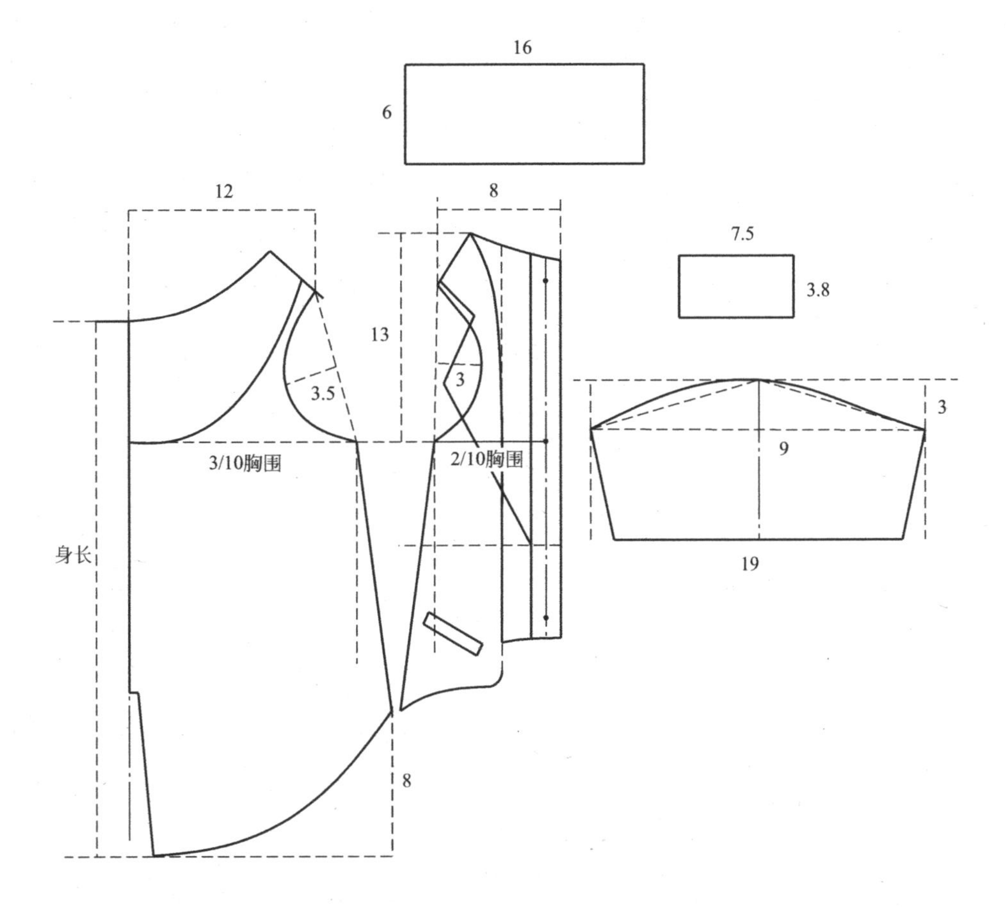

93. 呢子大衣A款

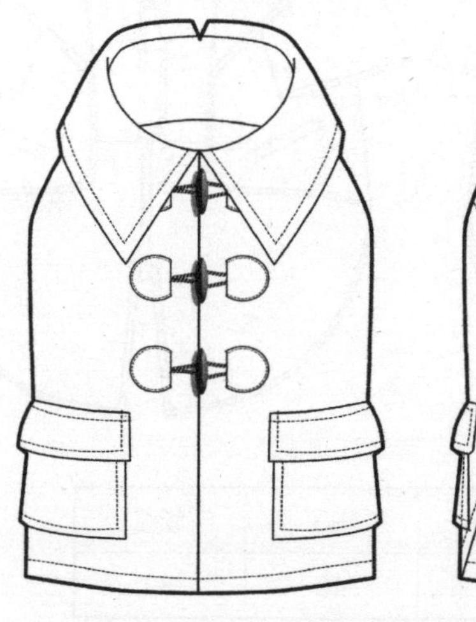

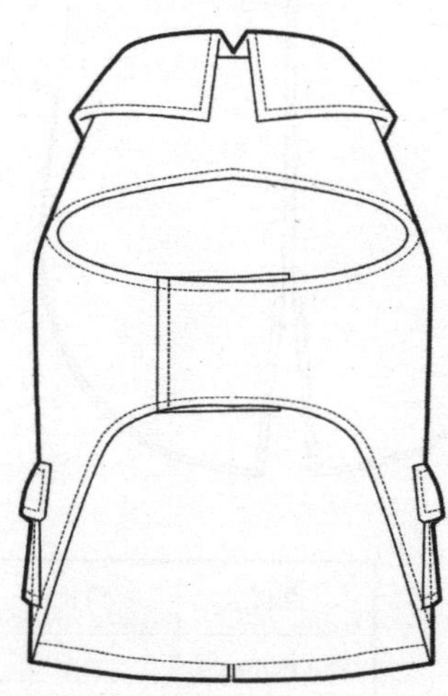

部位	身长	胸围	领围
尺寸/cm	31	45	32

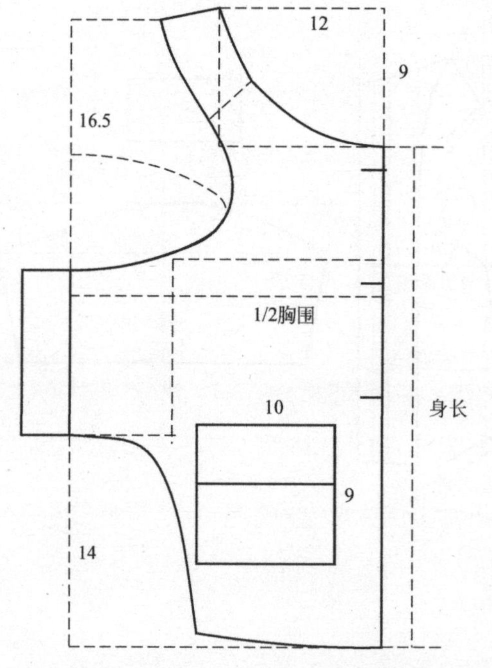

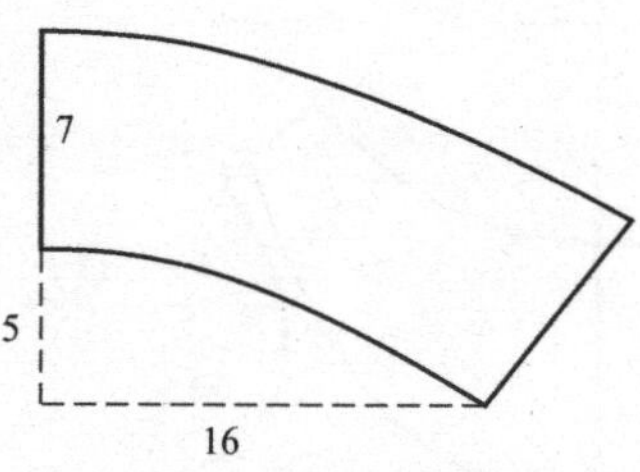

94. 呢子大衣B款

部位	身长	胸围	领围
尺寸/cm	31	45	32

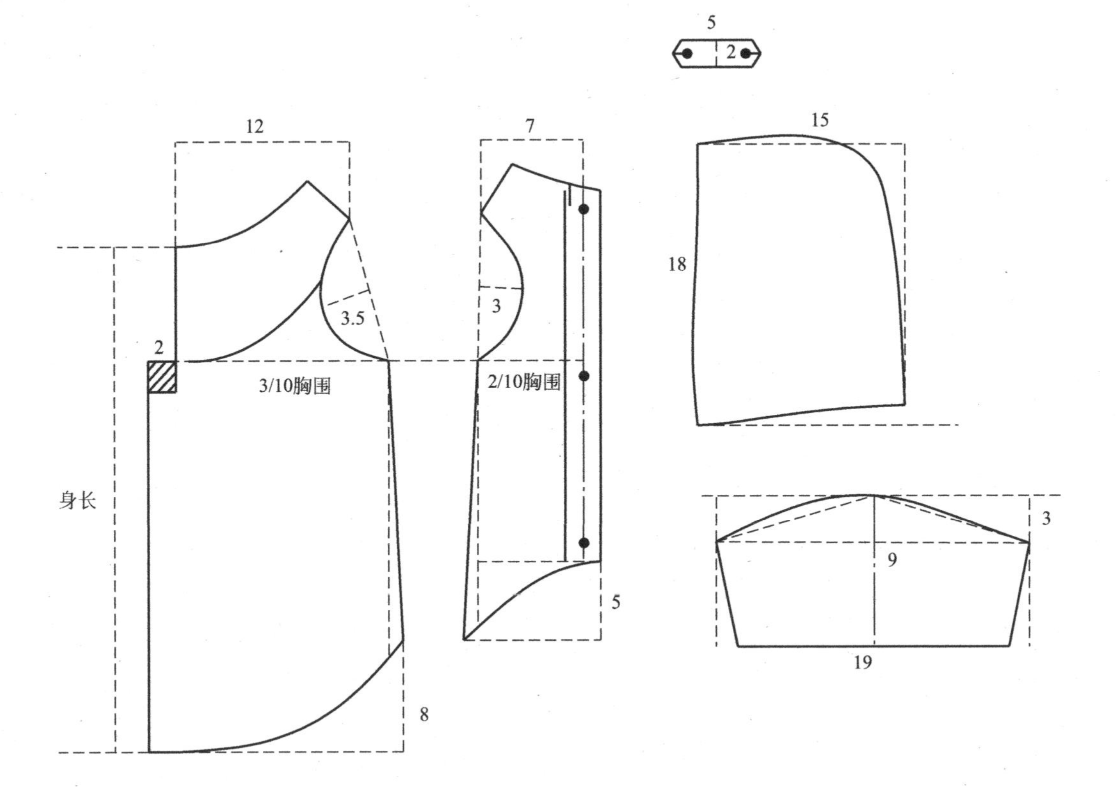

95. 格纹毛呢大衣

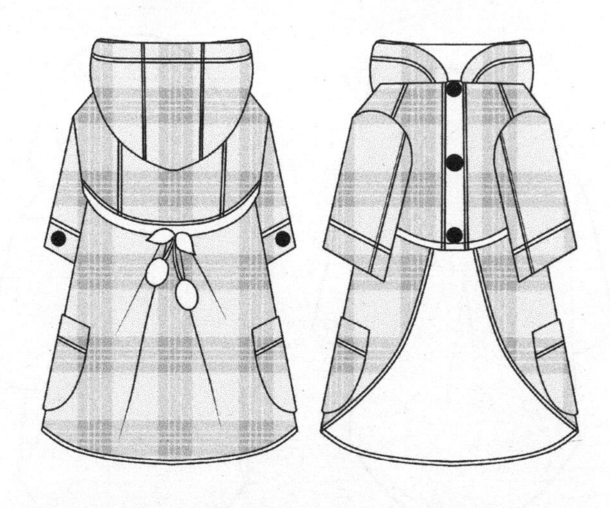

部位	身长	胸围	领围
尺寸/cm	31	45	32

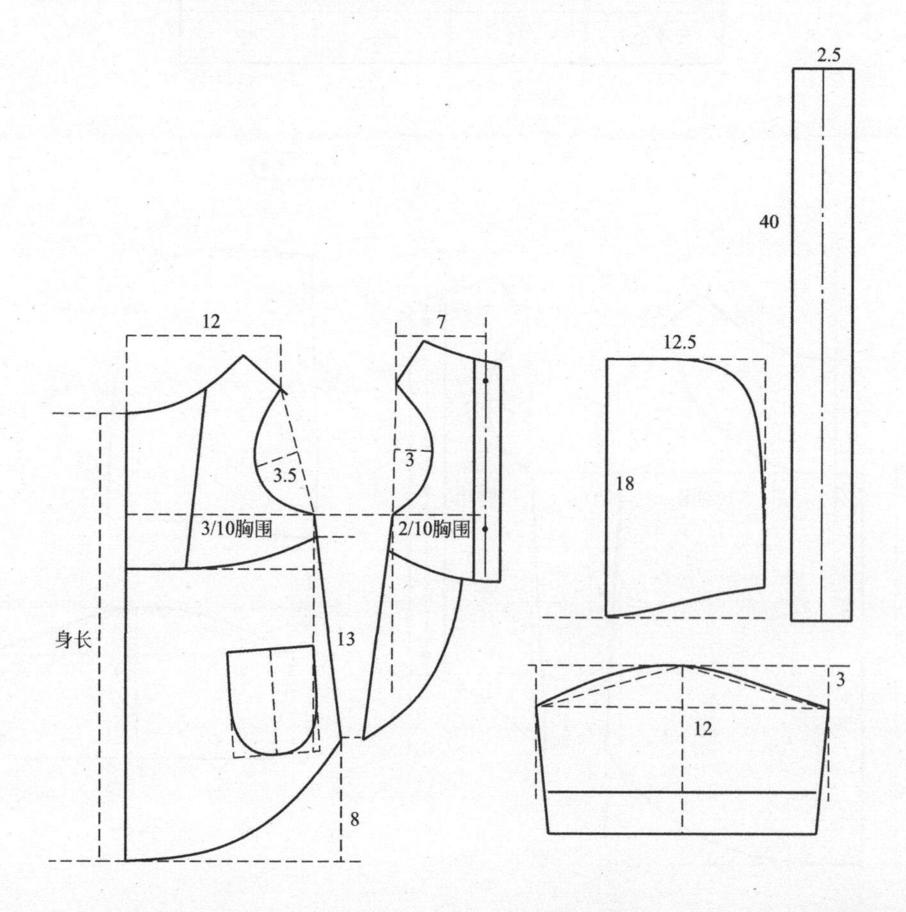

毛领大衣

部位	身长	胸围	领围
尺寸/cm	31	45	32

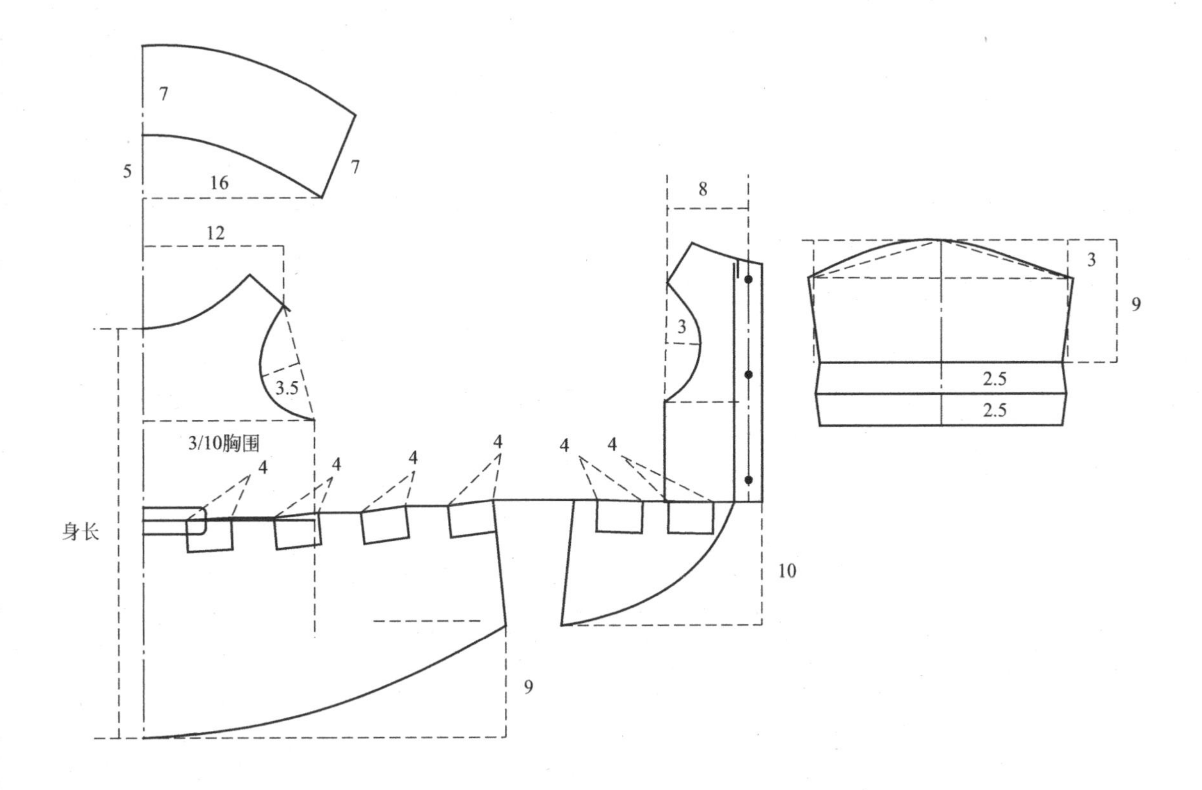

97. 毛呢大衣

部位	身长	胸围	领围
尺寸/cm	31	45	32

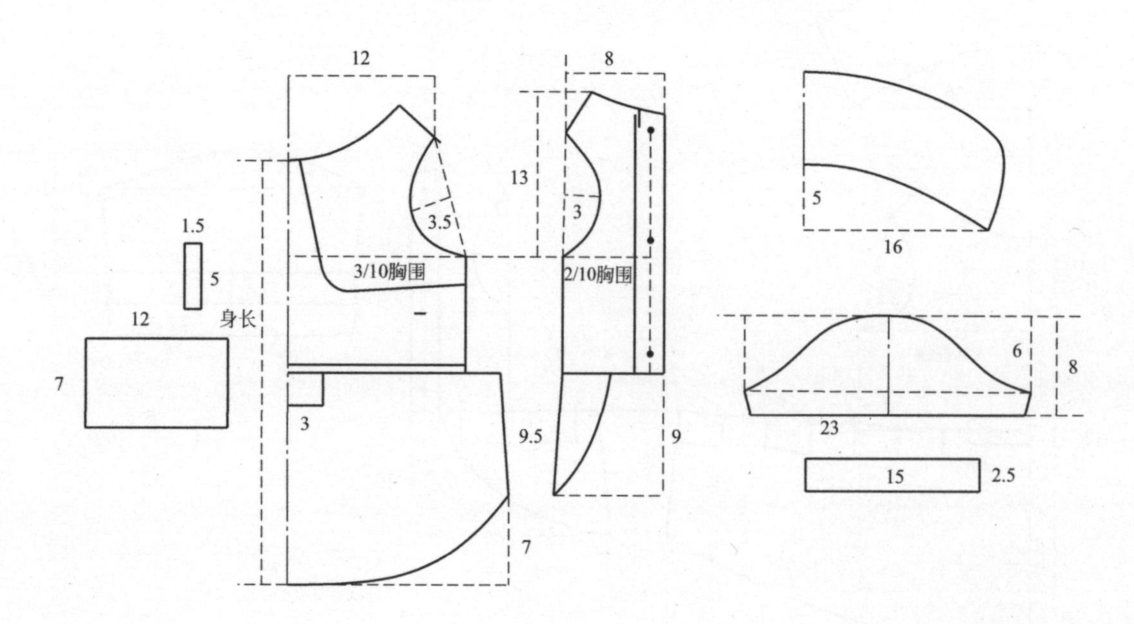

保暖服、棉服、毛衣

98. 保暖服

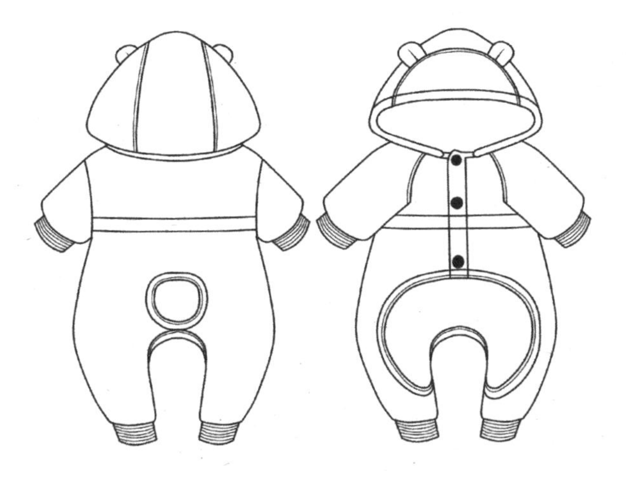

部位	身长	胸围	领围
尺寸/cm	34	45	32

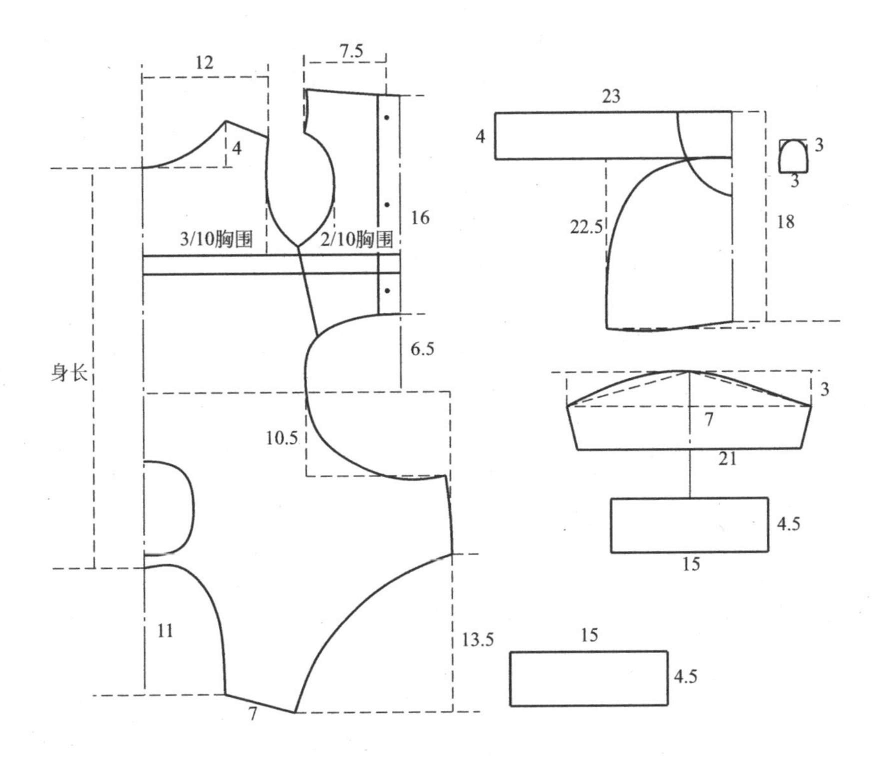

99. 棉服A款

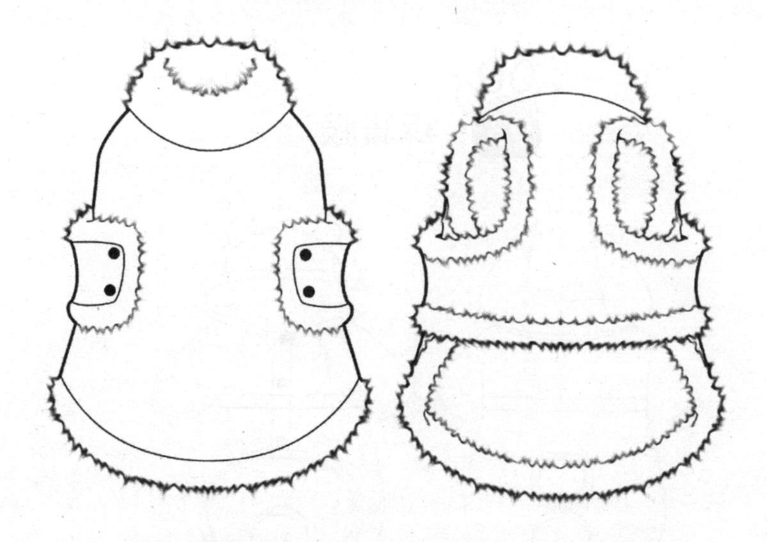

部位	身长	胸围	领围
尺寸/cm	31	45	32

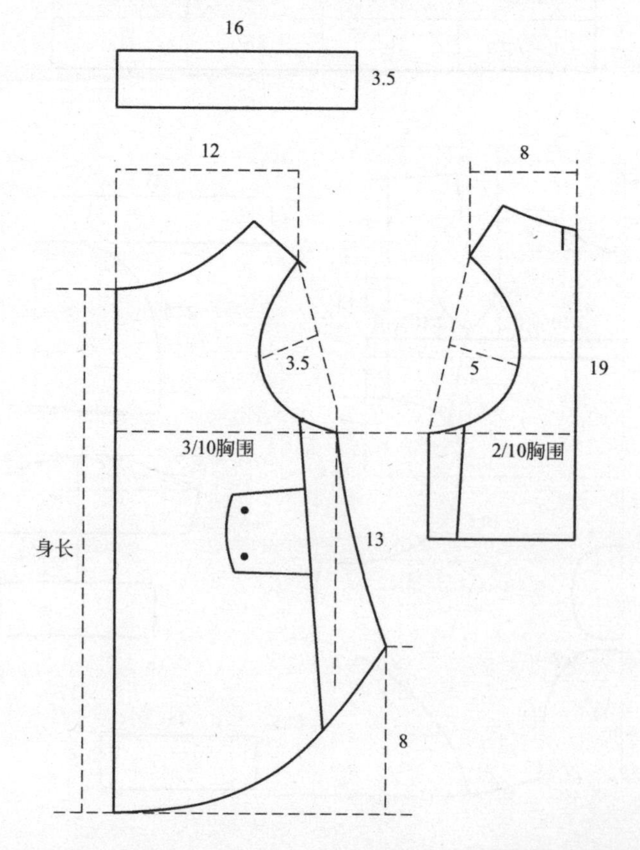

棉服B款

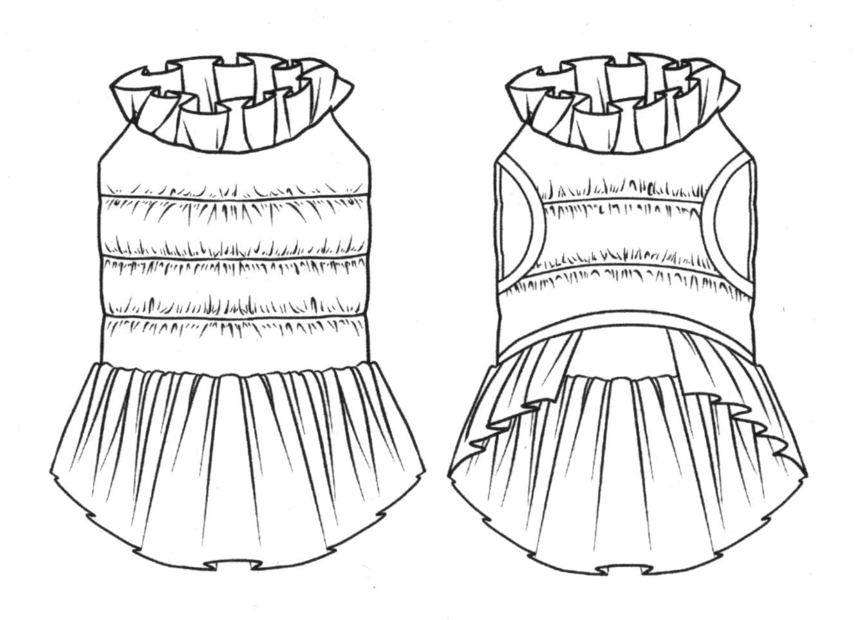

部位	身长	胸围	领围
尺寸/cm	31	45	32

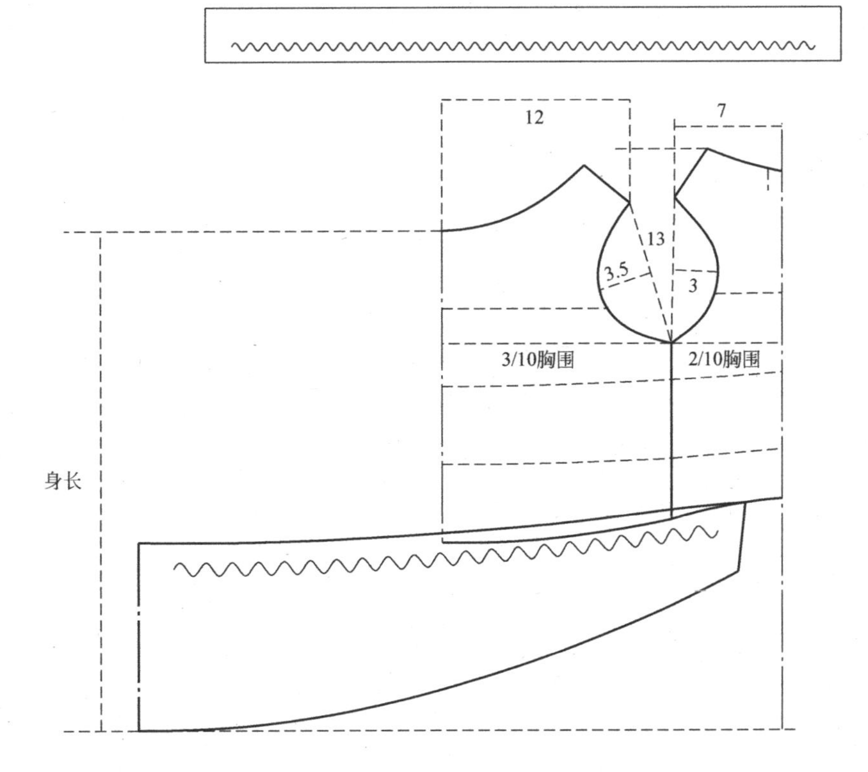

101. 棉服C款

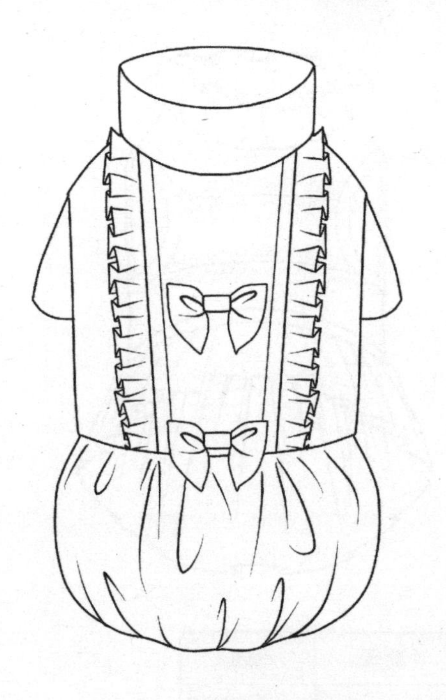

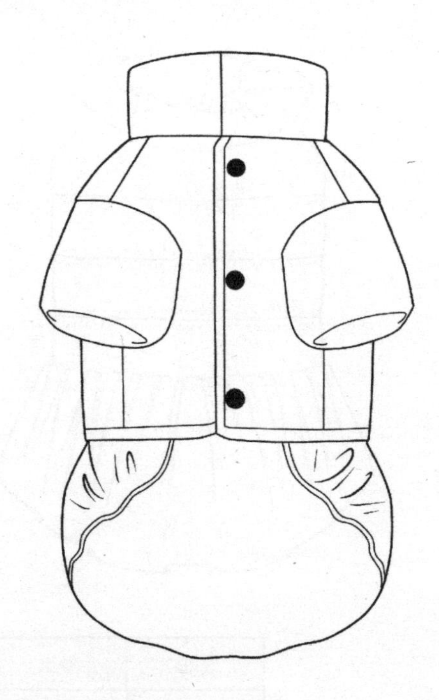

部位	身长	胸围	领围
尺寸/cm	31	45	32

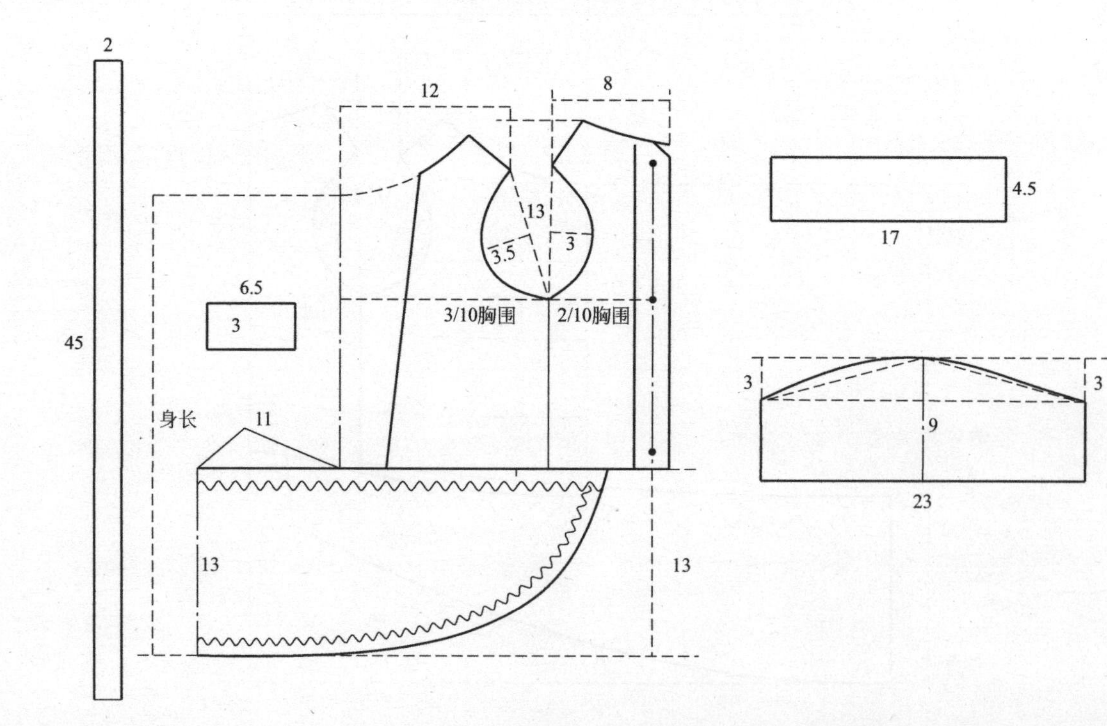

中式棉服

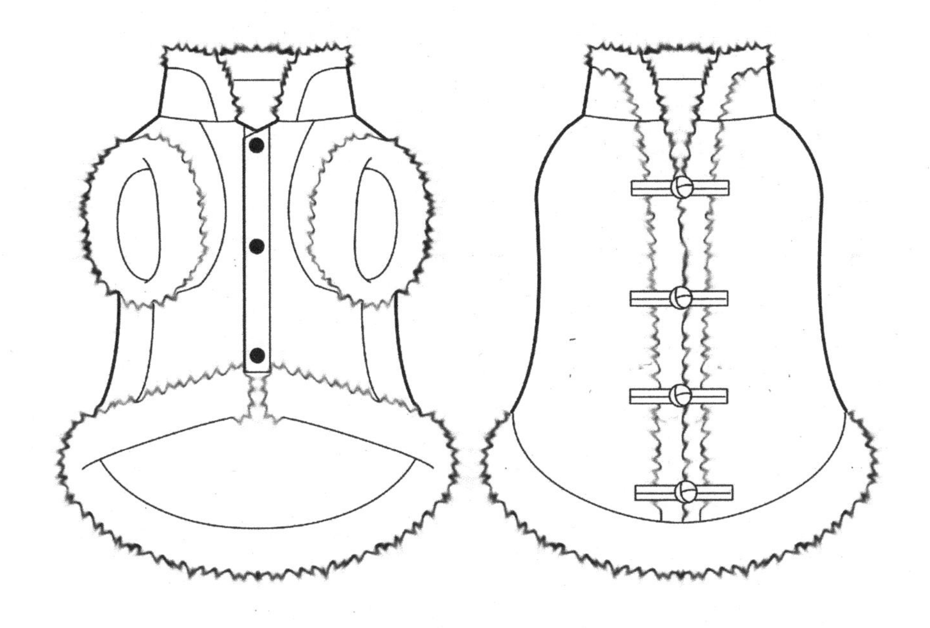

部位	身长	胸围	领围
尺寸/cm	32	45	32

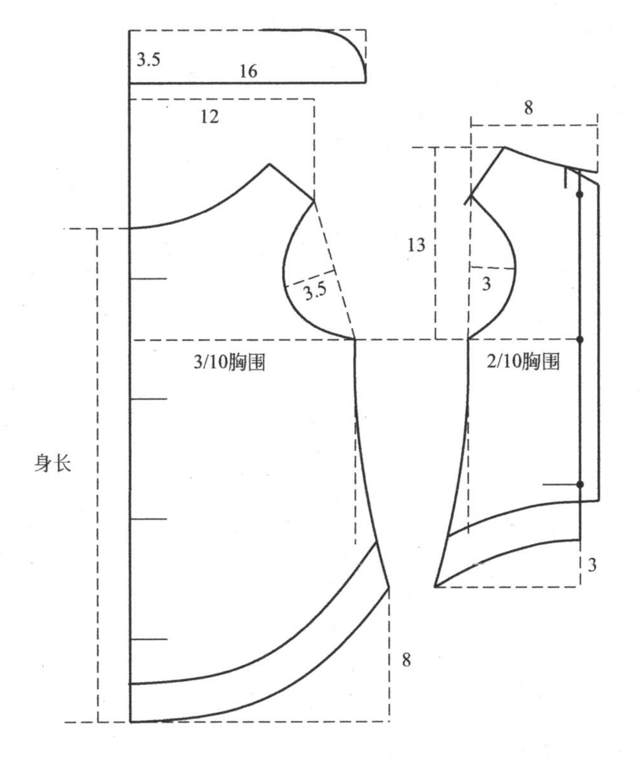

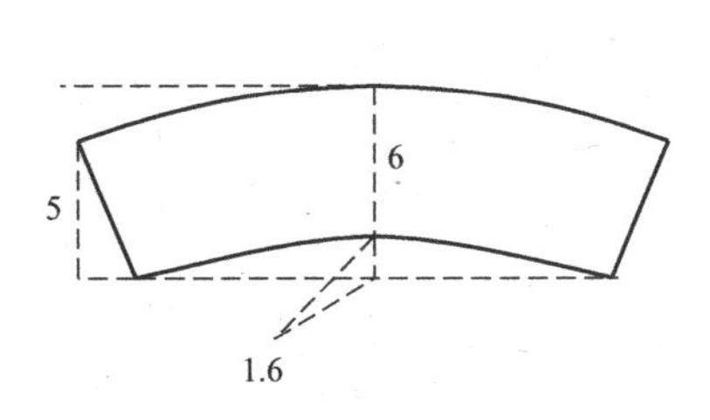

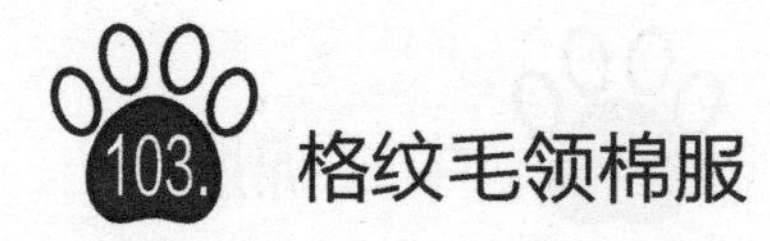

格纹毛领棉服

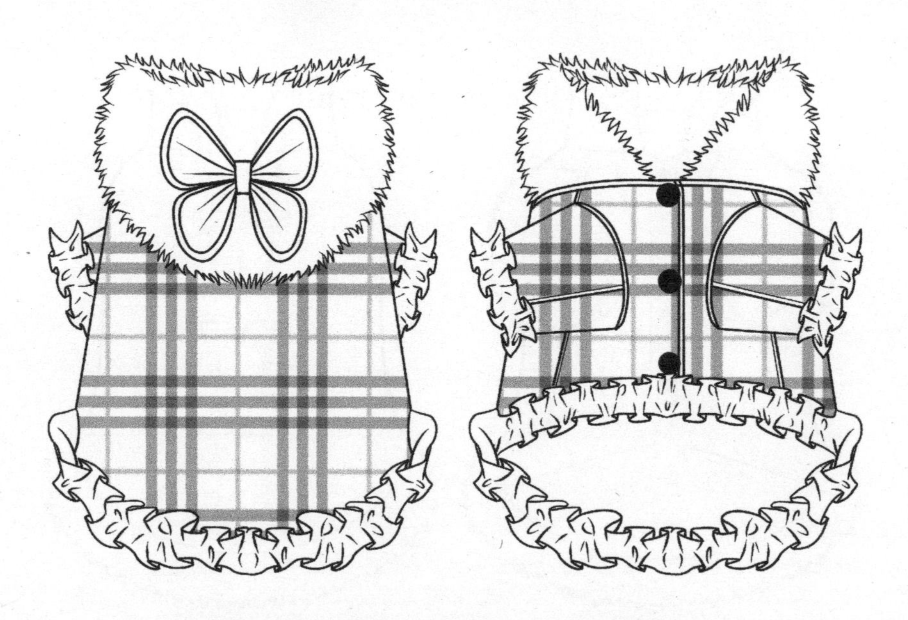

部位	身长	胸围	领围
尺寸/cm	31	45	32

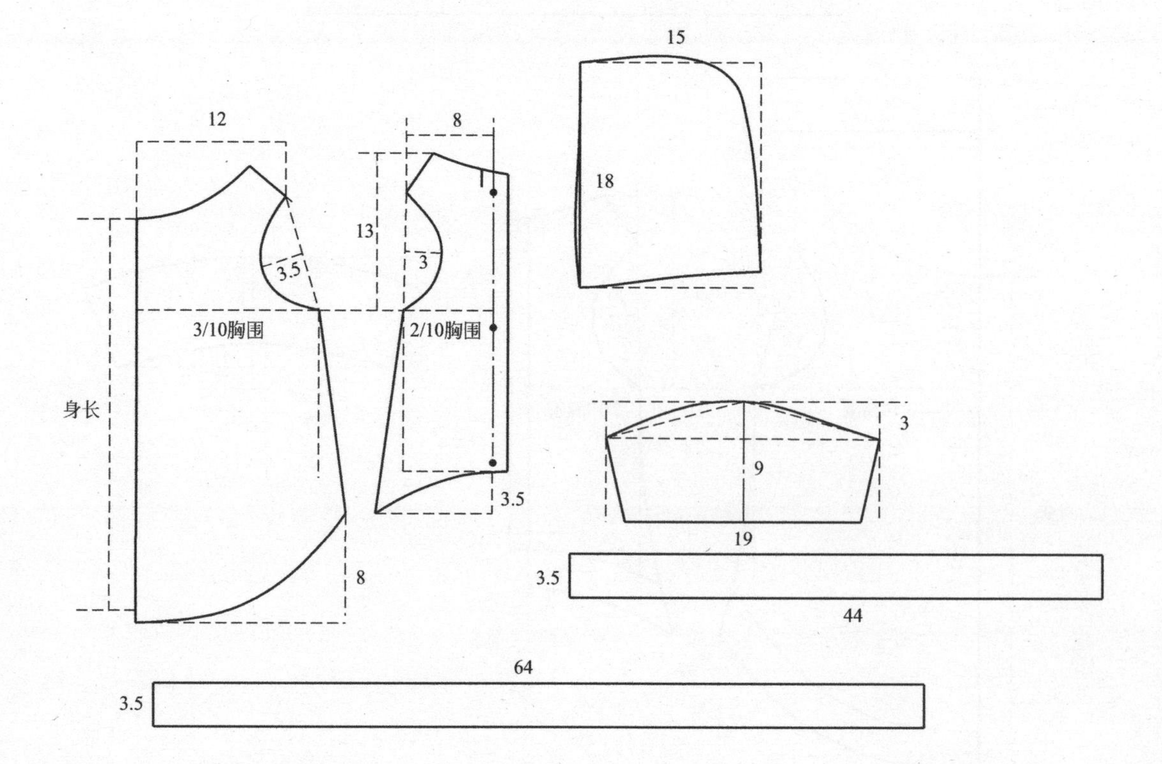

连体棉服

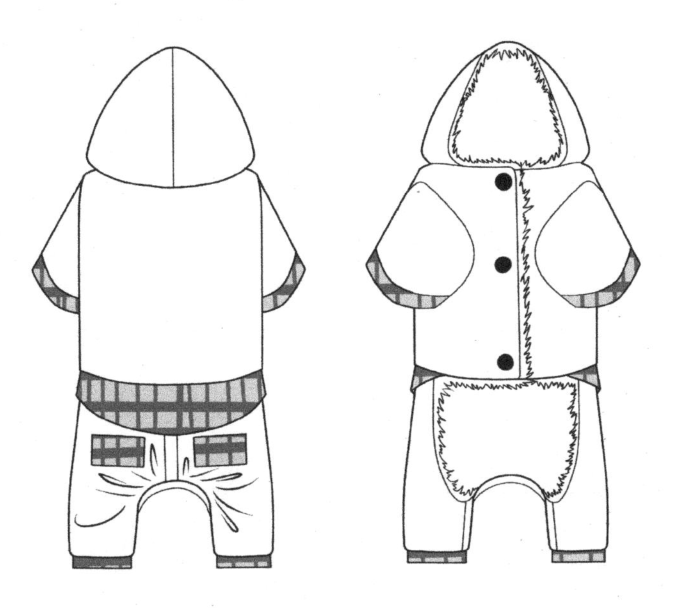

部位	身长	胸围	领围
尺寸/cm	31	45	32

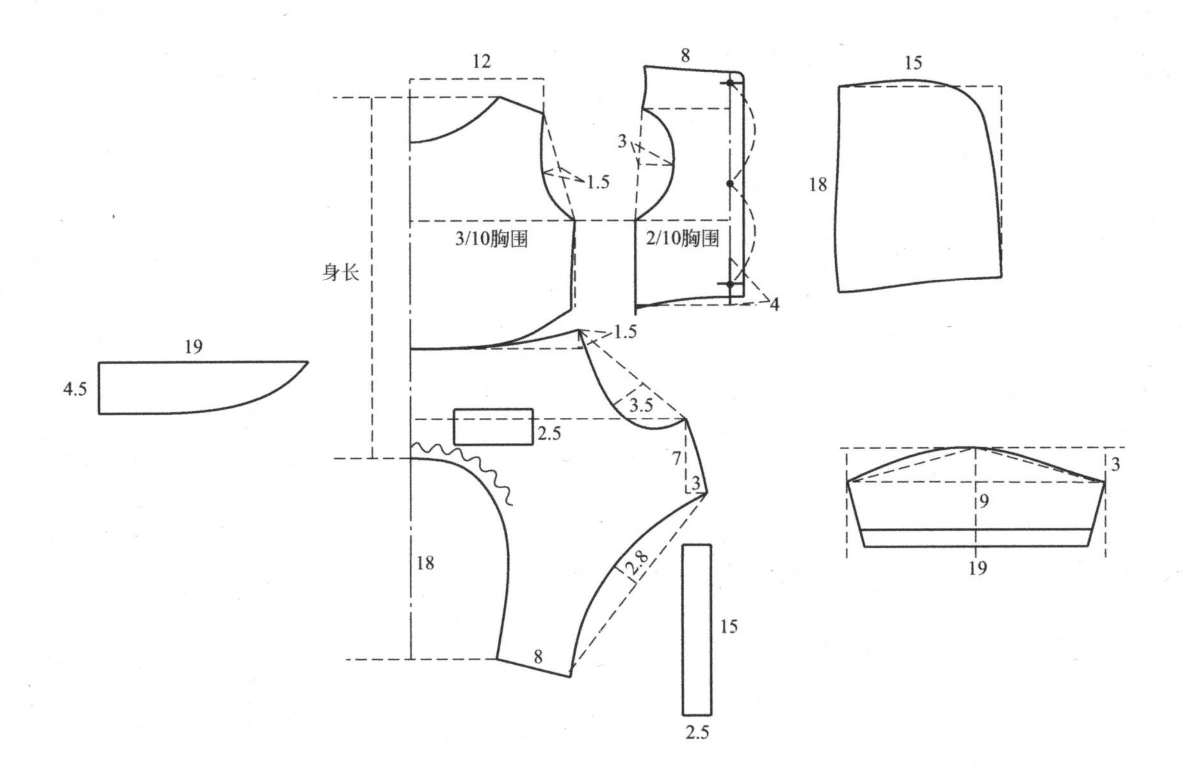

105. 无袖棉服

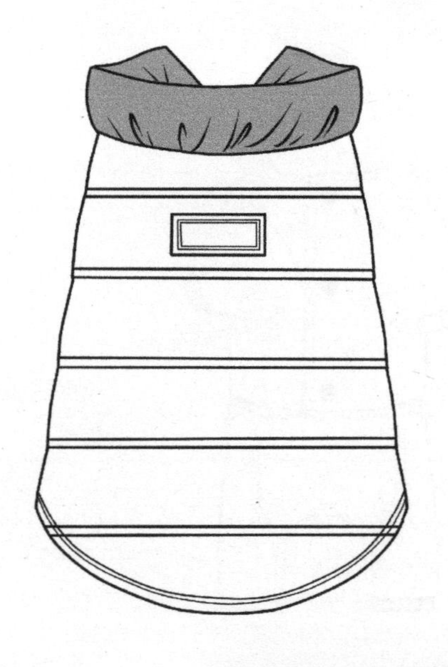

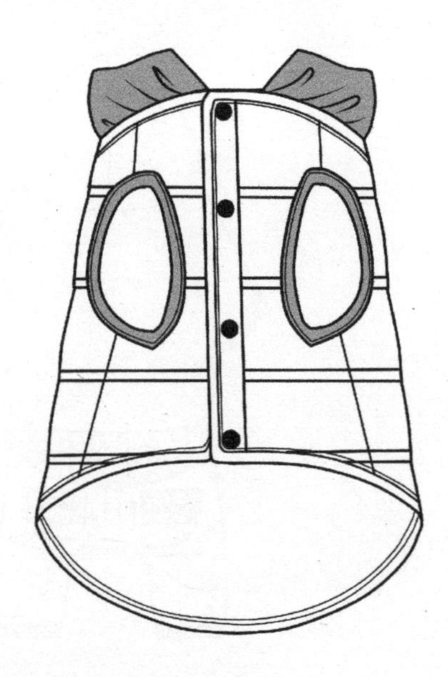

部位	身长	胸围	领围
尺寸/cm	31	45	32

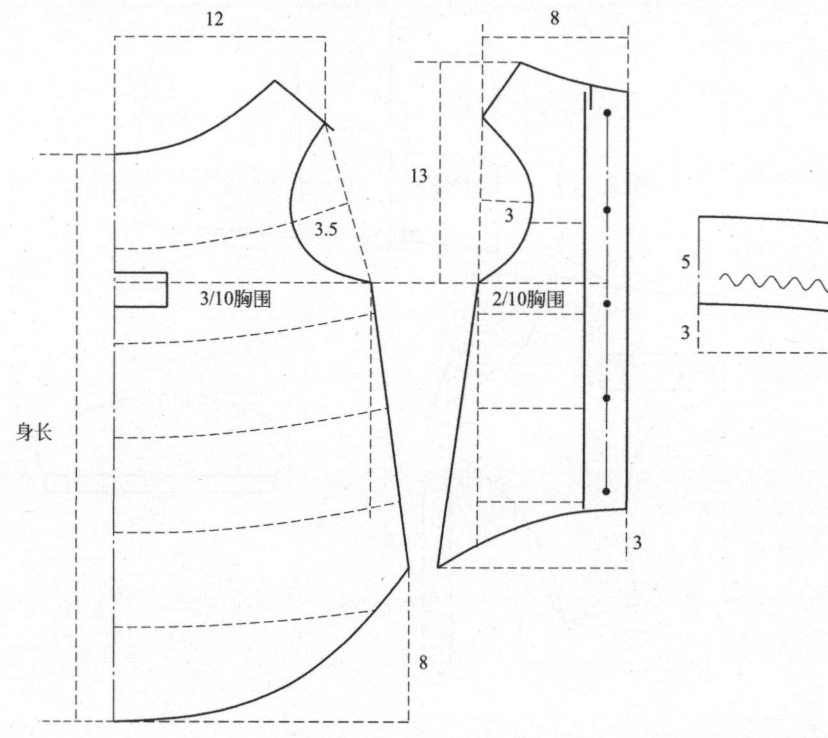

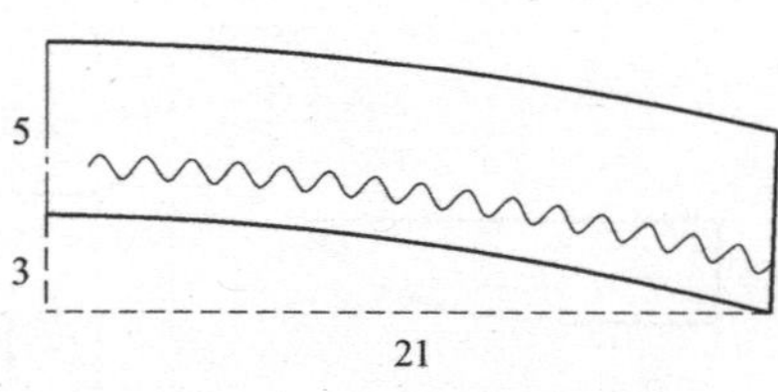

106. 毛领无袖棉服

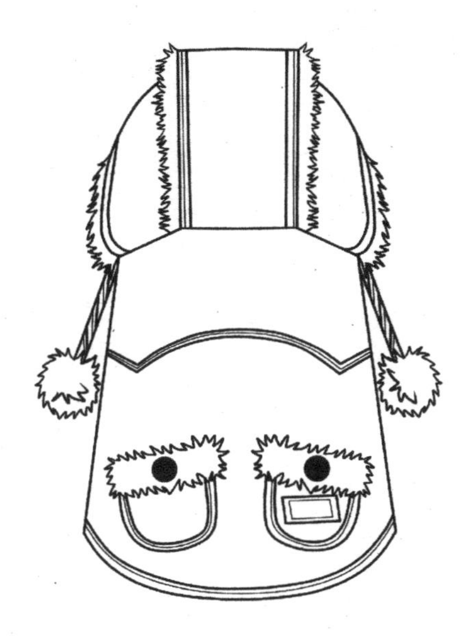

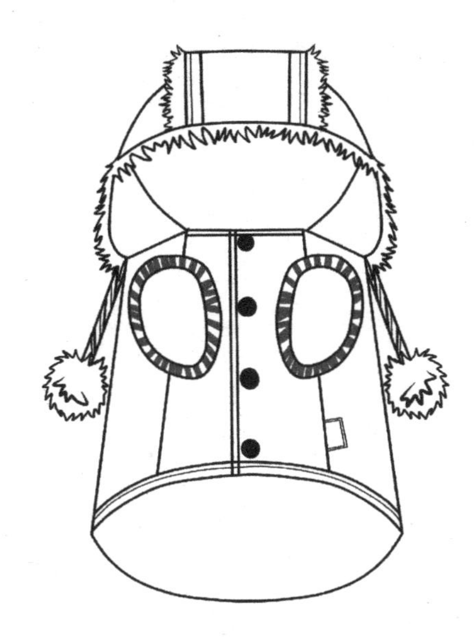

部位	身长	胸围	领围
尺寸/cm	31	45	32

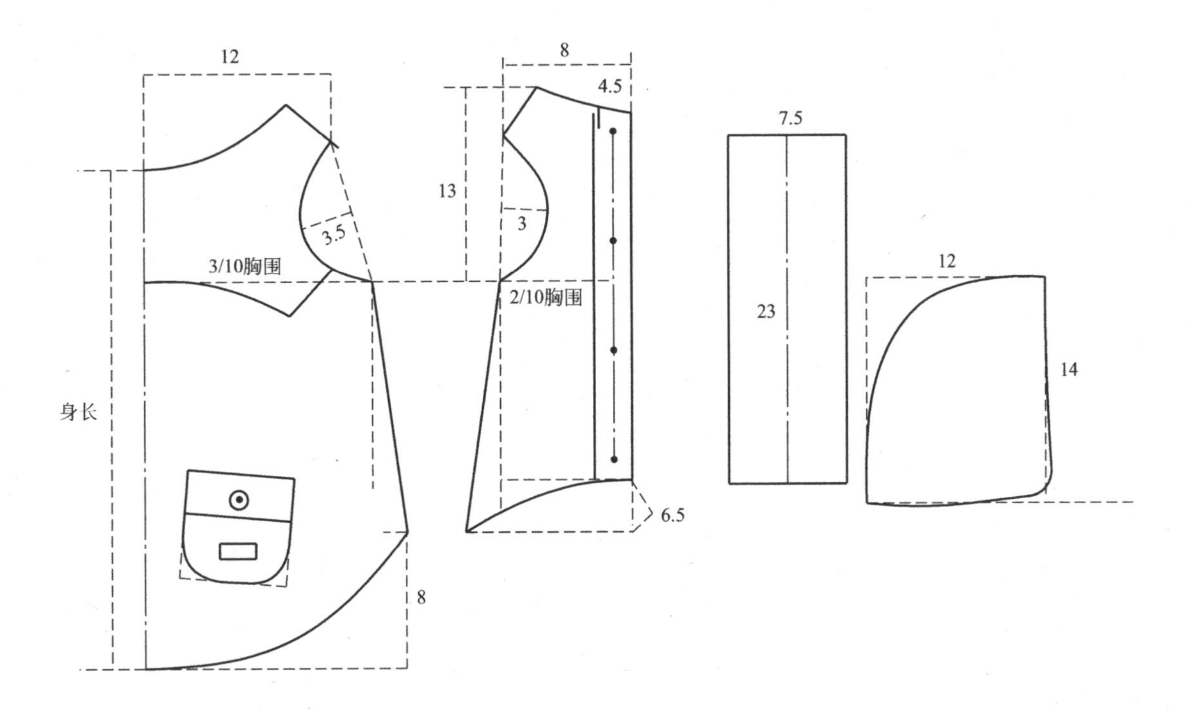

107. 碎花毛领棉服

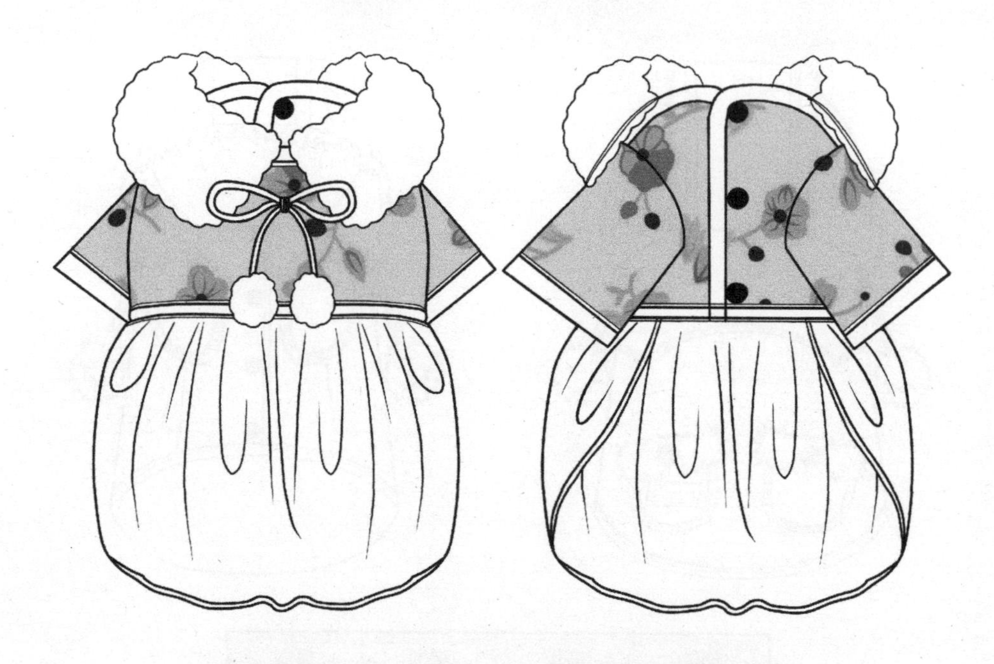

部位	身长	胸围	领围
尺寸/cm	31	45	32

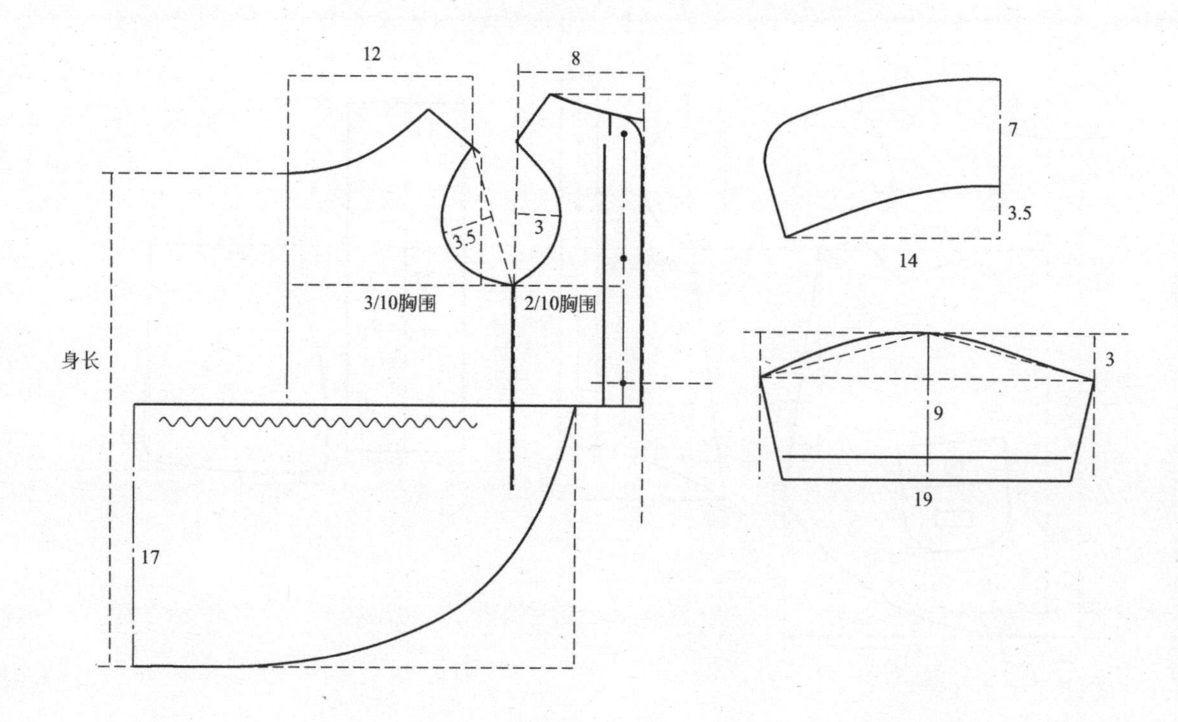

108. 牛仔翻领棉服

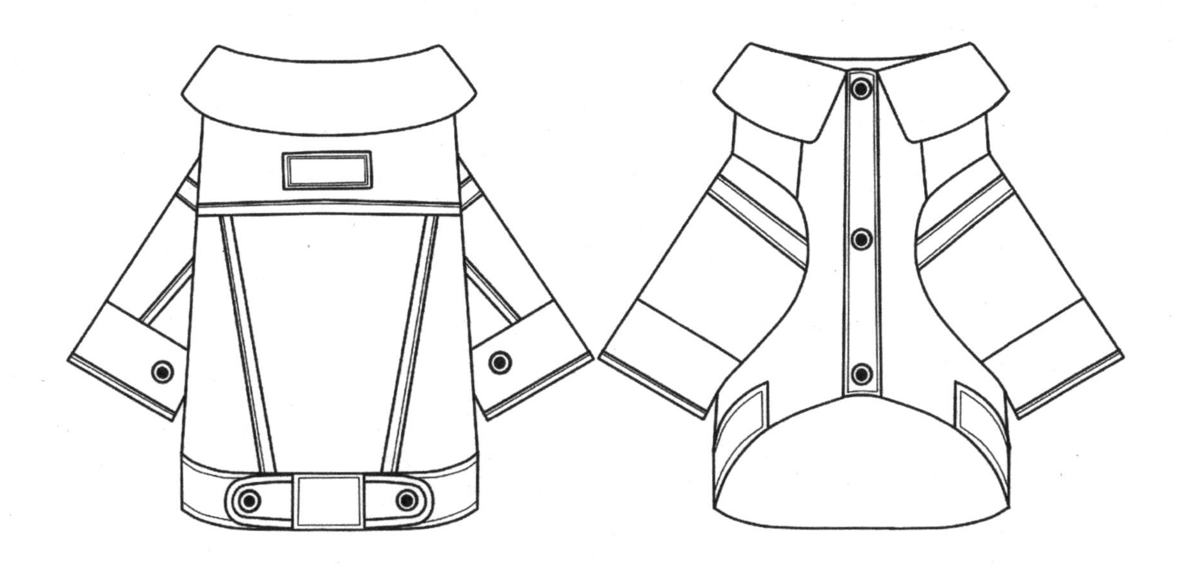

部位	身长	胸围	领围
尺寸/cm	31	45	32

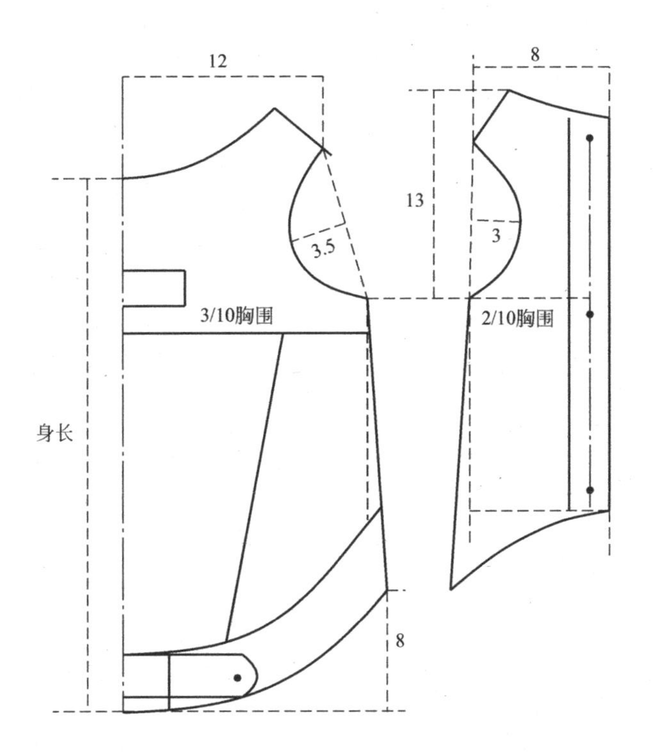

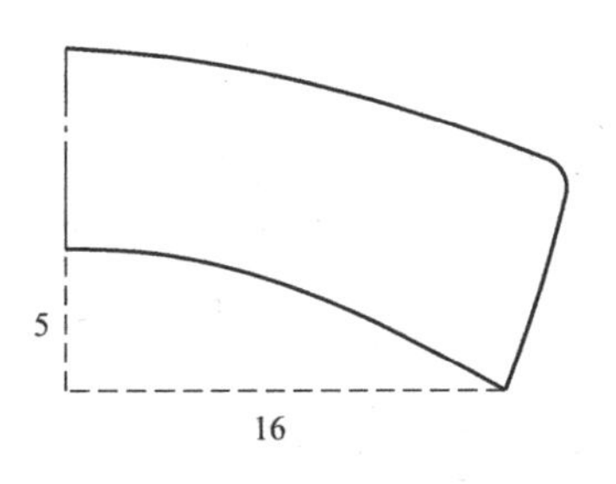

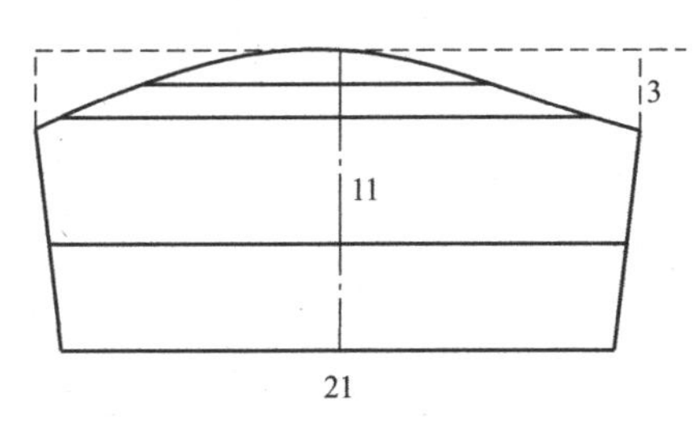

109. 宠物毛衣

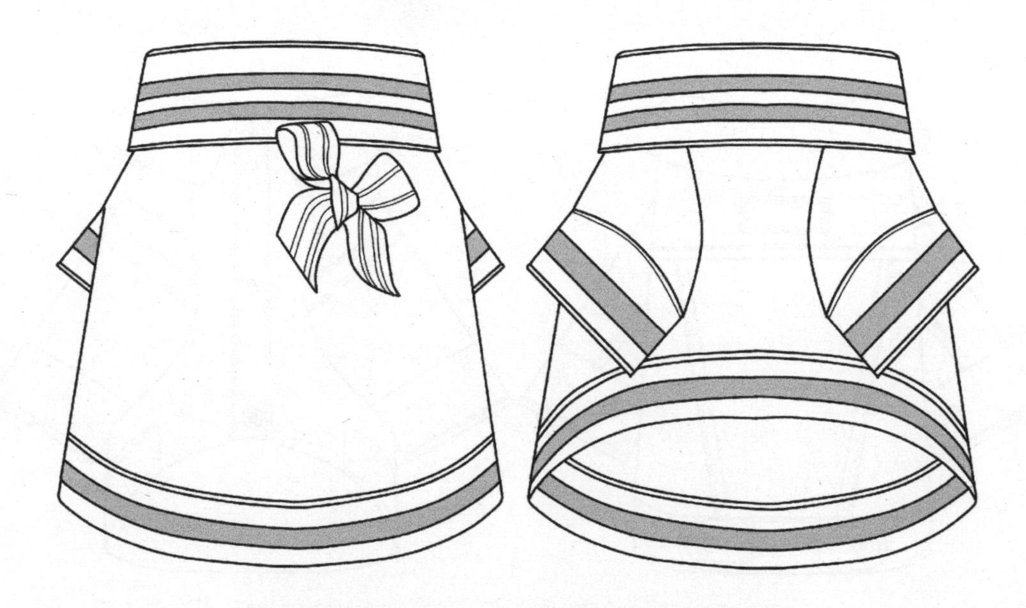

部位	身长	胸围	领围
尺寸/cm	31	45	32

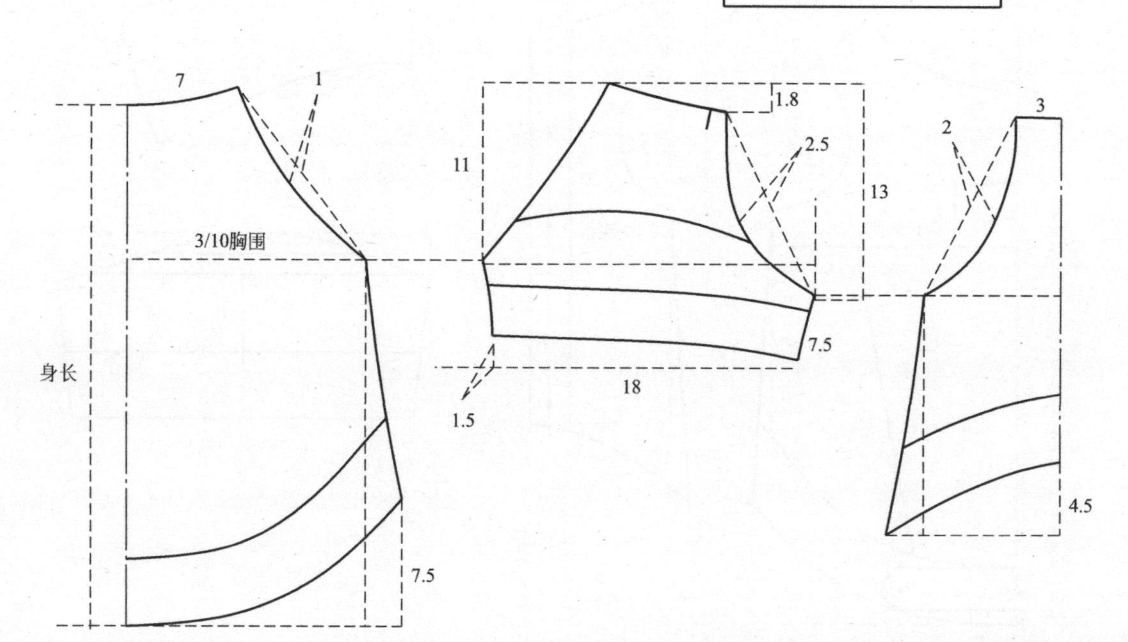

羽绒服

110. 毛领羽绒服

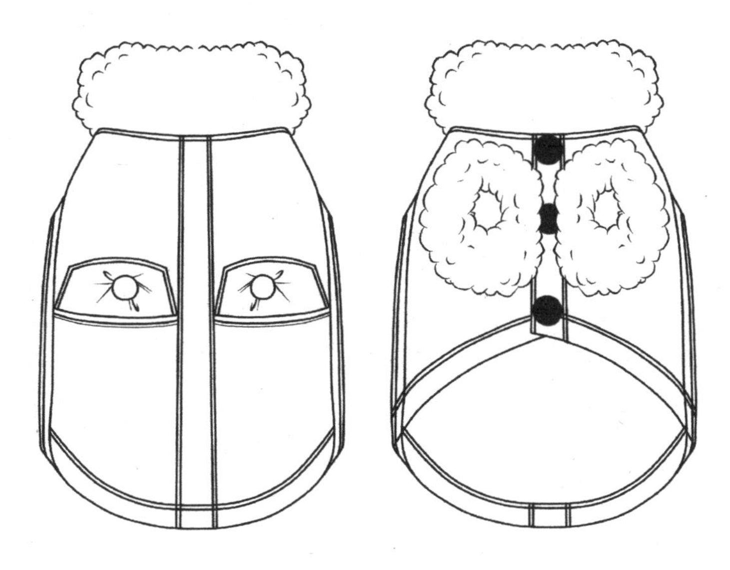

部位	身长	胸围	领围
尺寸/cm	27	45	32

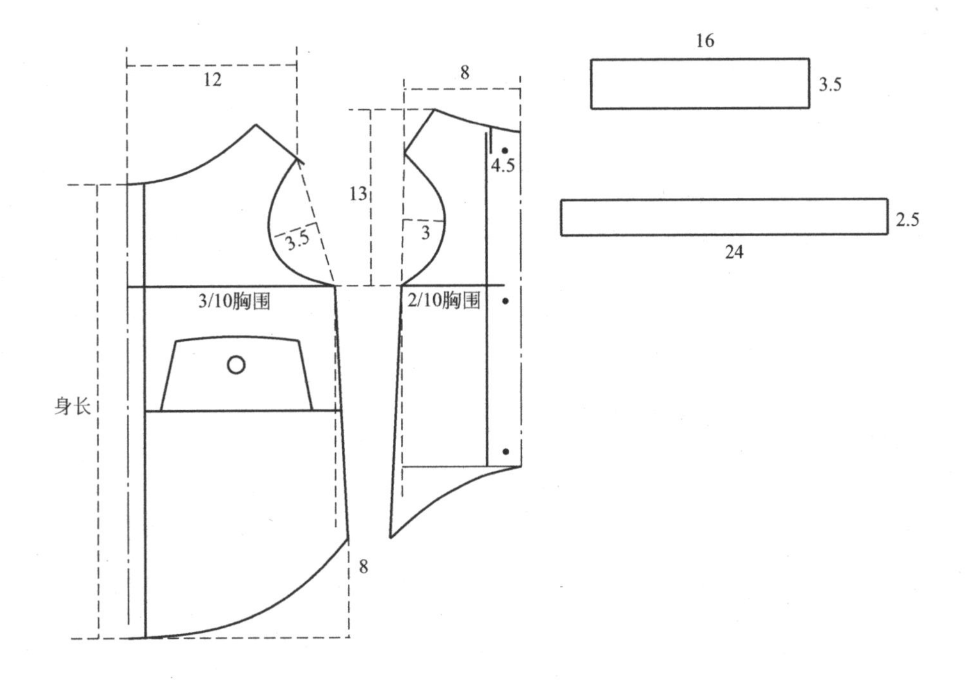

111. 羽绒服A款

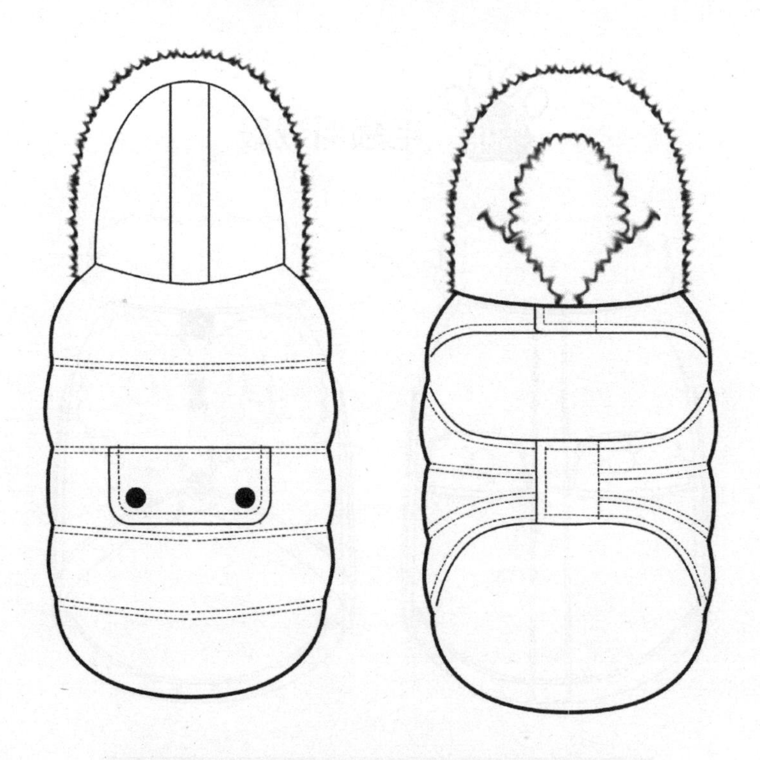

部位	身长	胸围	领围
尺寸/cm	31	45	32

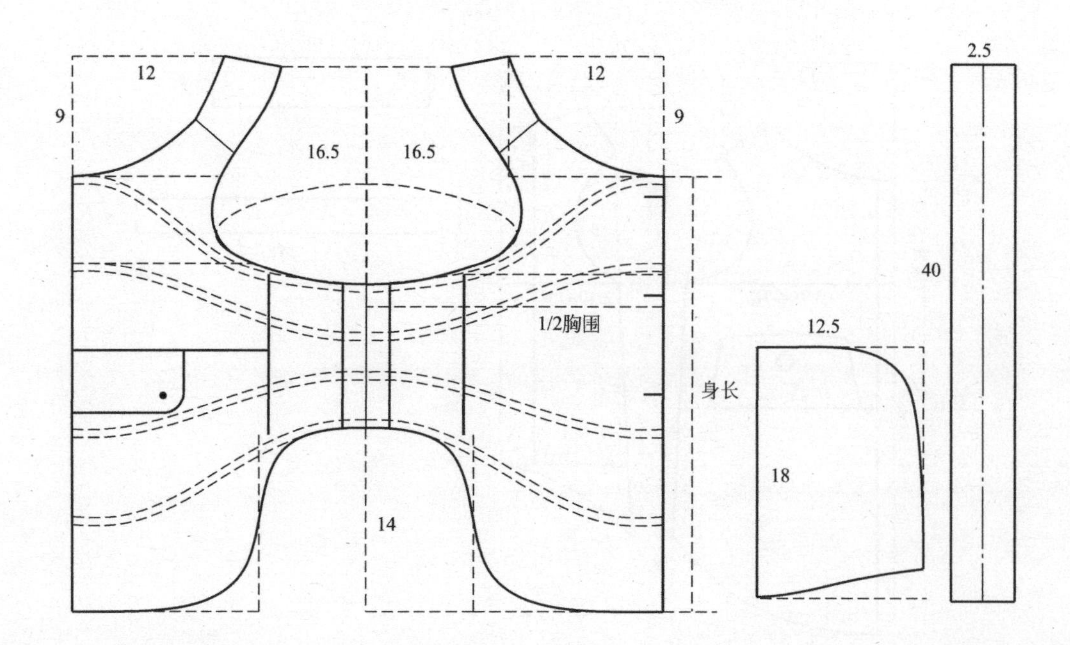

112. 羽绒服B款

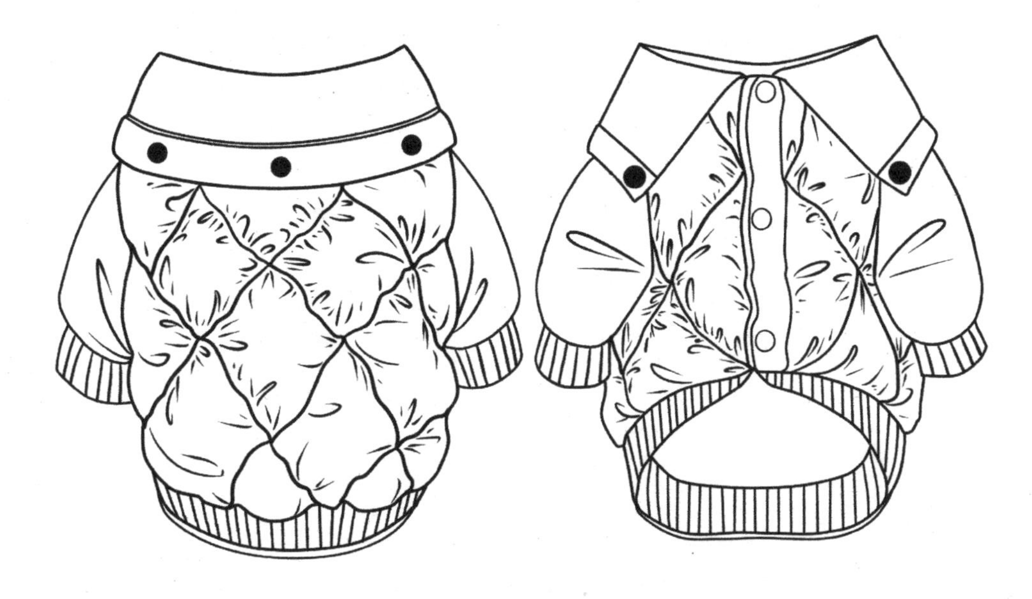

部位	身长	胸围	领围
尺寸/cm	31	45	32

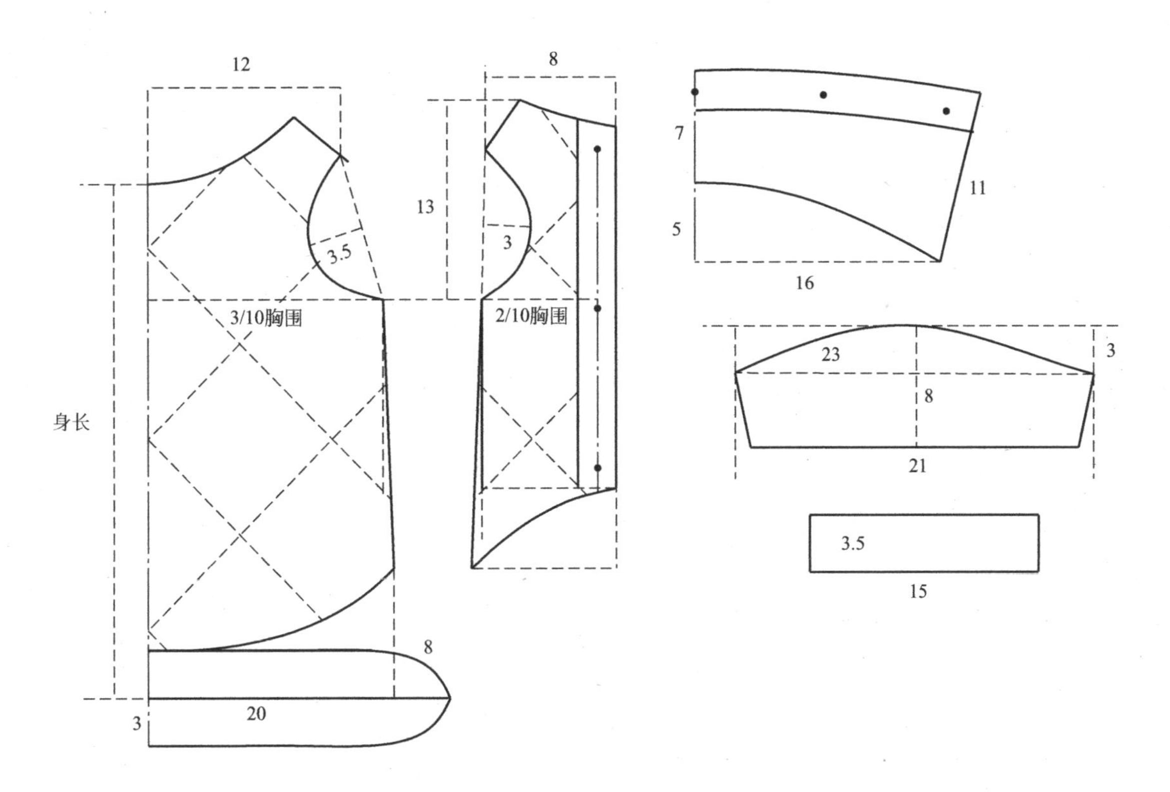

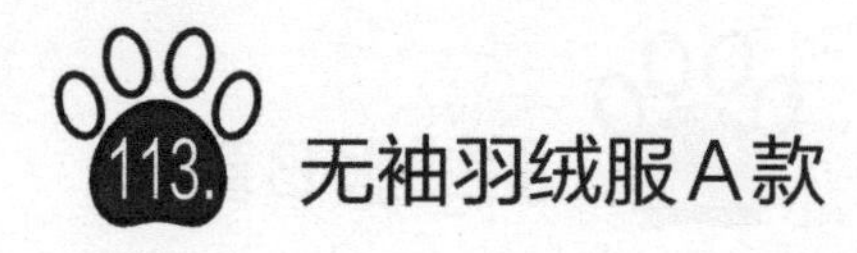

无袖羽绒服A款

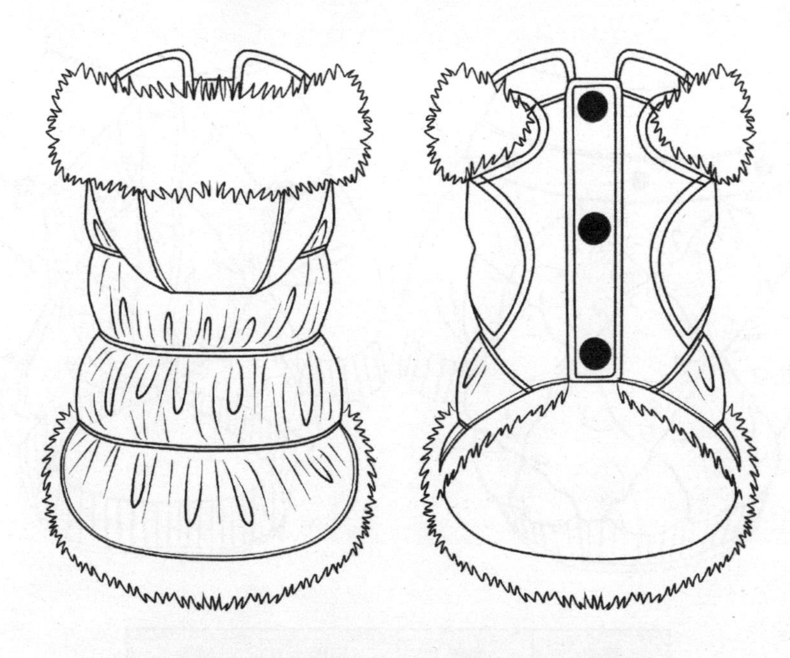

部位	身长	胸围	领围
尺寸/cm	31	45	32

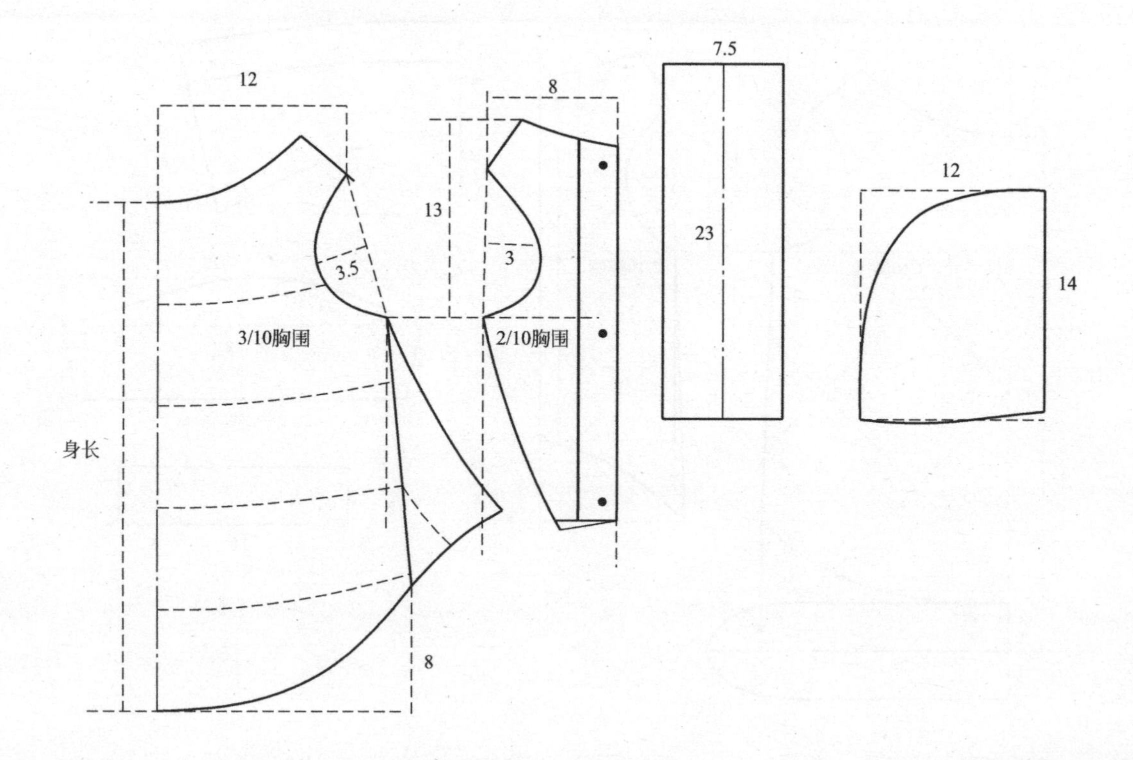

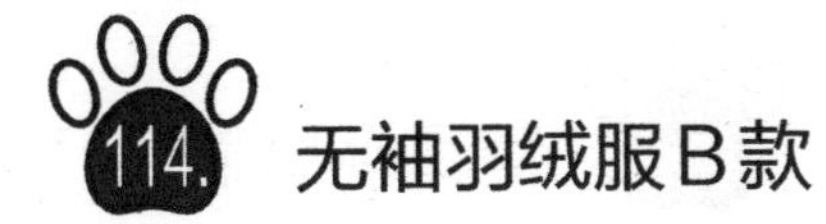

114. 无袖羽绒服B款

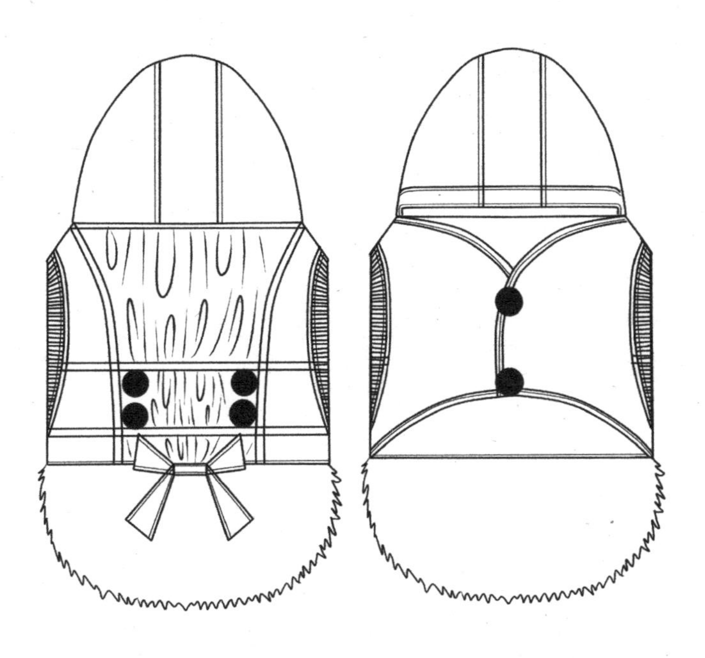

部位	身长	胸围	领围
尺寸/cm	31	45	32

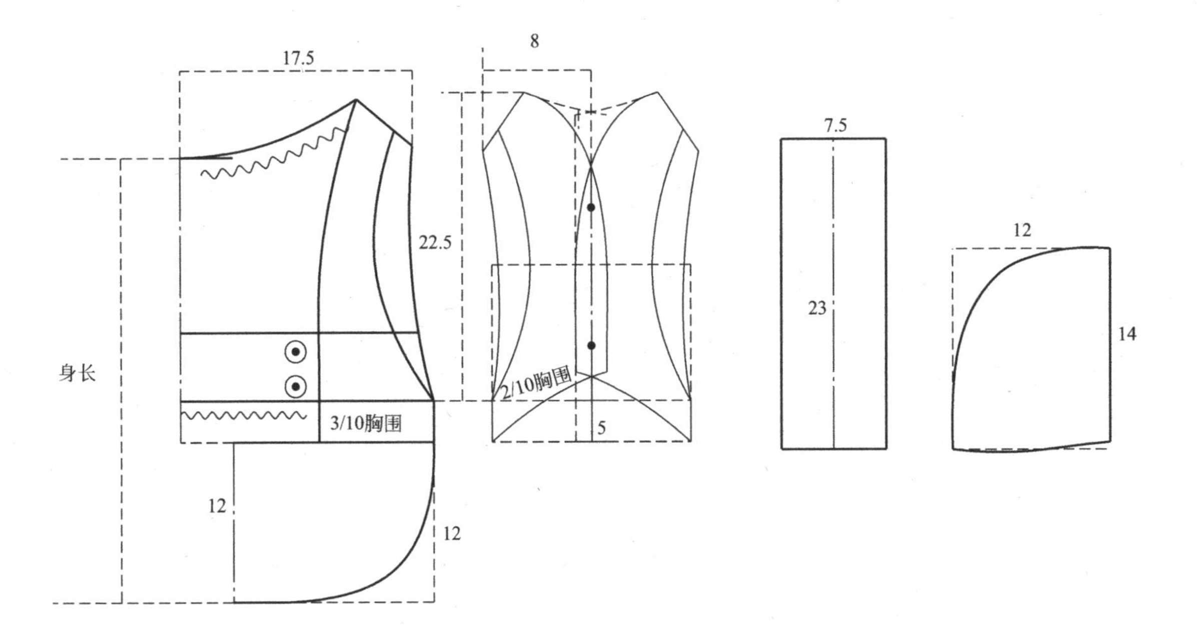

115. 兔耳羽绒服

部位	身长	胸围	领围
尺寸/cm	31	45	32

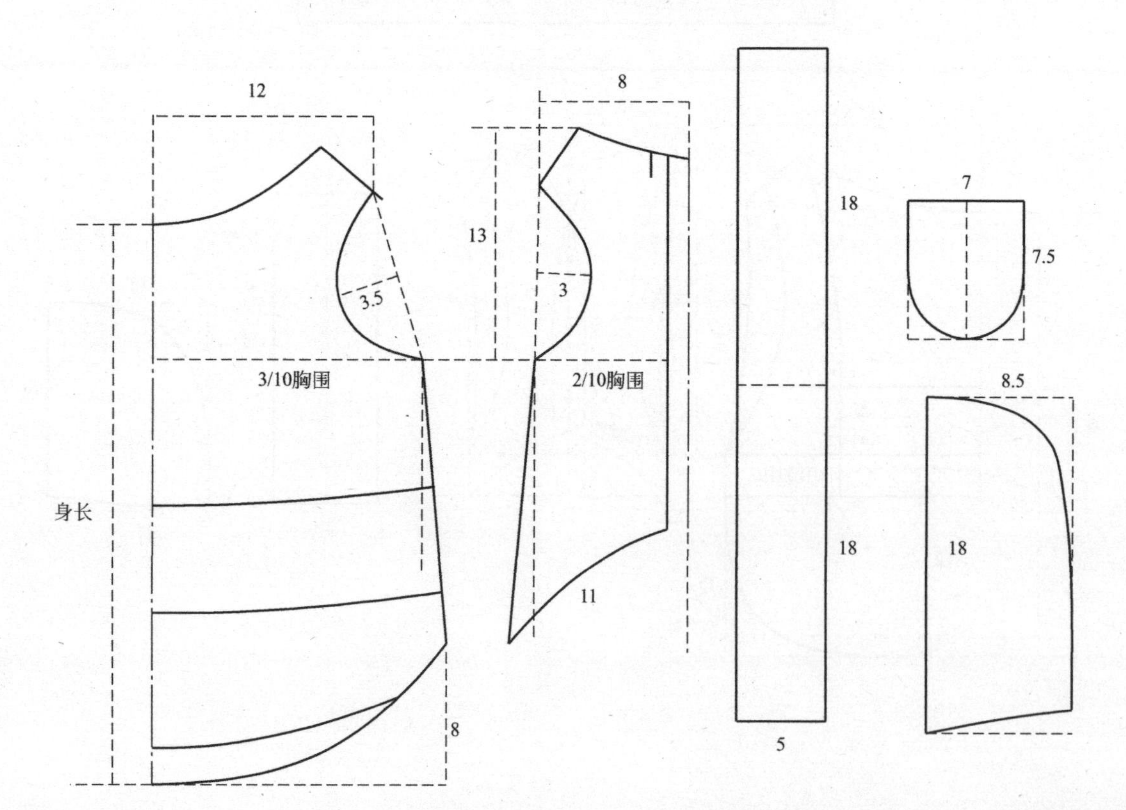

116. 外套A款

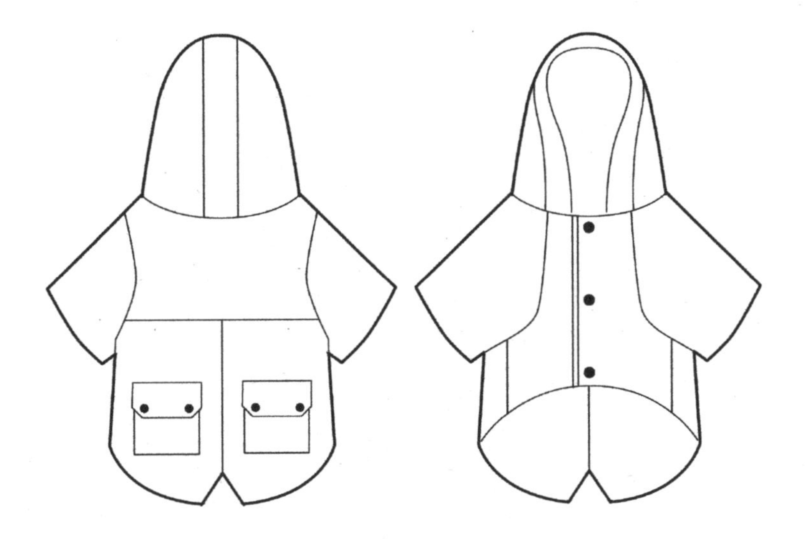

部位	身长	胸围	领围
尺寸/cm	31	45	32

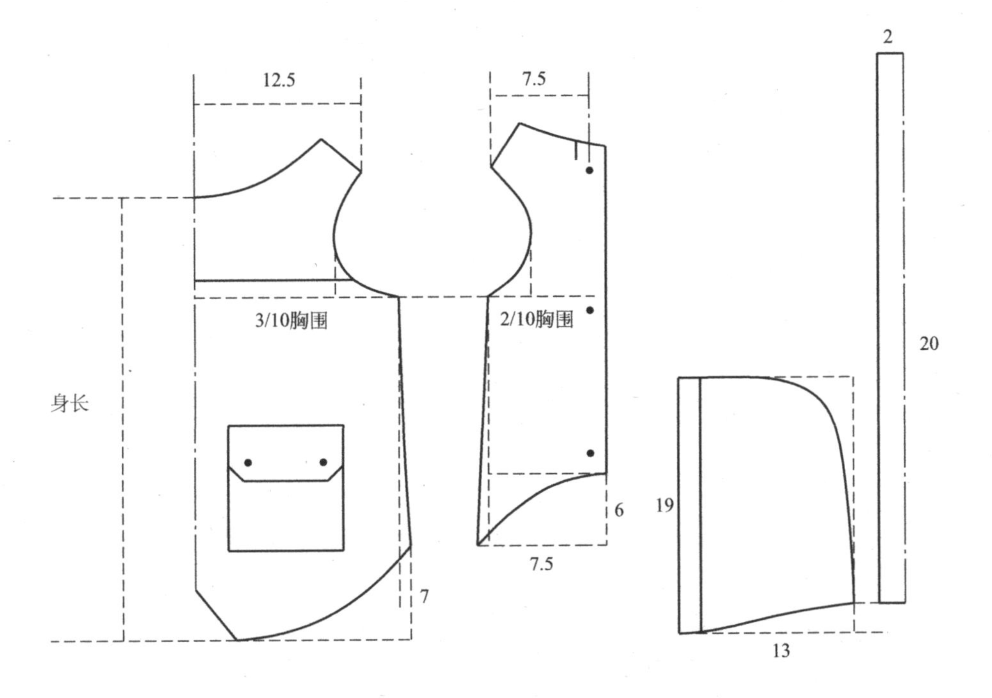

117. 外套B款

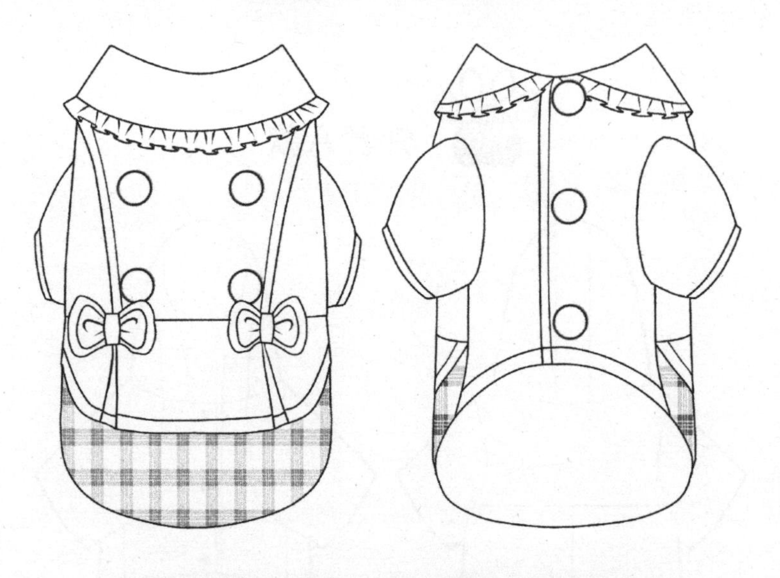

部位	身长	胸围	领围
尺寸/cm	31	45	32

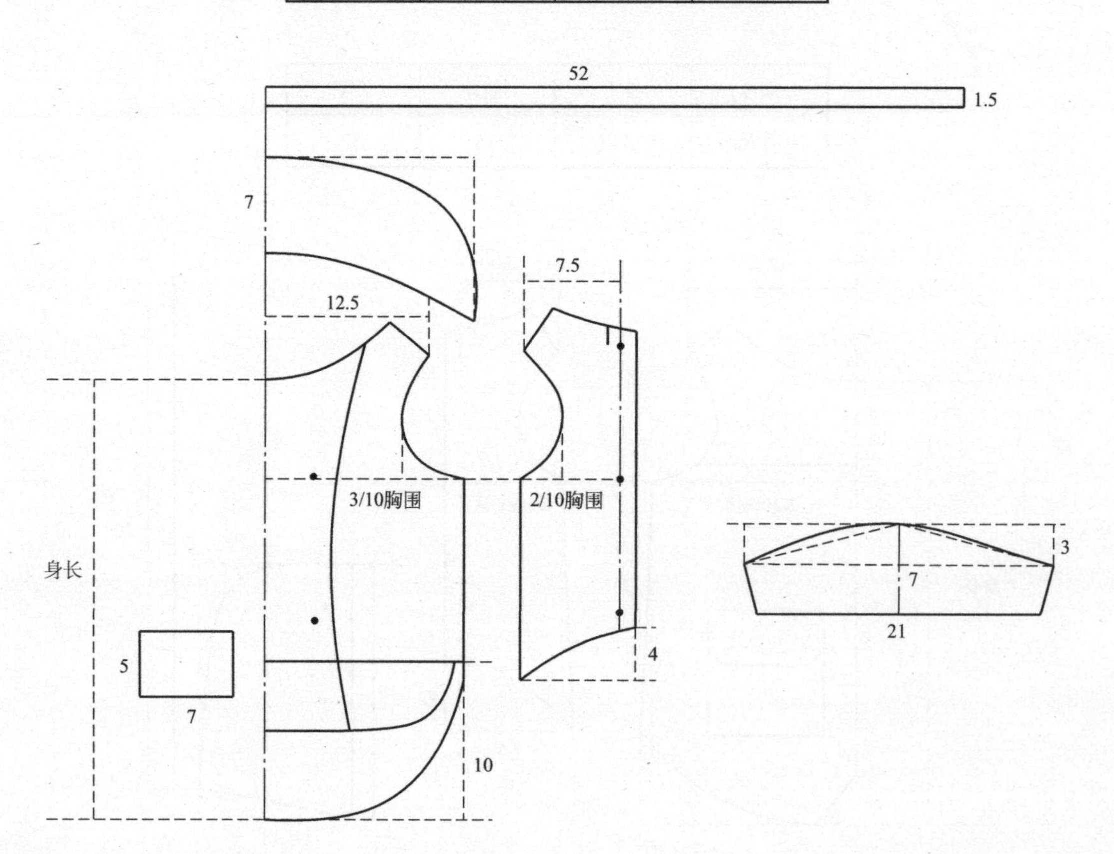

118. 外套C款

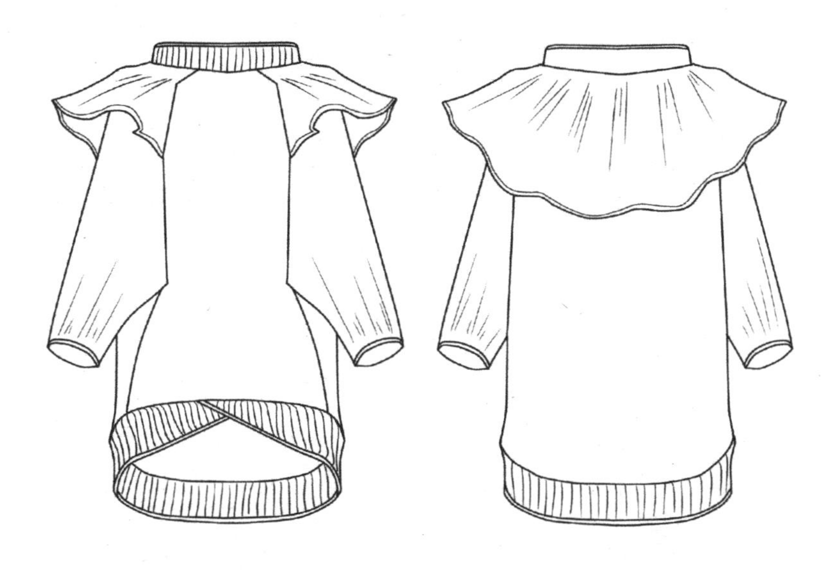

部位	身长	胸围	领围
尺寸/cm	26	45	32

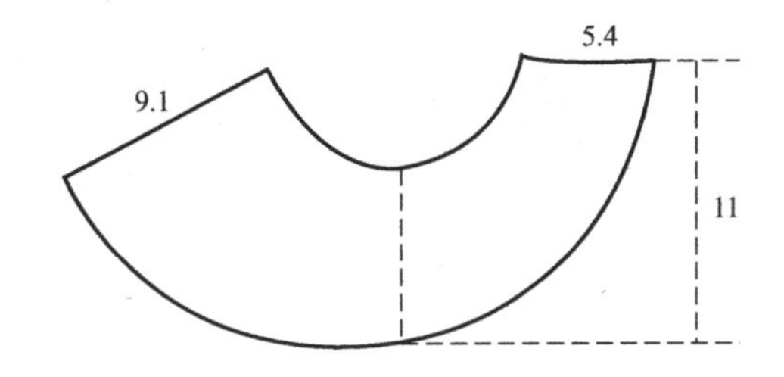

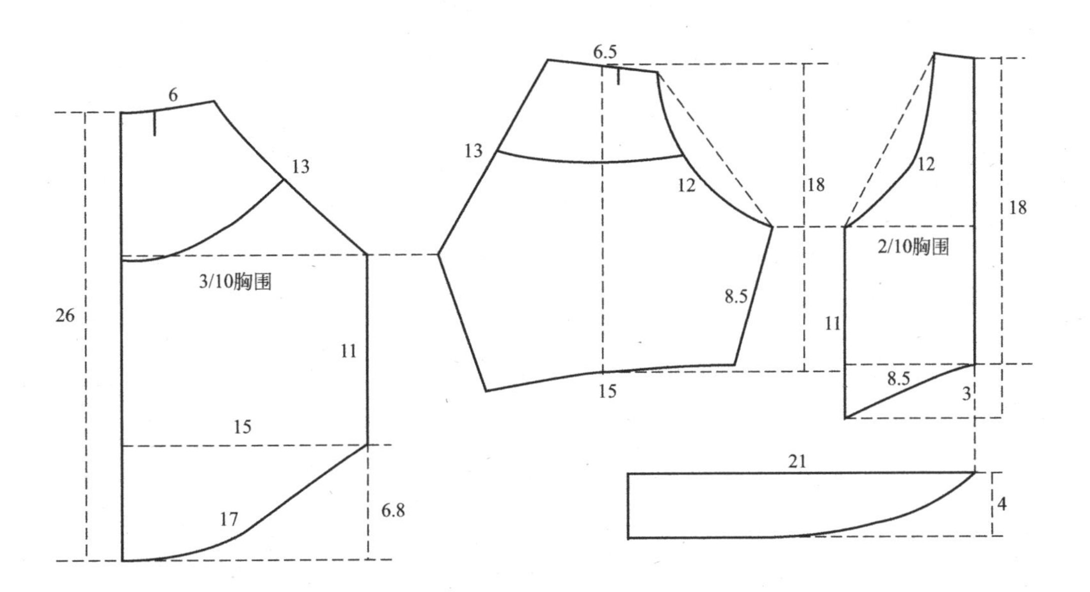

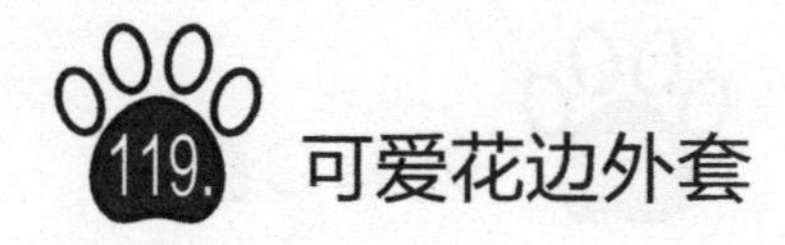

119. 可爱花边外套

部位	身长	胸围	领围
尺寸/cm	29	45	32

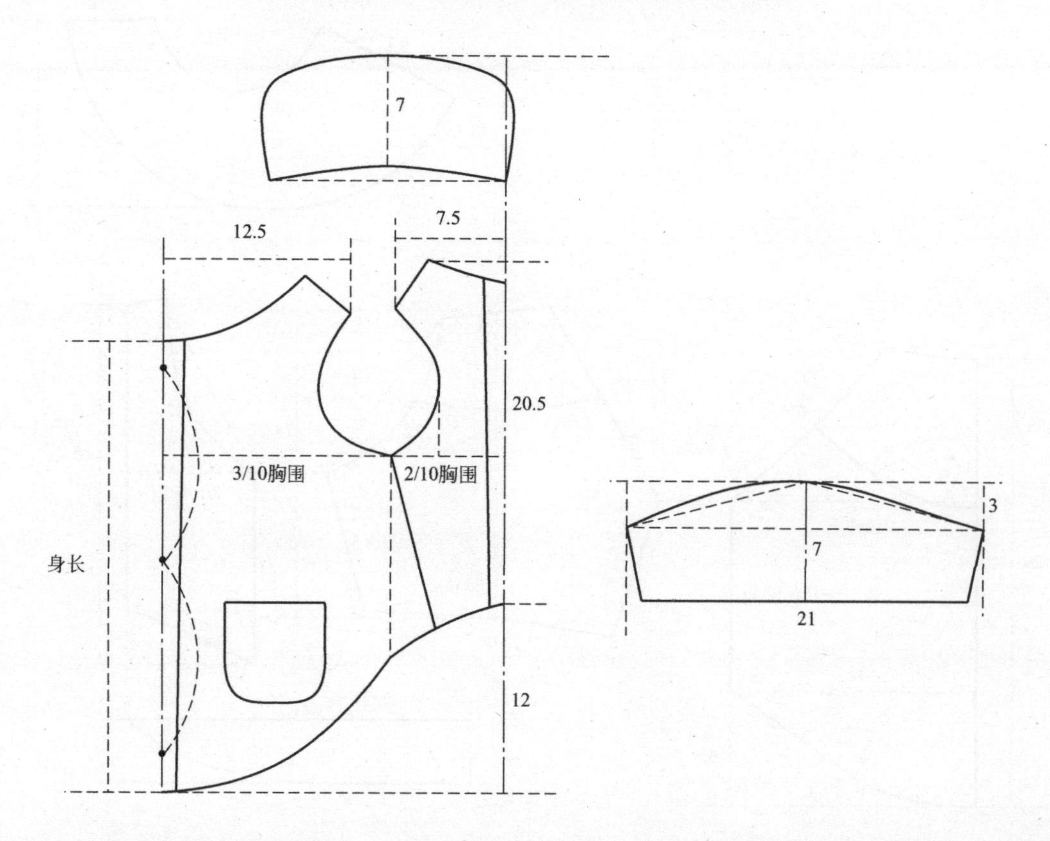

120. 可爱蕾丝边外套

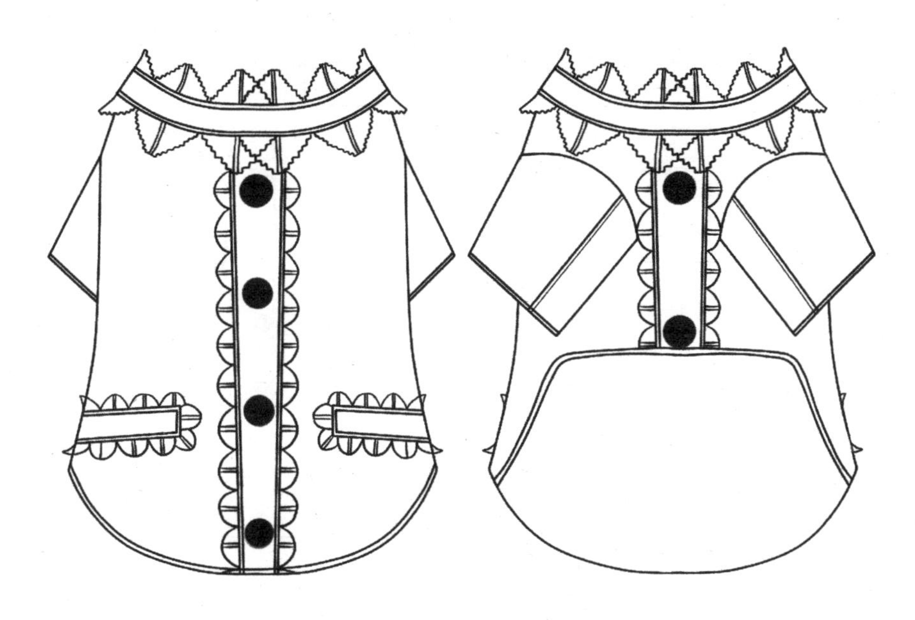

部位	身长	胸围	领围
尺寸/cm	31	45	32

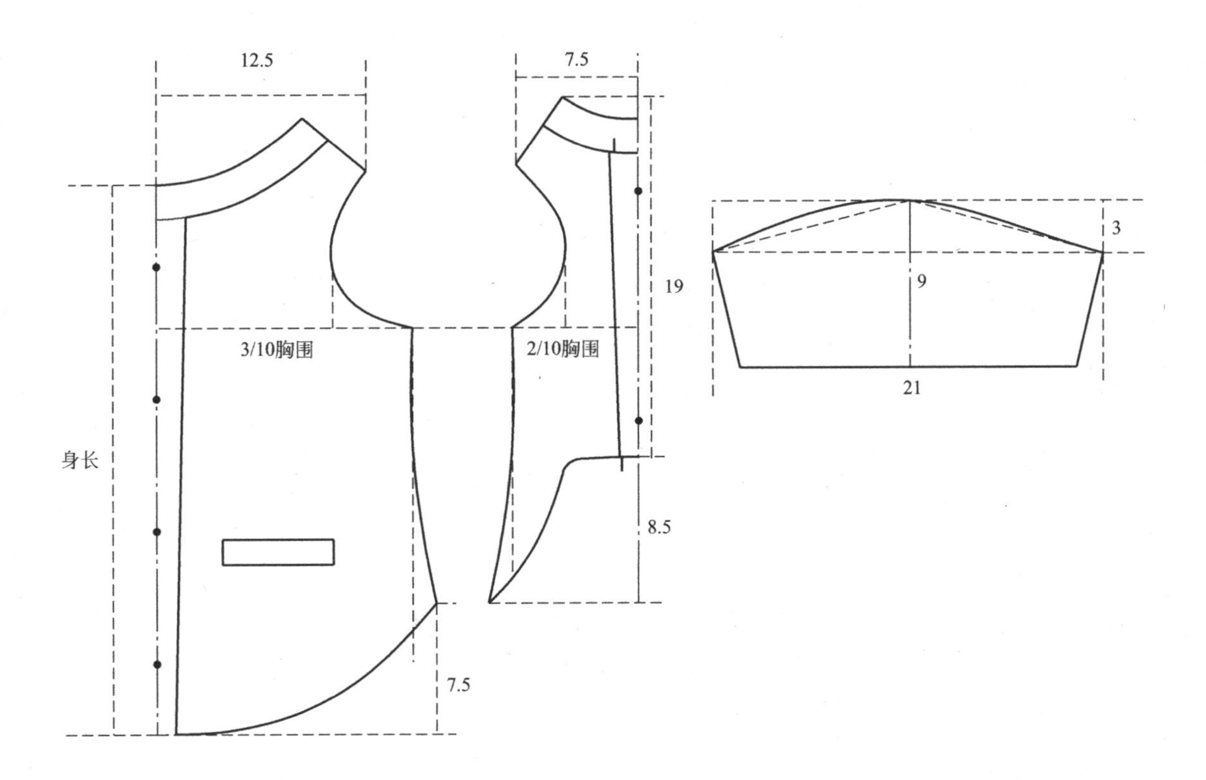

121. 翻皮外套

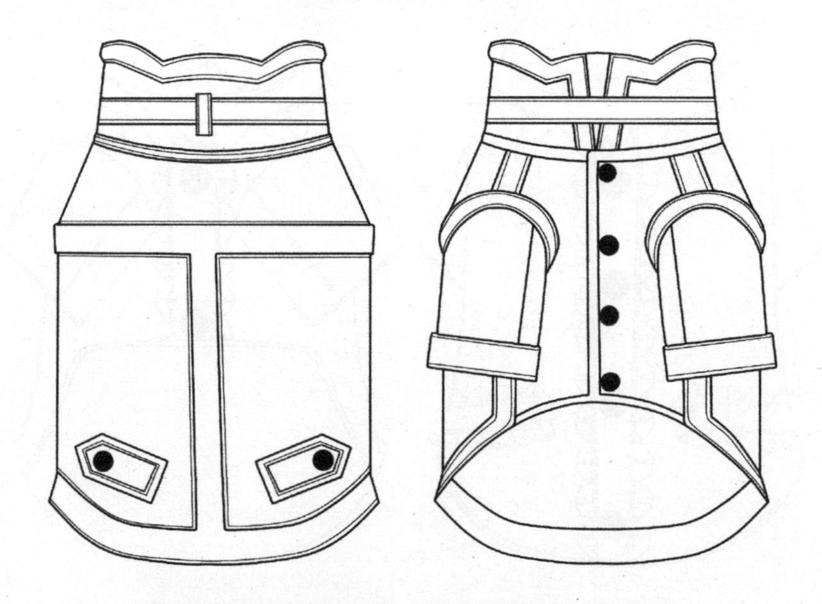

部位	身长	胸围	领围
尺寸/cm	31	45	32

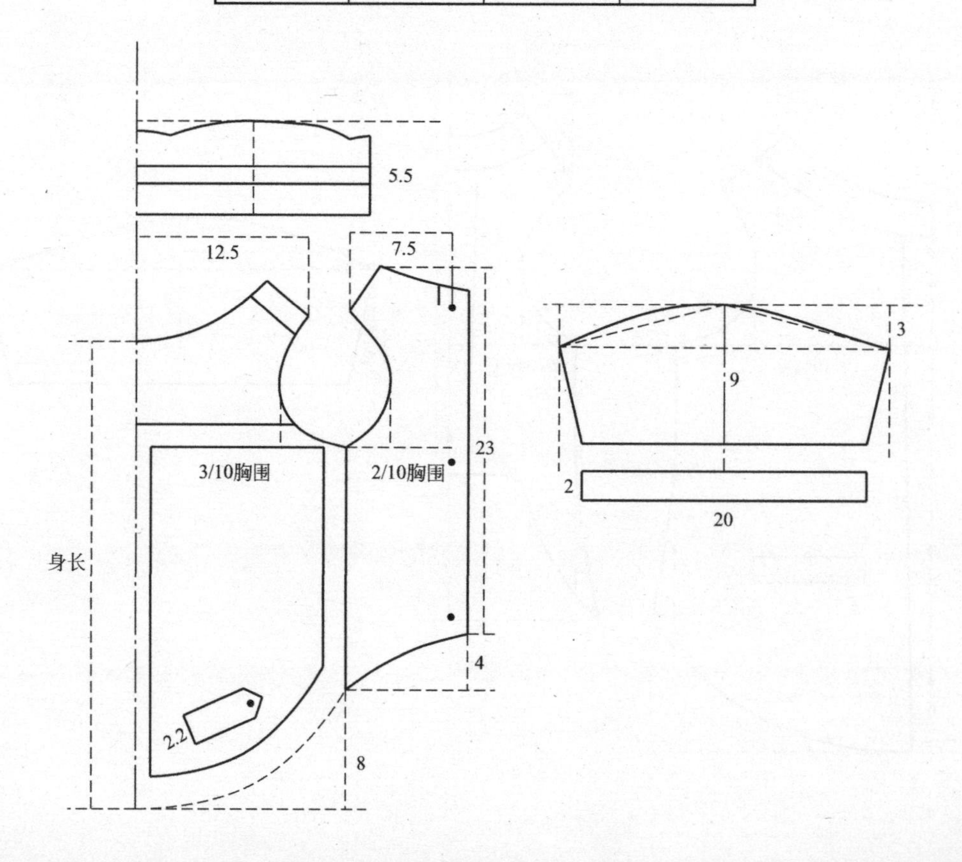

122. 假两件外套

部位	身长	胸围	领围
尺寸/cm	31	45	32

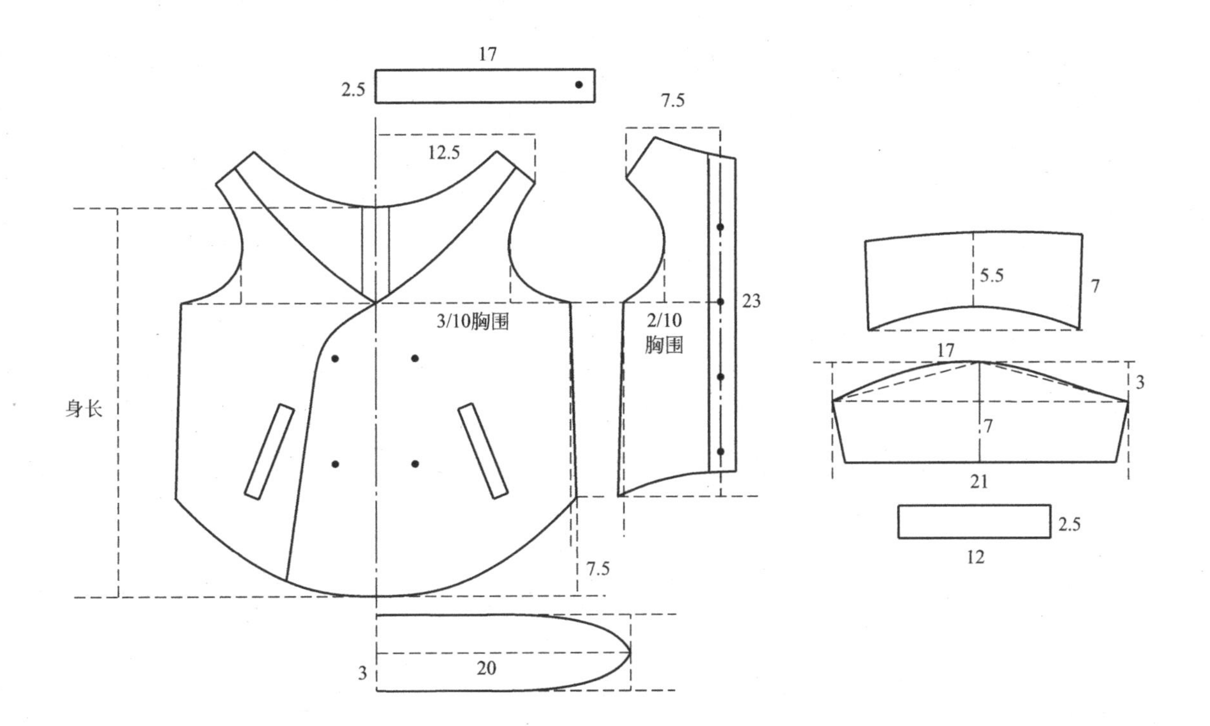

123. 双排扣外套

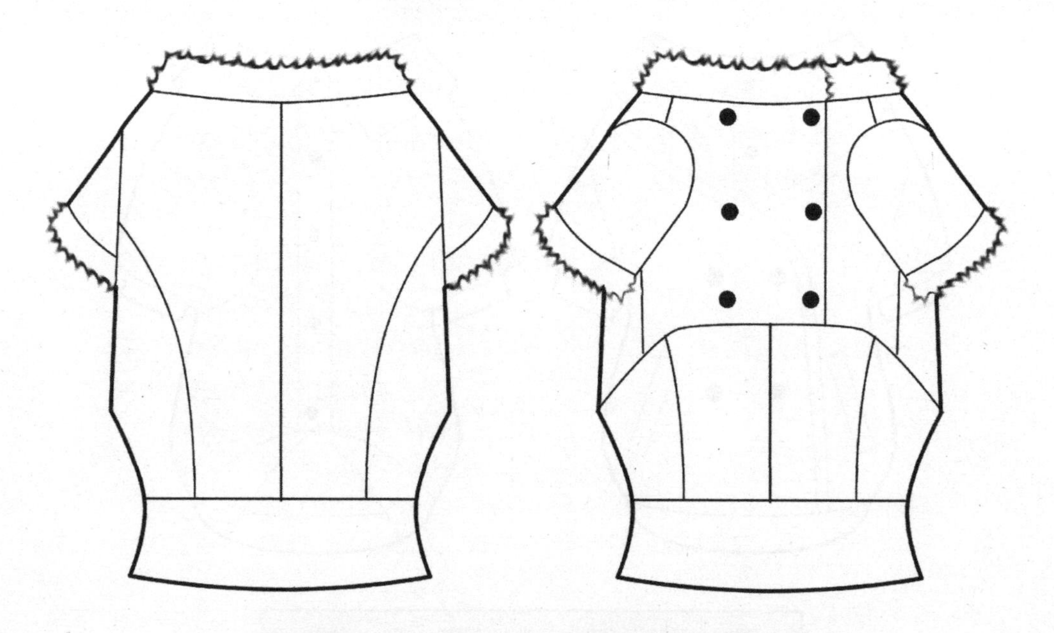

部位	身长	胸围	领围
尺寸/cm	31	45	32

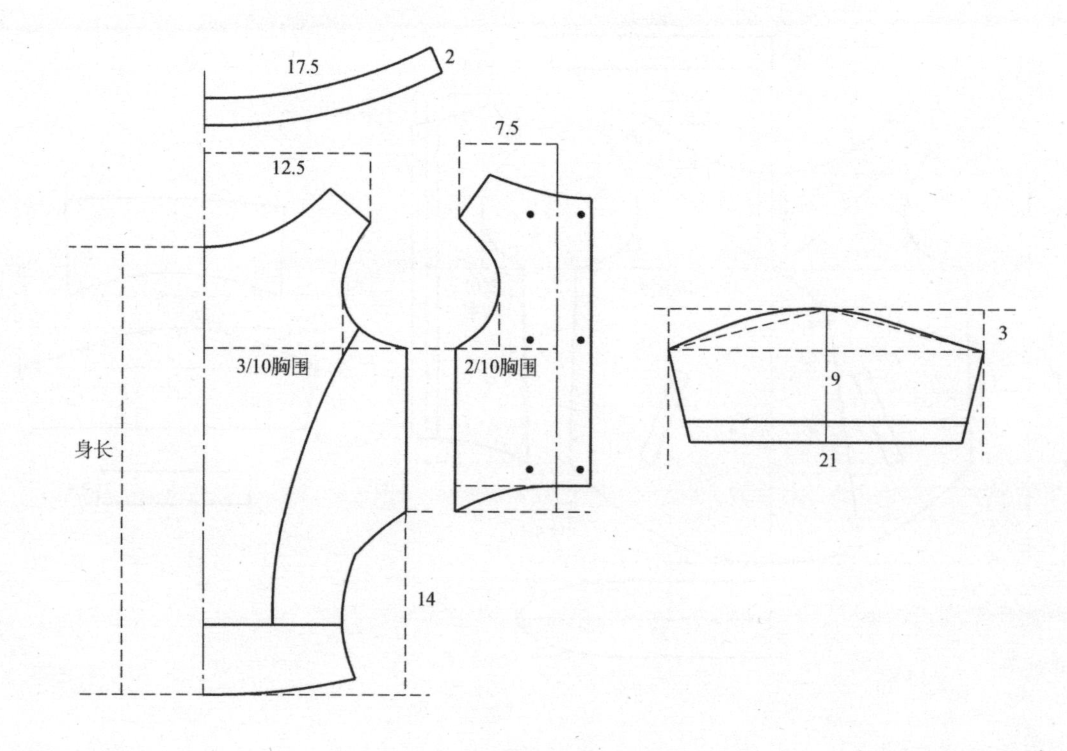

124. 古风外套

部位	身长	胸围	领围
尺寸/cm	34	45	32

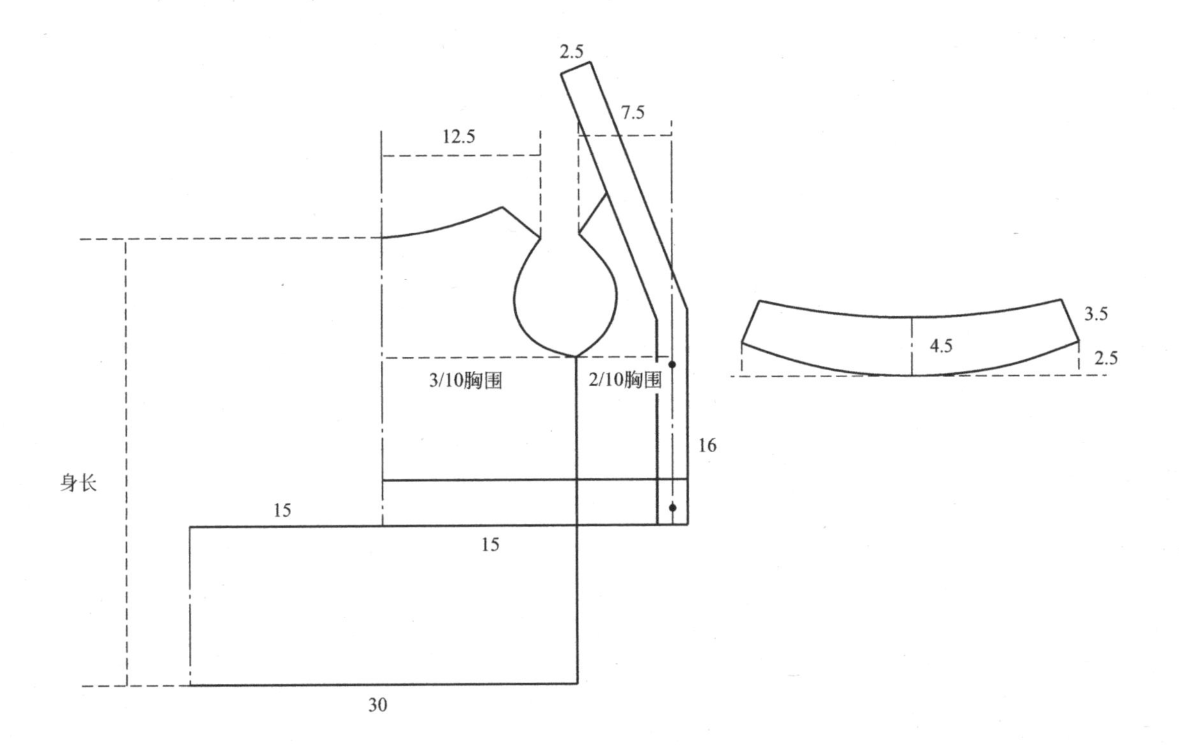

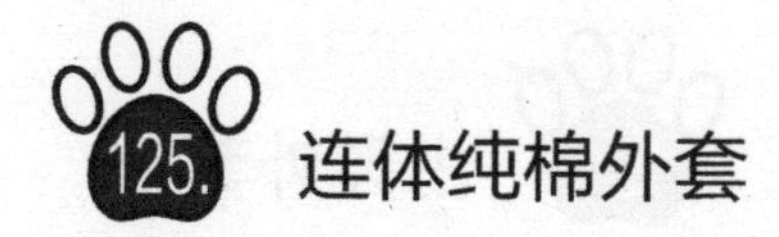

连体纯棉外套

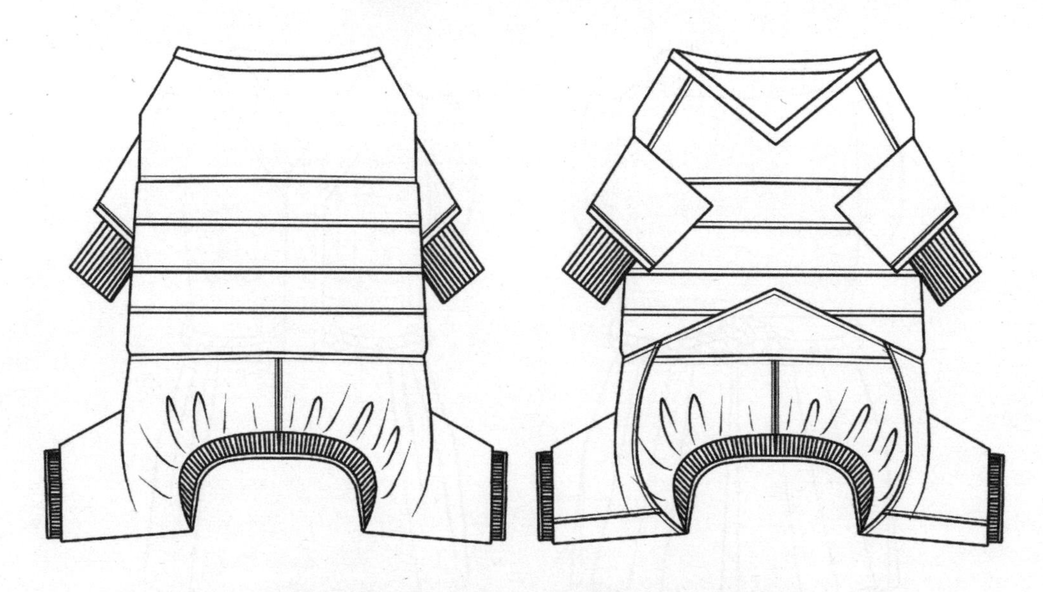

部位	身长	胸围	领围
尺寸/cm	31	45	32

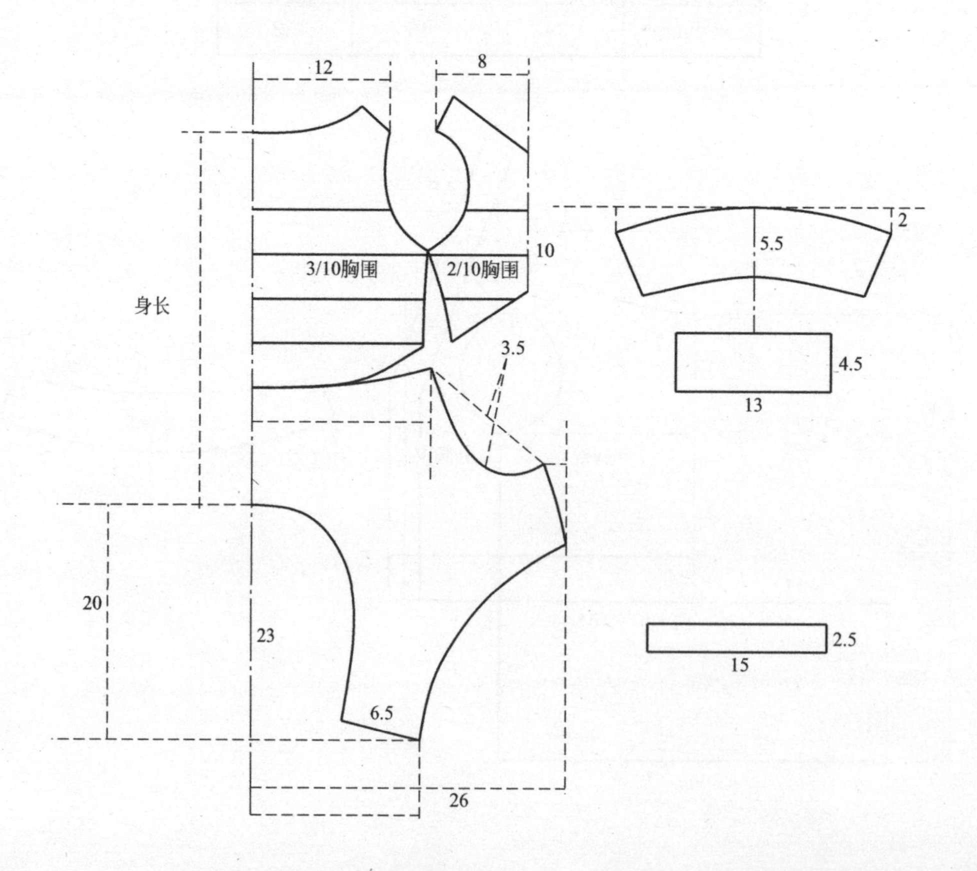

牛仔服

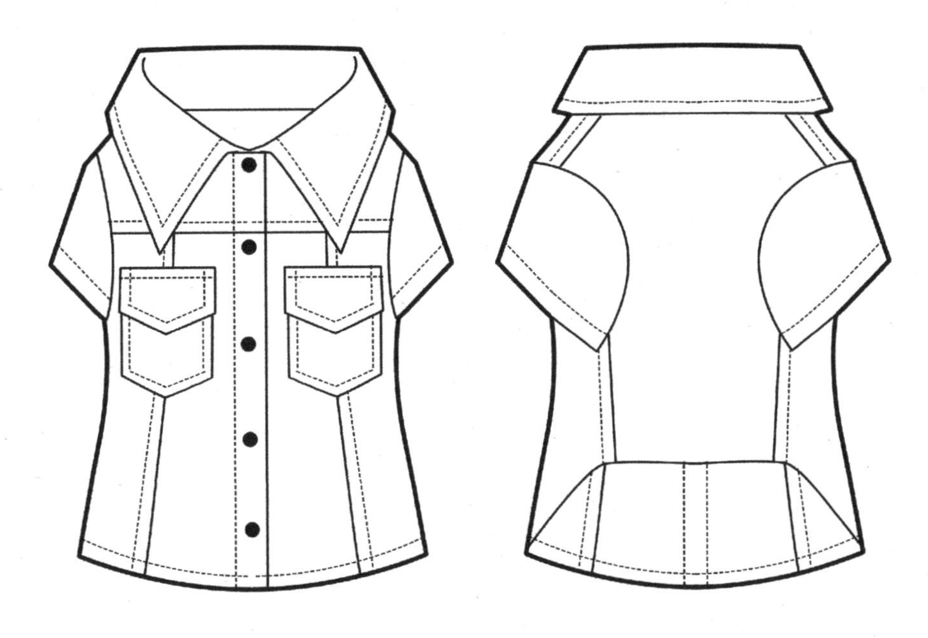

部位	身长	胸围	领围
尺寸/cm	26	45	32

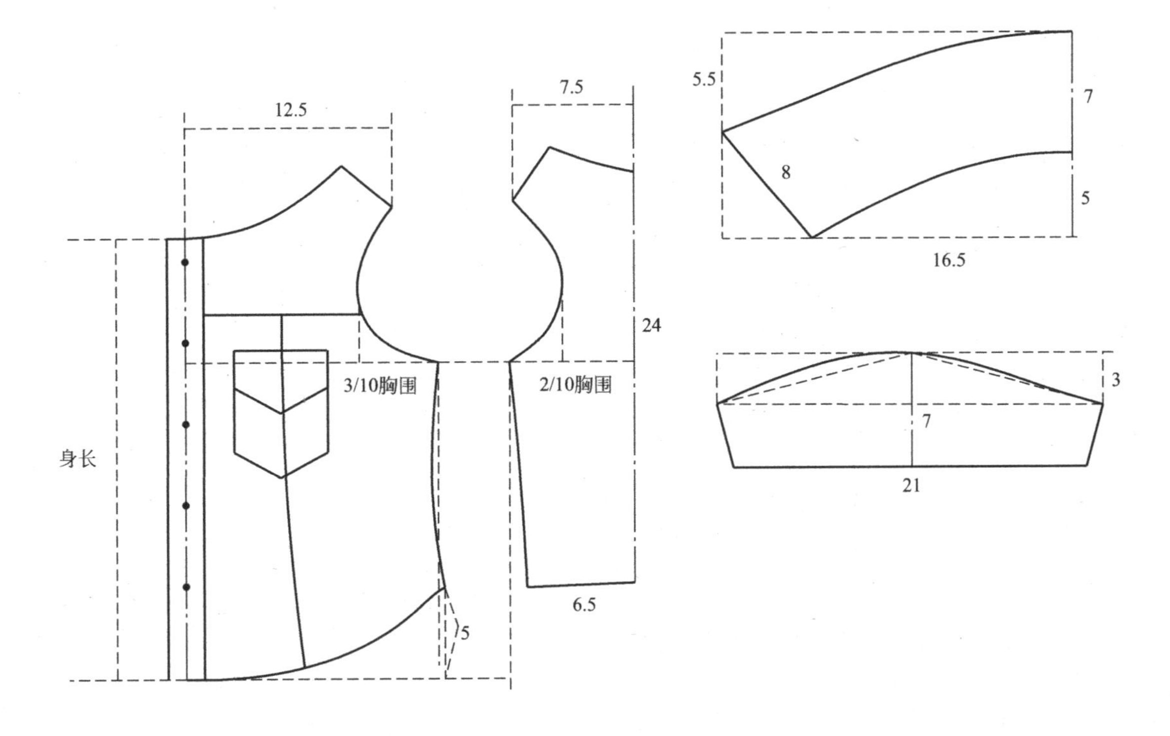

127. 流苏牛仔服

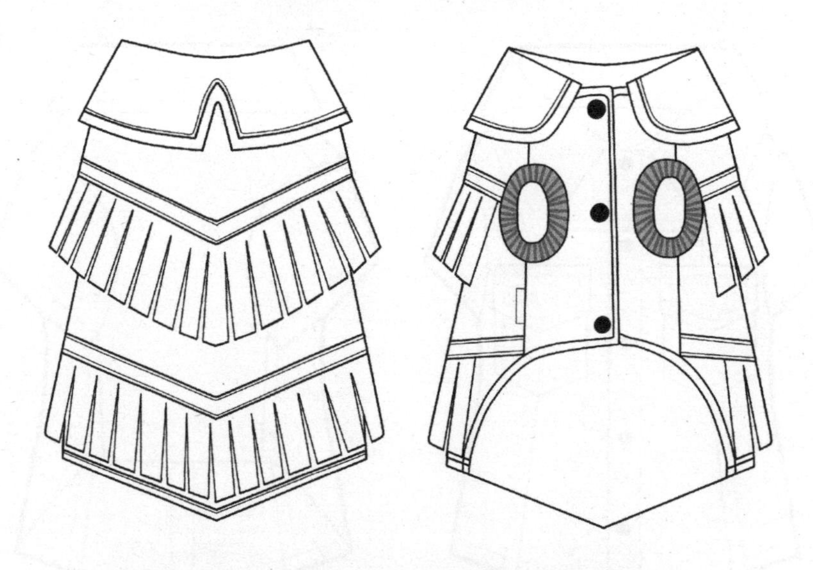

部位	身长	胸围	领围
尺寸/cm	31	45	32

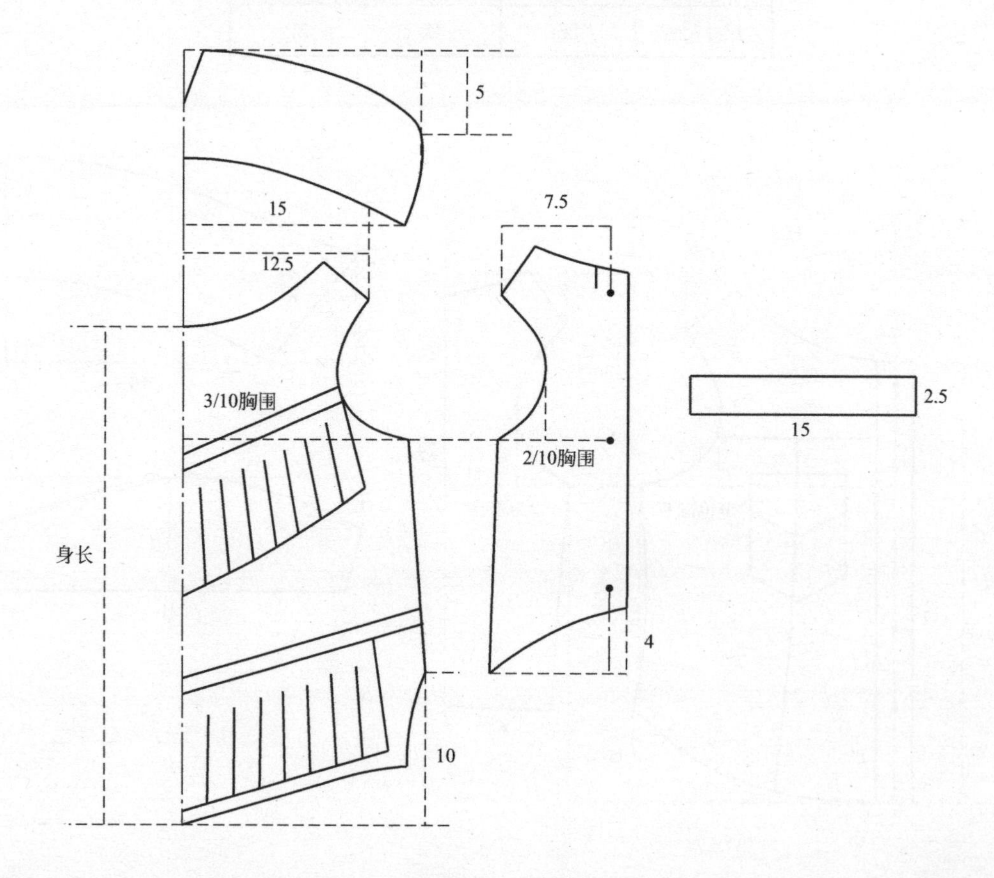

128. 学院风外套

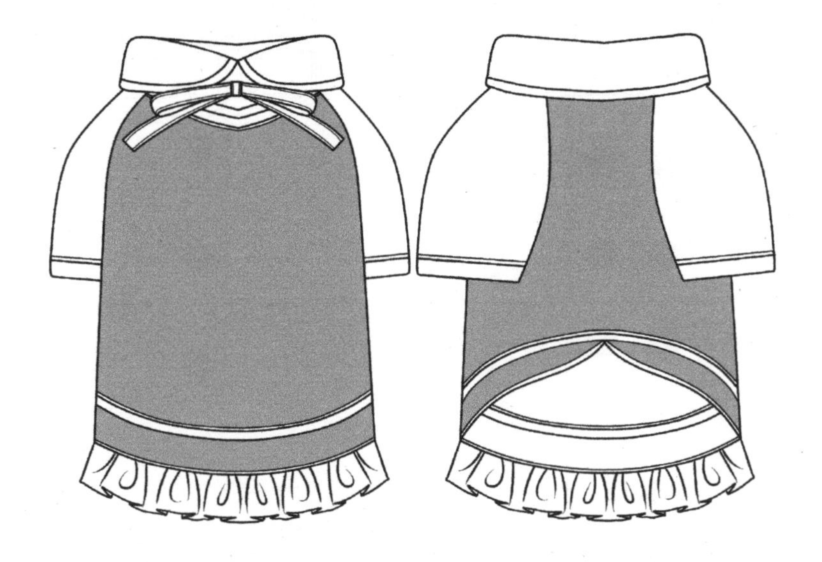

部位	身长	胸围	领围
尺寸/cm	31	45	32

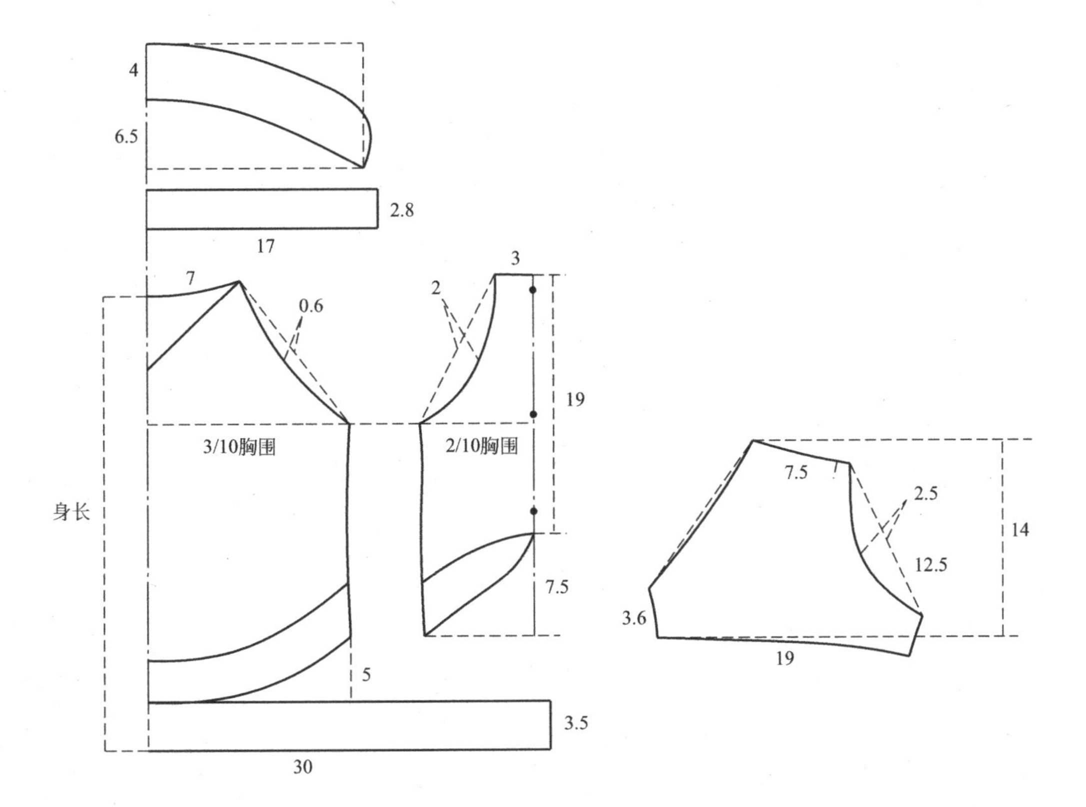

129. 英伦外套

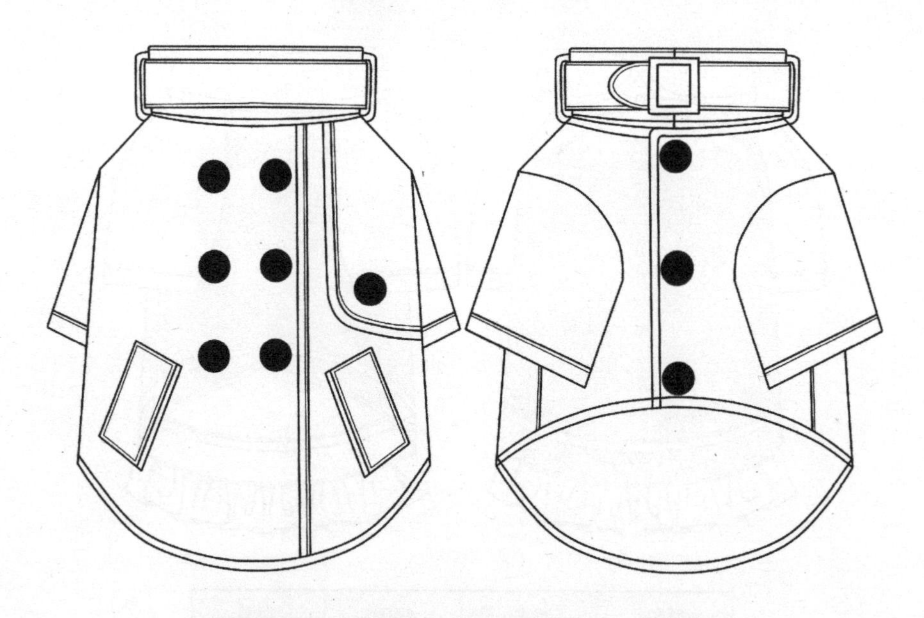

部位	身长	胸围	领围
尺寸/cm	31	45	32

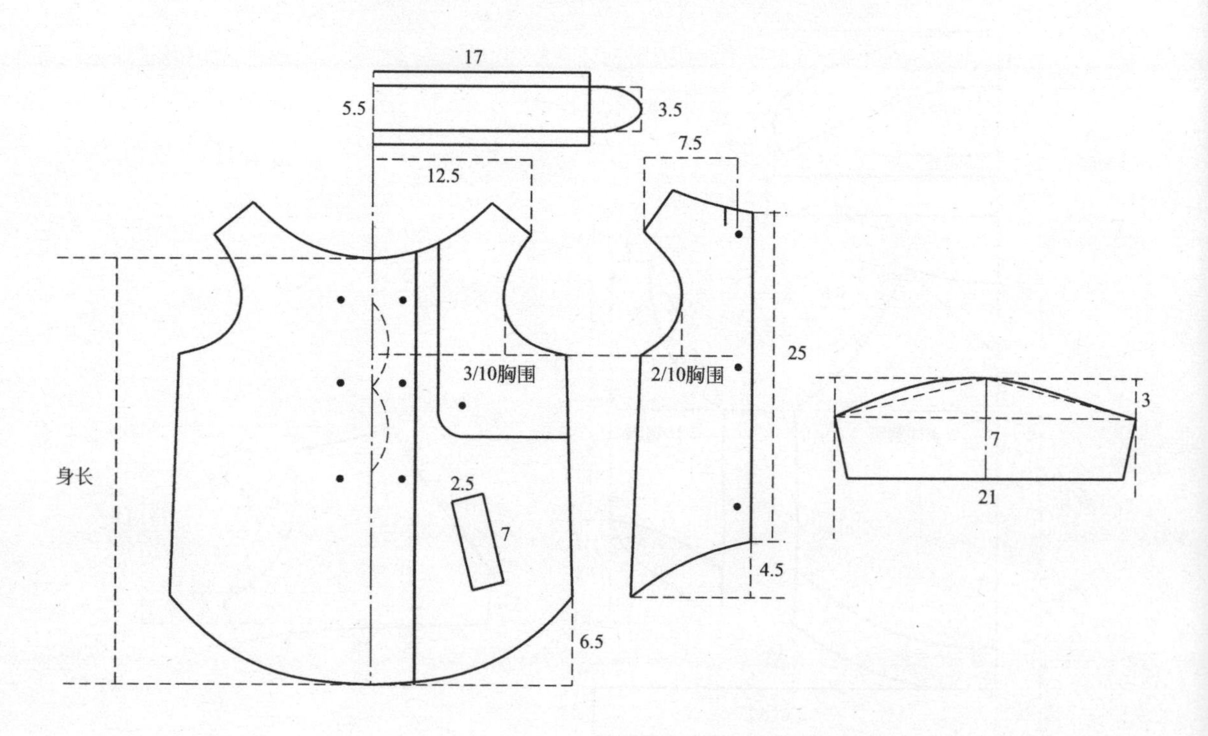

130. 毛领外套

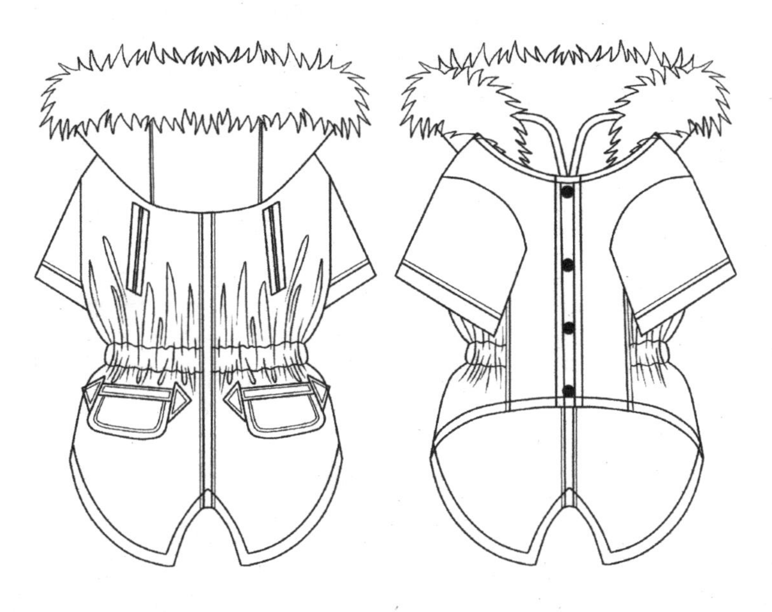

部位	身长	胸围	领围
尺寸/cm	31	45	32

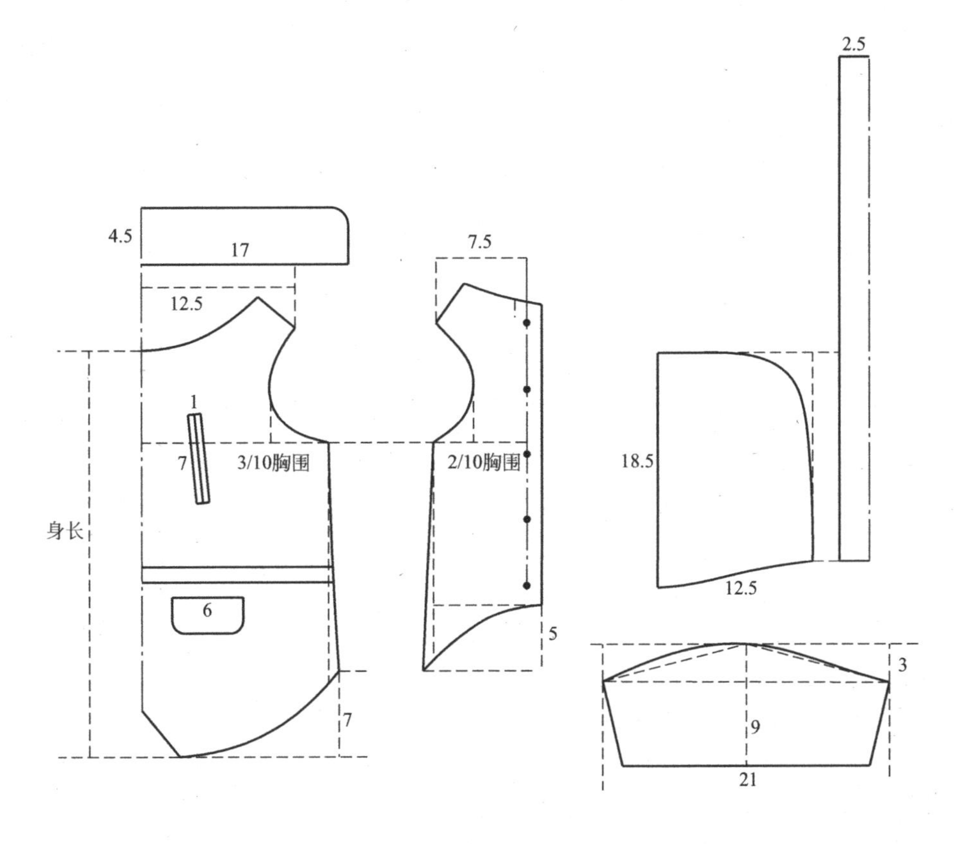

无袖外套

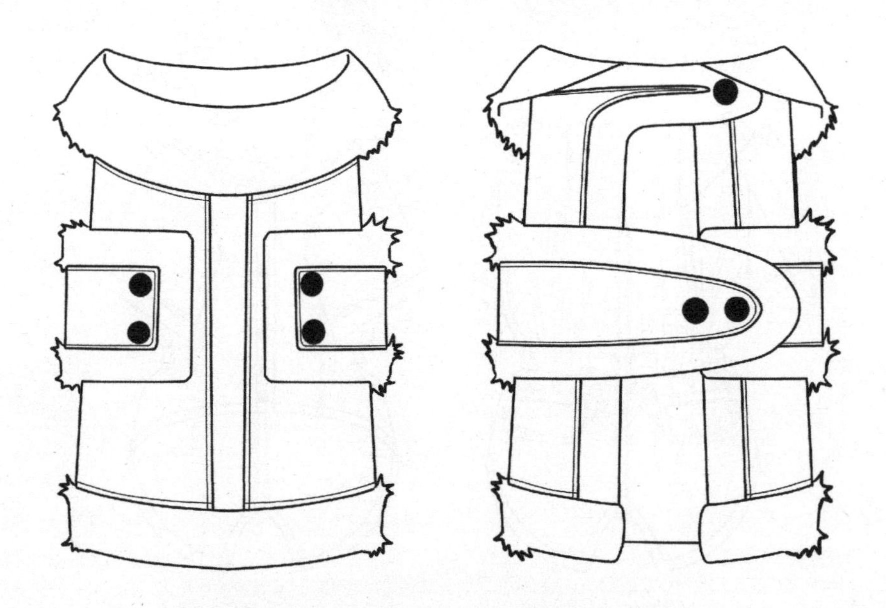

部位	身长	胸围	领围
尺寸/cm	31	45	32

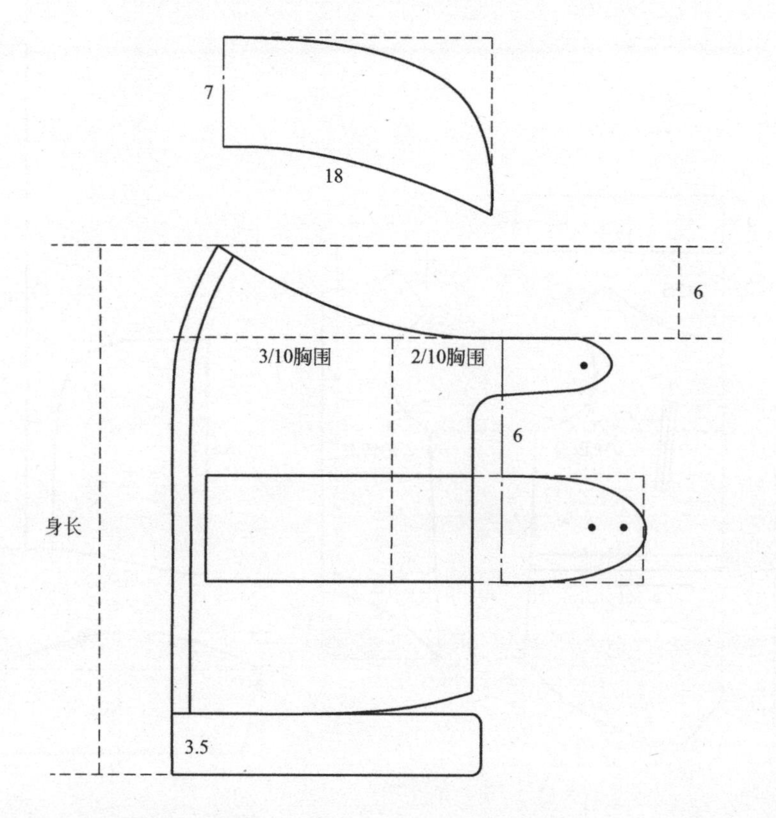

休闲外套

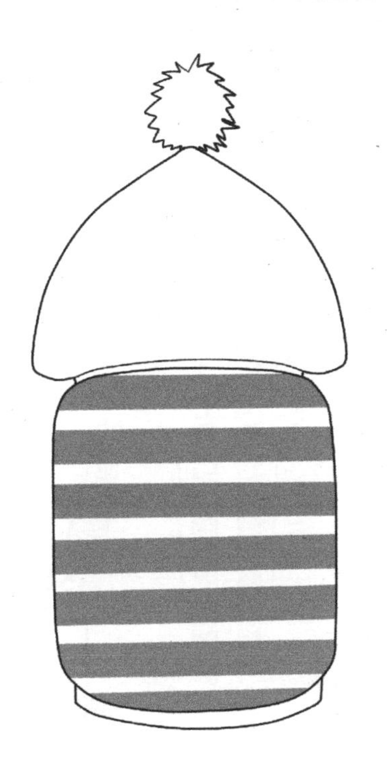

部位	身长	胸围	领围
尺寸/cm	31	45	32

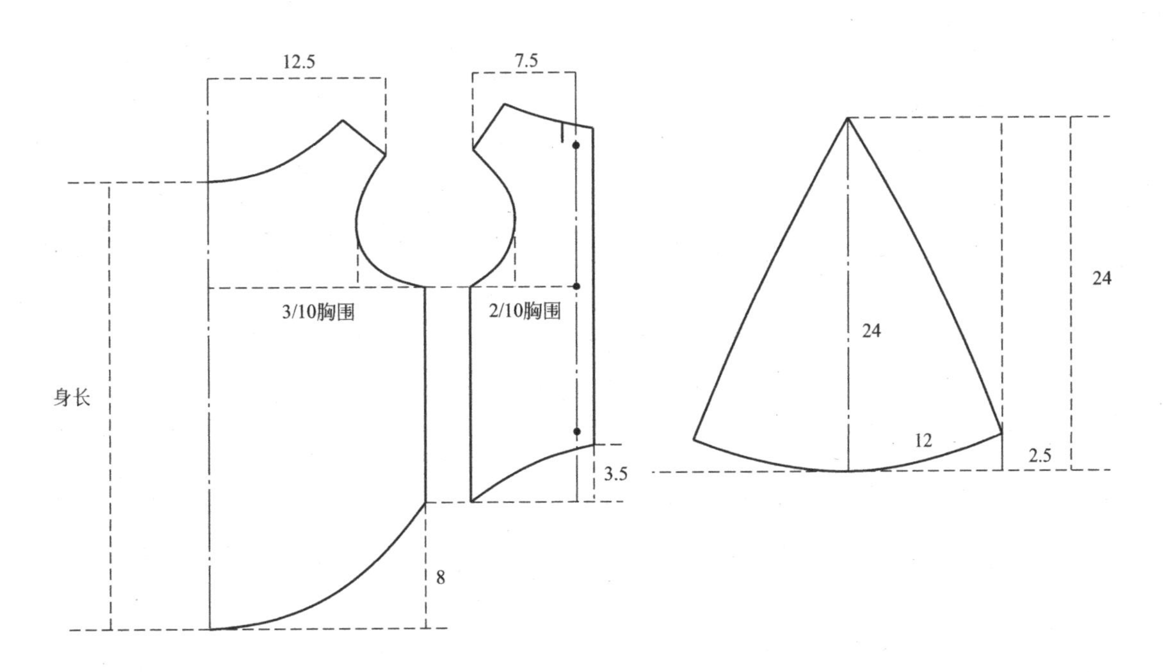

冲锋衣、夹克

133. 冲锋衣

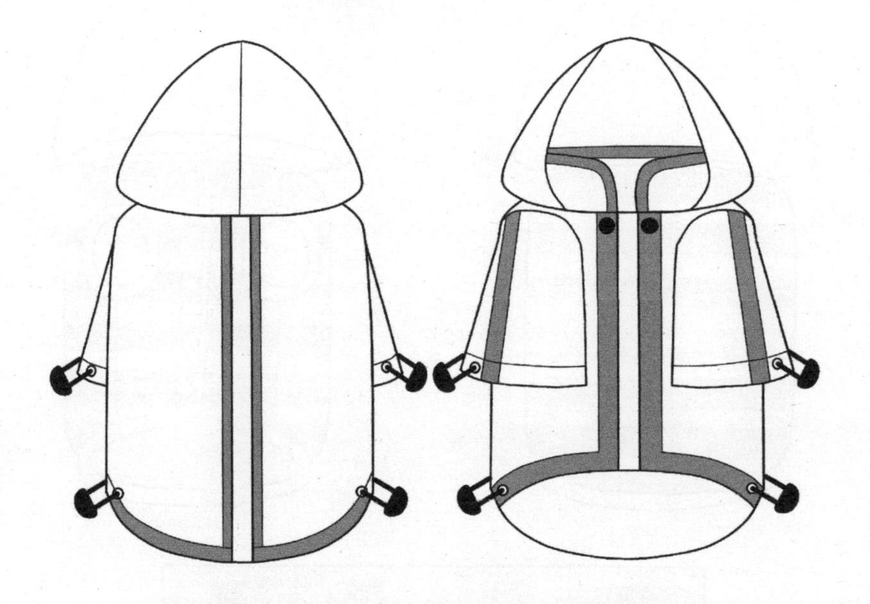

部位	身长	胸围	领围
尺寸/cm	33	45	40

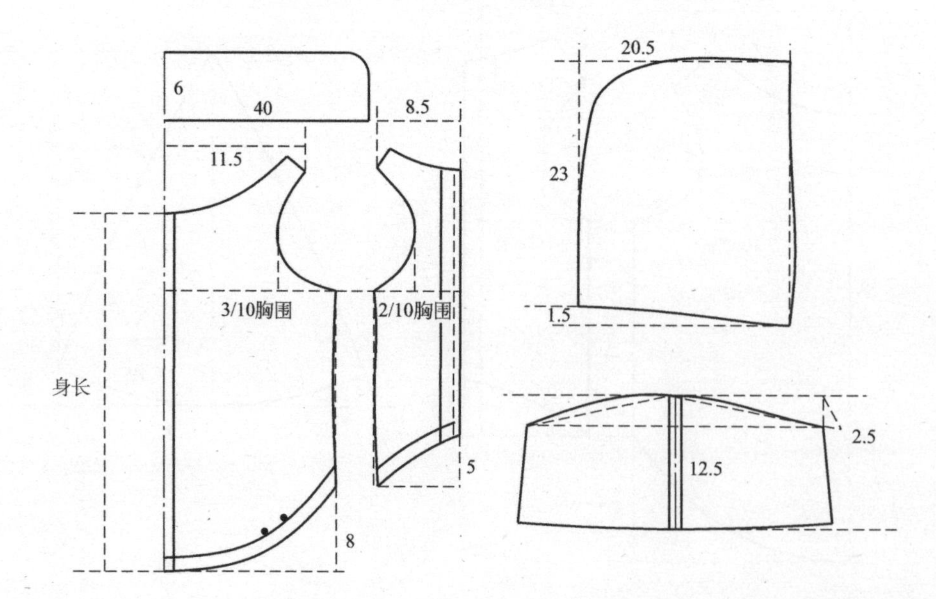

骷髅头夹克

部位	身长	胸围	领围
尺寸/cm	31	45	32

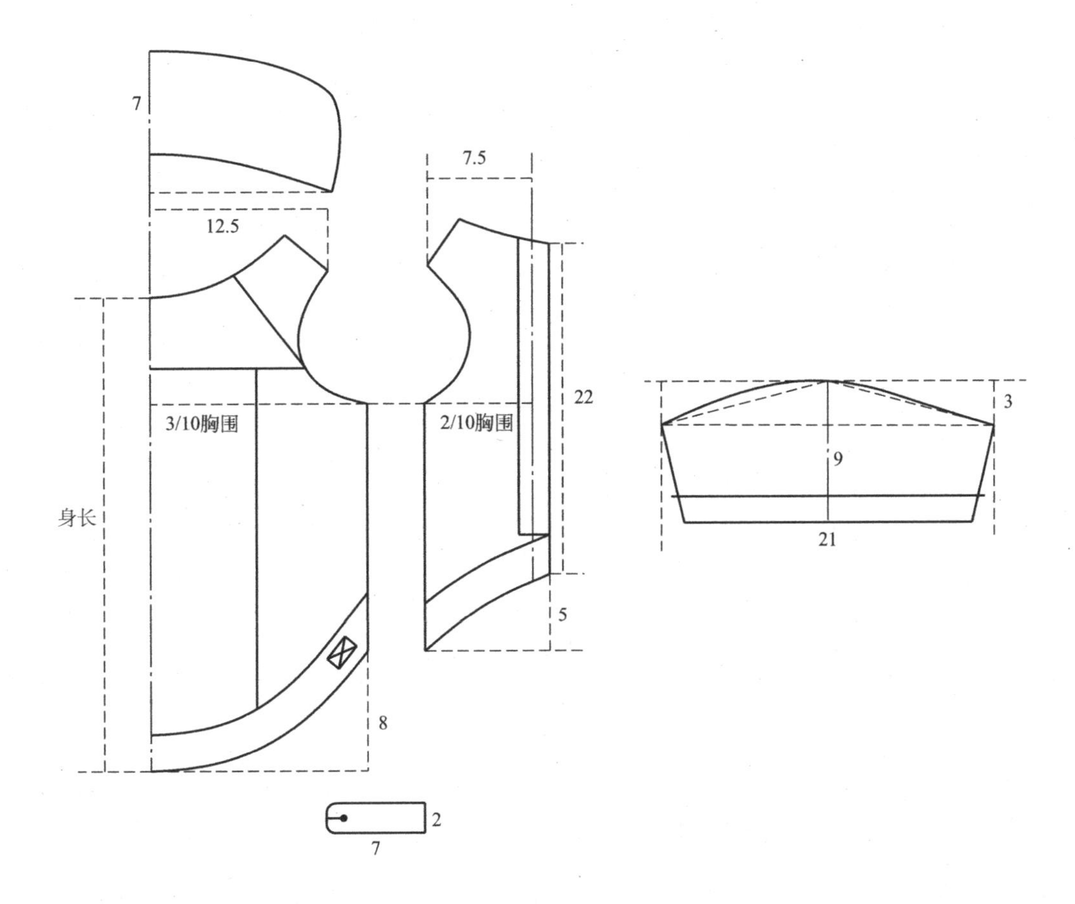

135. 皮夹克

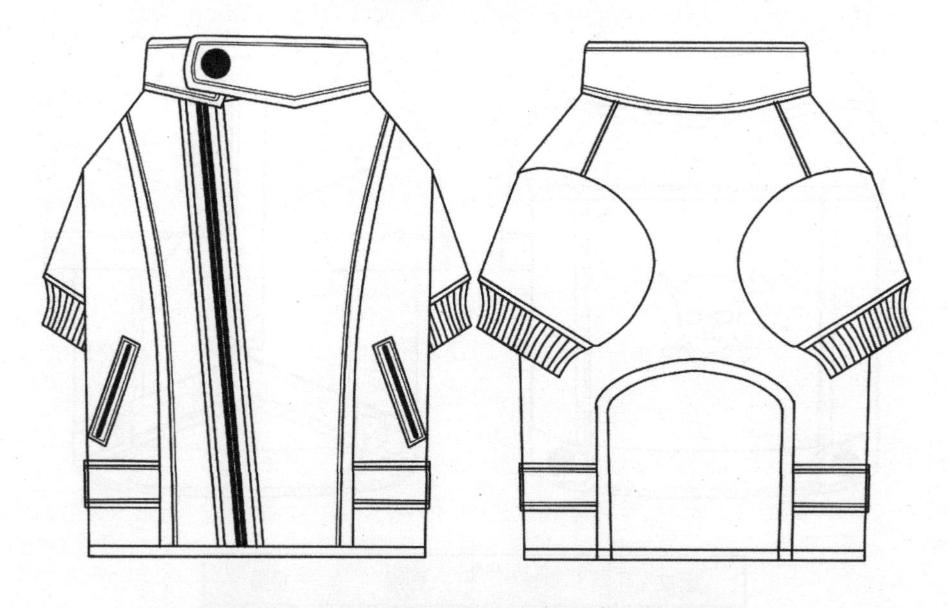

部位	身长	胸围	领围
尺寸/cm	31	45	32

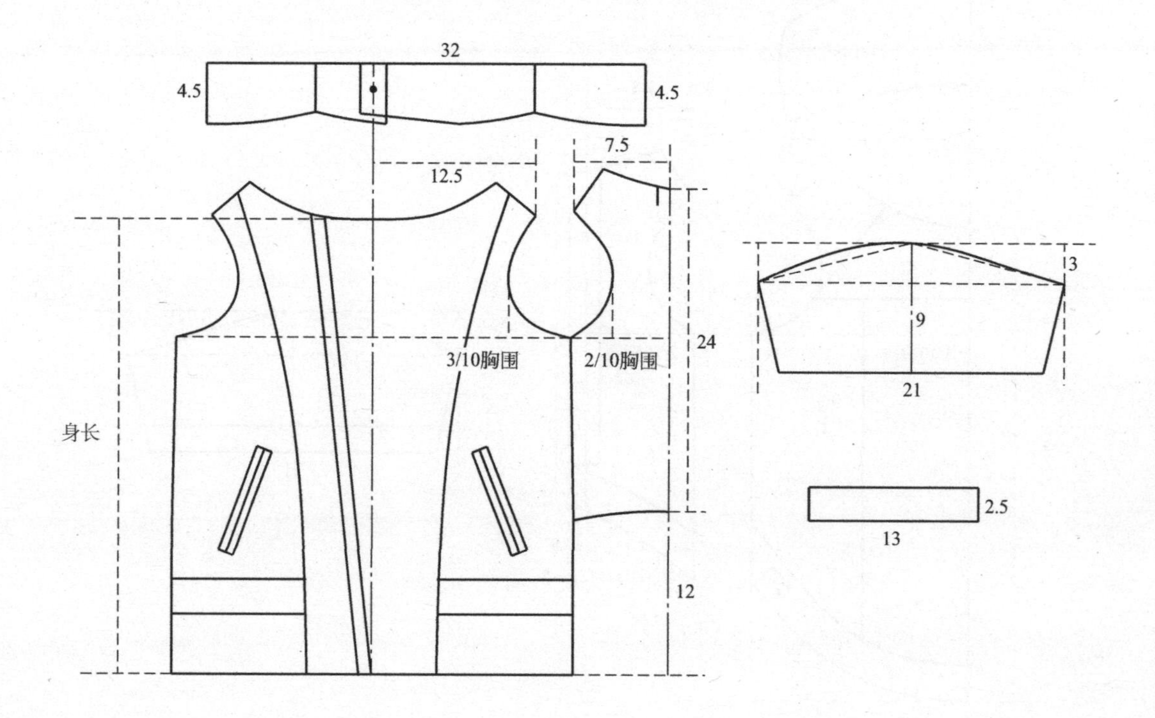

卫衣、斗篷、风衣

天使翅膀卫衣

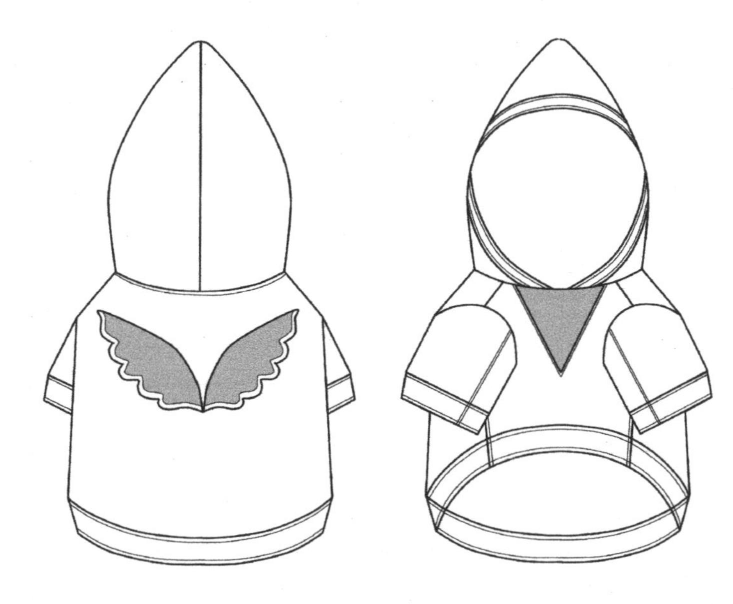

部位	身长	胸围	领围
尺寸/cm	31	45	32

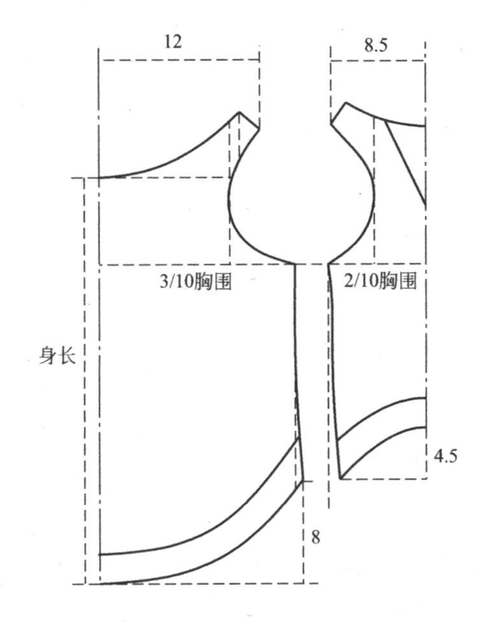

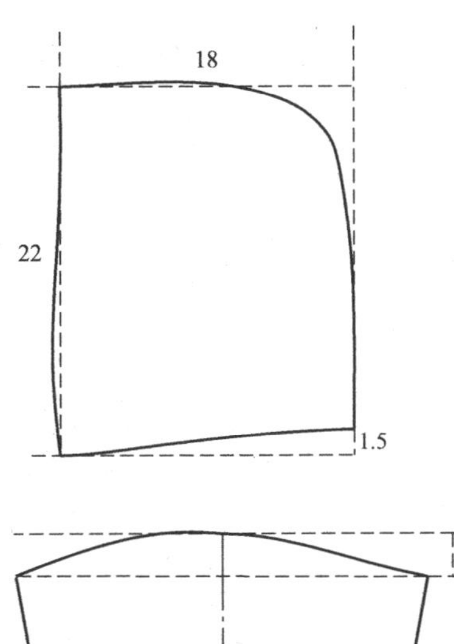

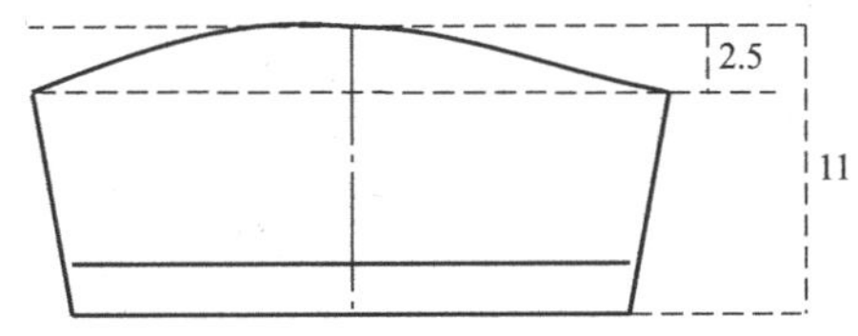

137. 卫衣A款

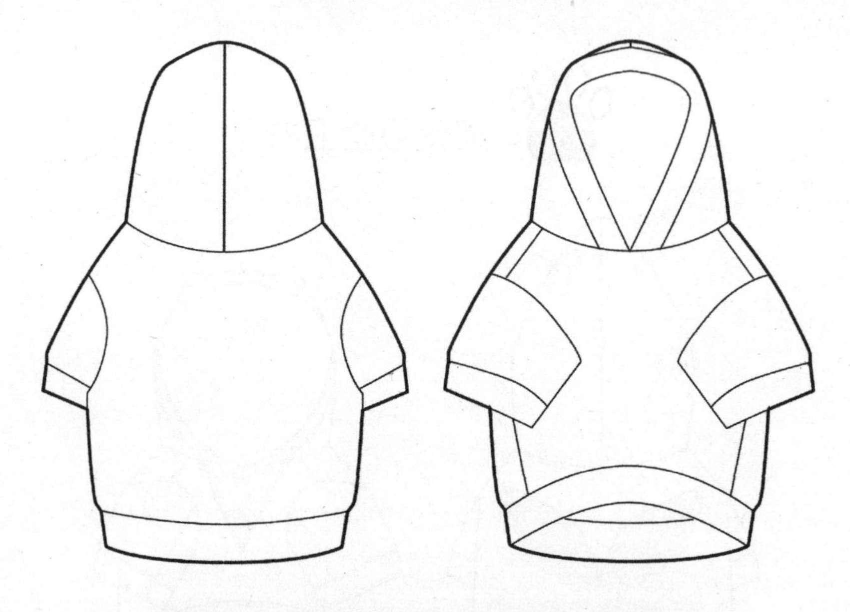

部位	身长	胸围	领围
尺寸/cm	29	45	32

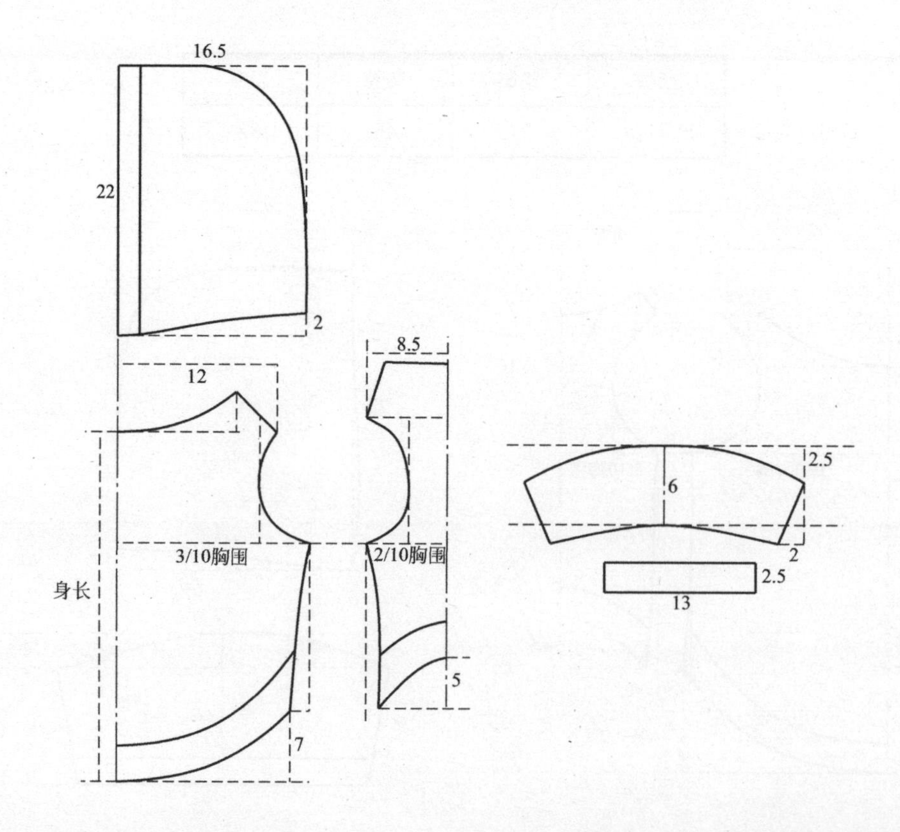

卫衣B款

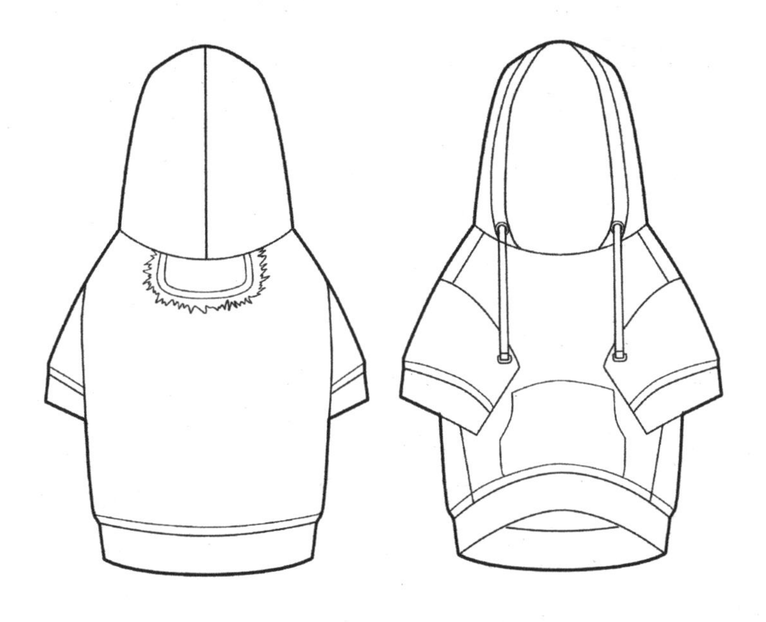

部位	身长	胸围	领围
尺寸/cm	31	45	32

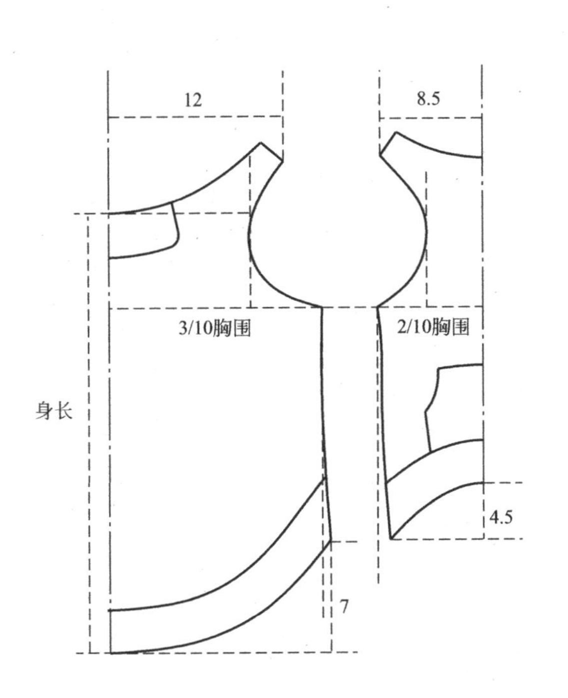

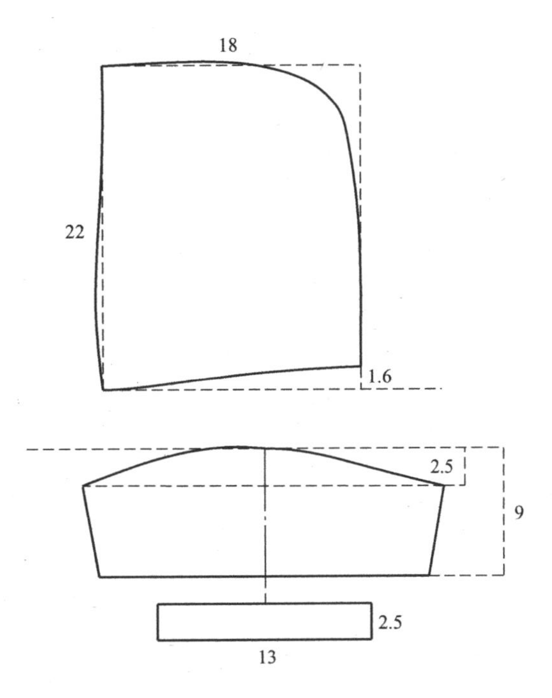

139. 卫衣C款

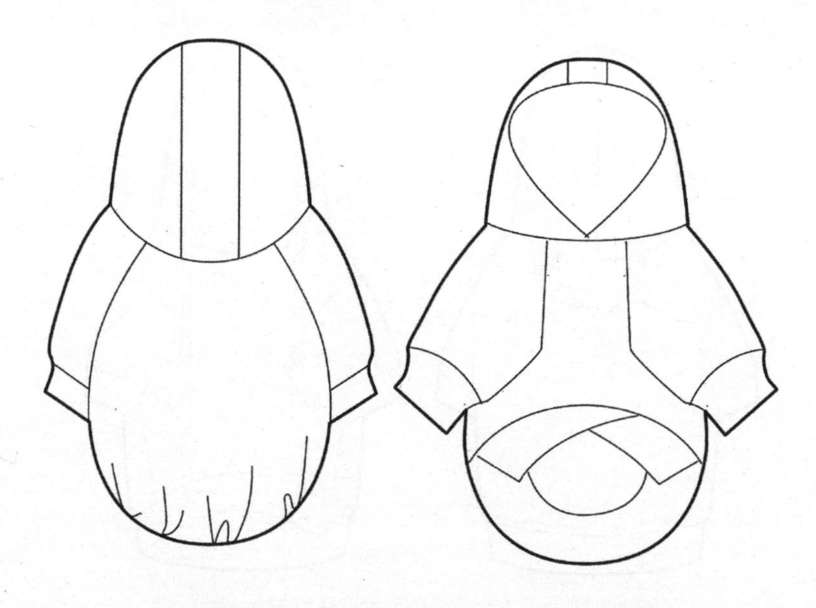

部位	身长	胸围	领围
尺寸/cm	31	45	32

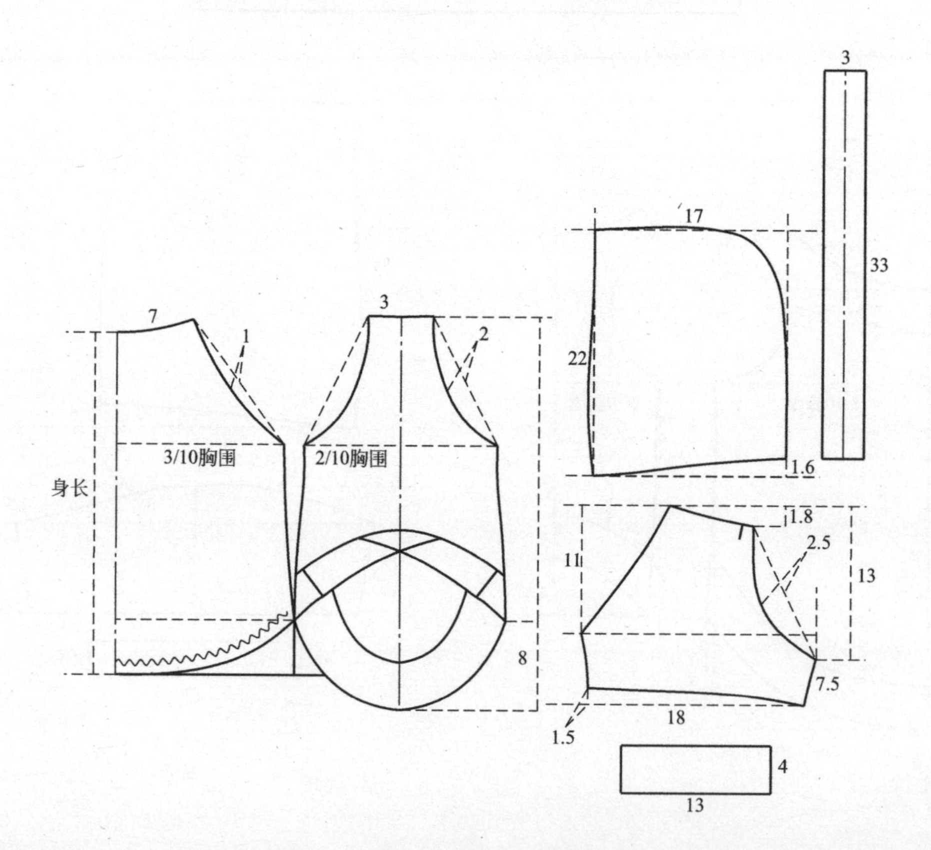

斗篷

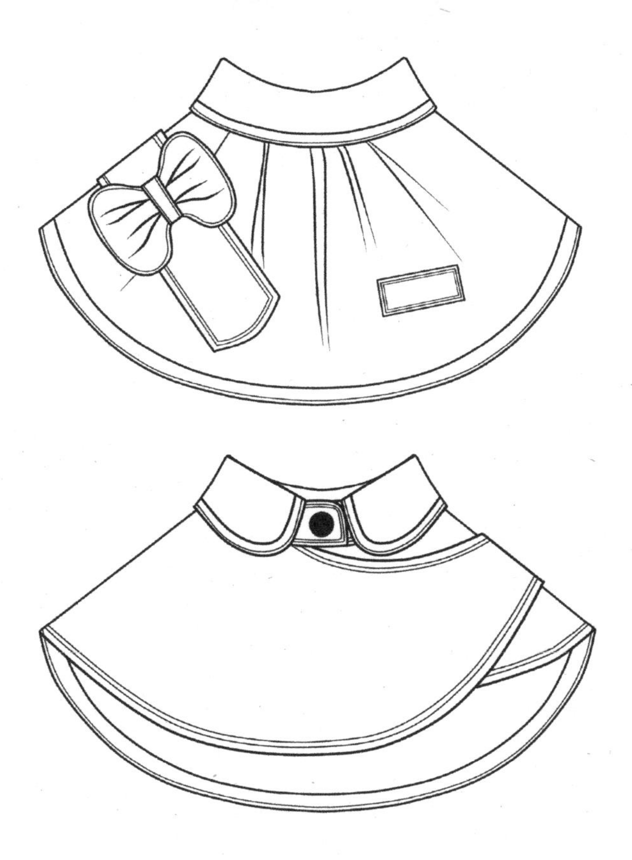

部位	身长	胸围	领围
尺寸/cm	31	45	32

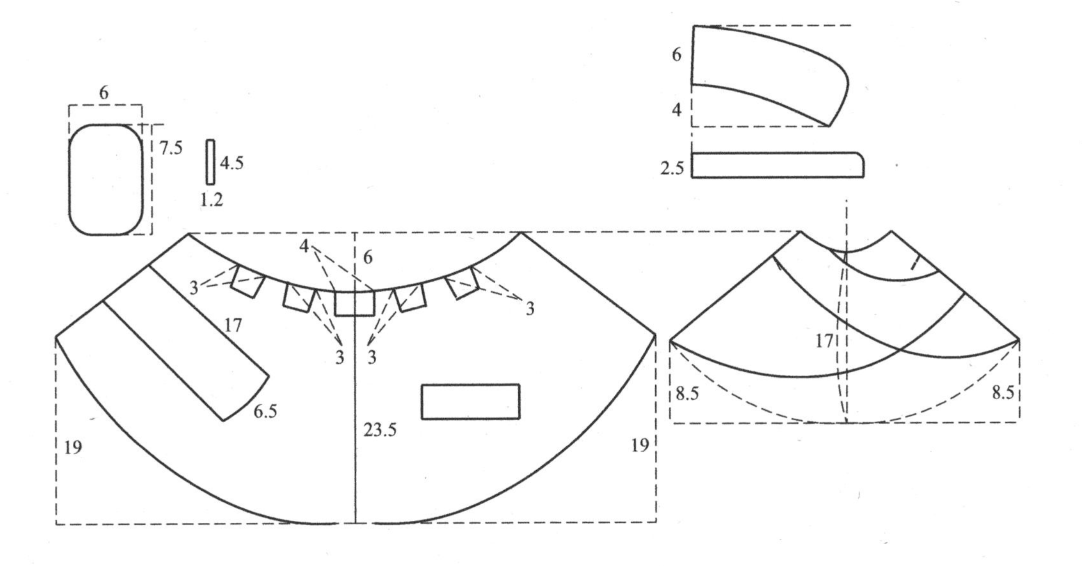

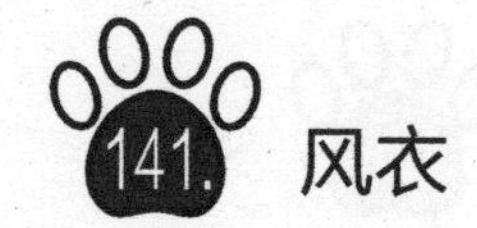

风衣

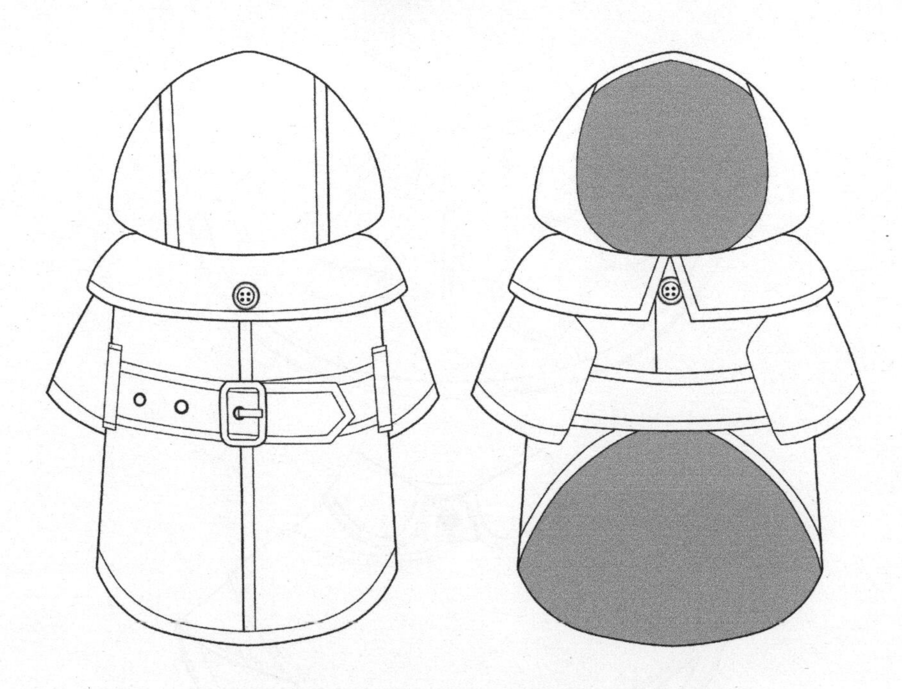

部位	身长	胸围	领围
尺寸/cm	23	42	32

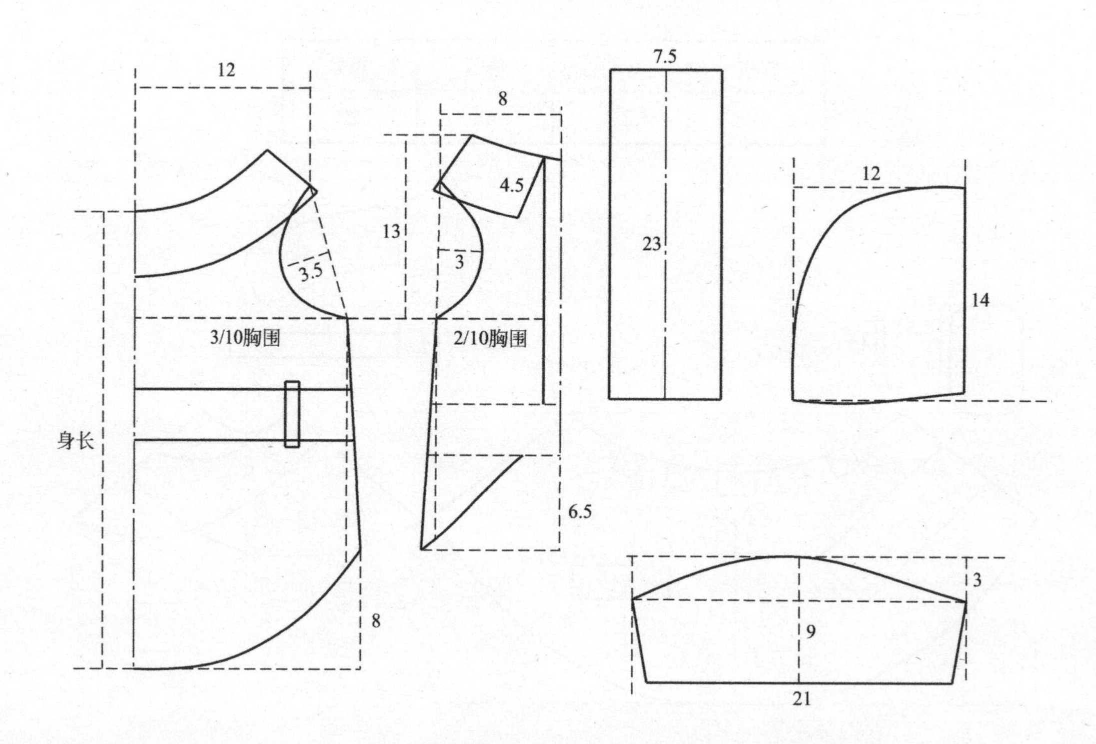

雨衣

142. 雨衣A款

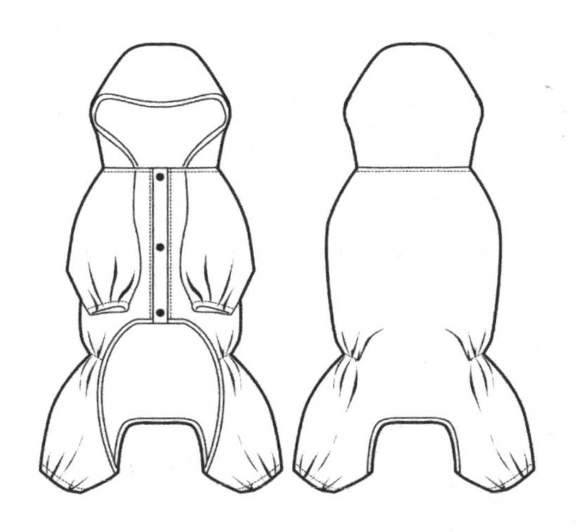

部位	身长	胸围	领围
尺寸/cm	31	45	32

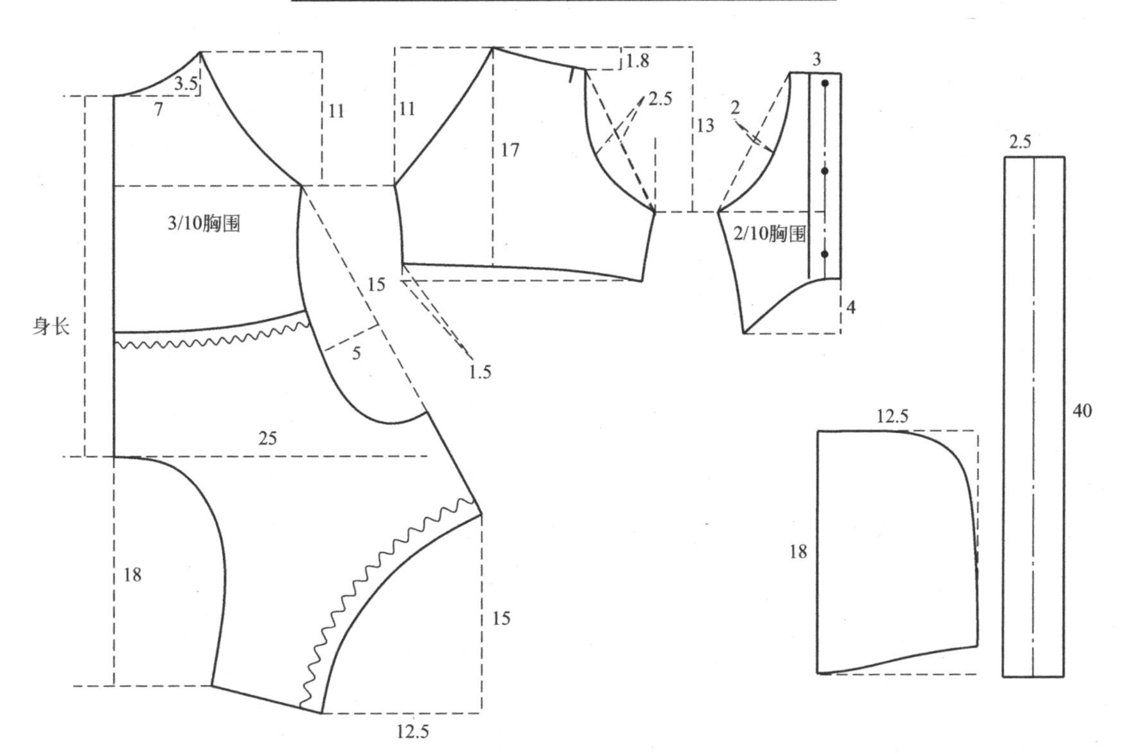

143. 雨衣B款

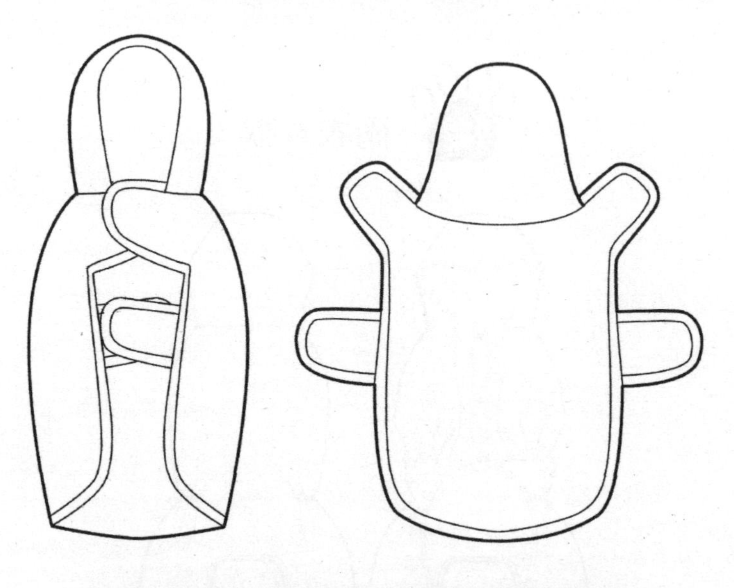

部位	身长	胸围	领围
尺寸/cm	31	45	32

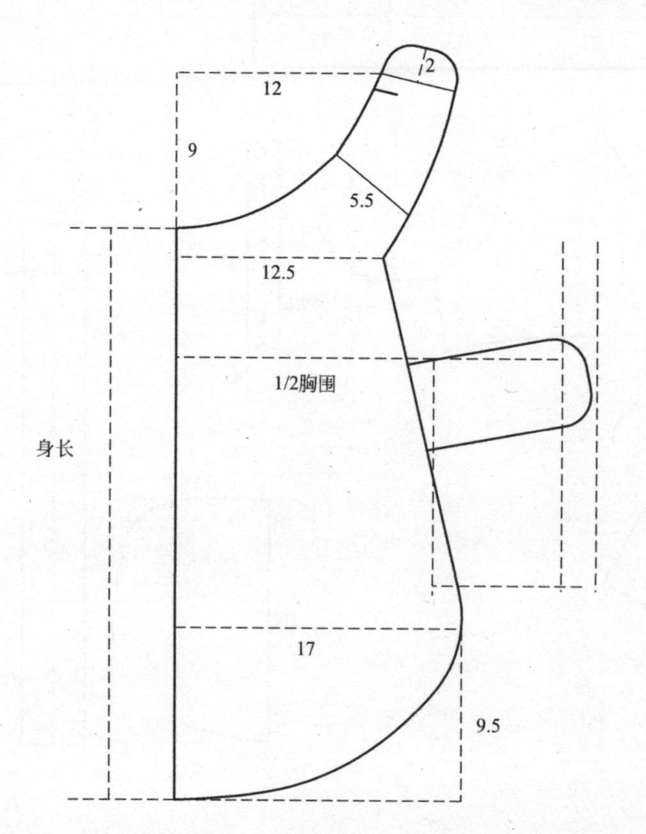

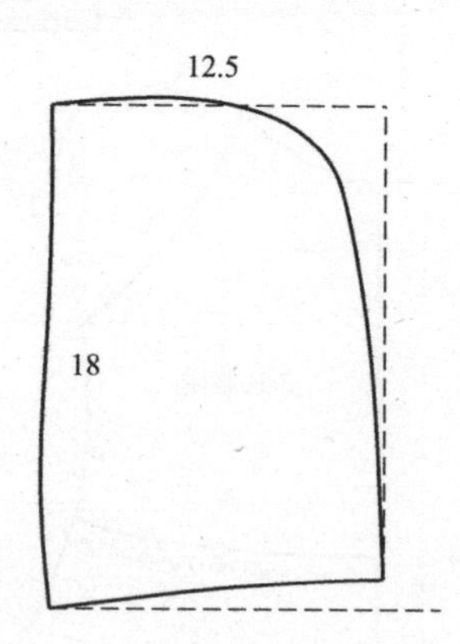

雨衣C款

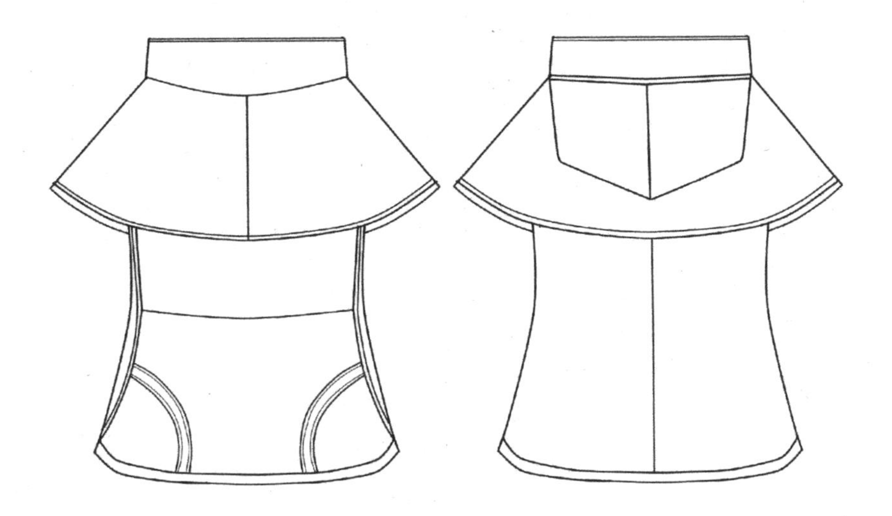

部位	身长	胸围	领围
尺寸/cm	24	45	32

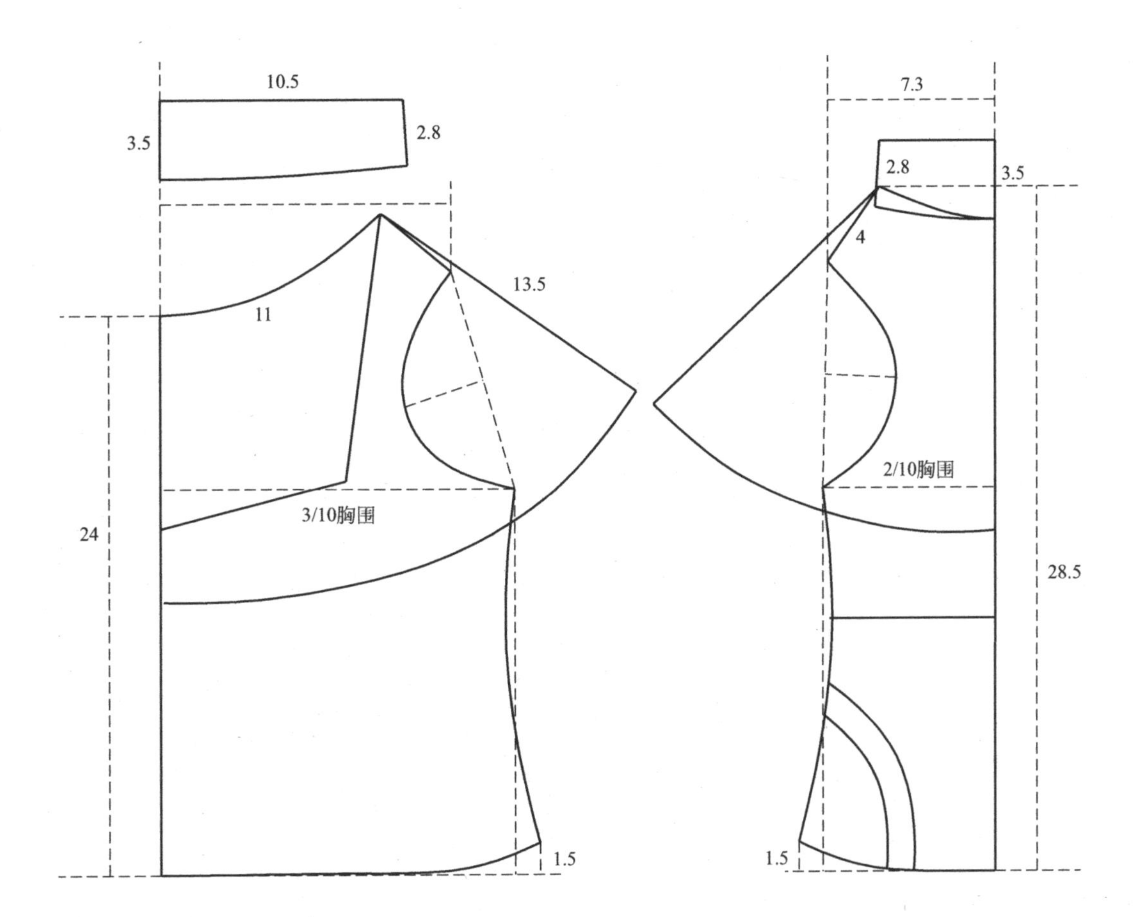

雨衣D款

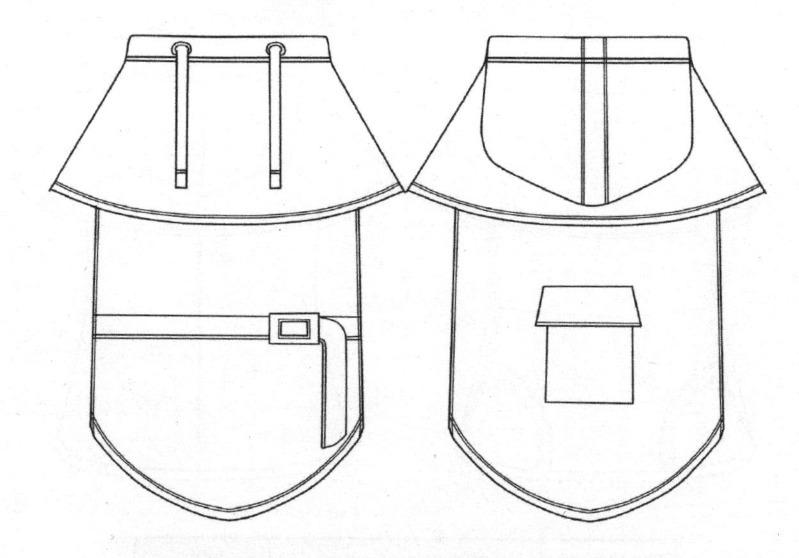

部位	身长	胸围	领围
尺寸/cm	32	45	32

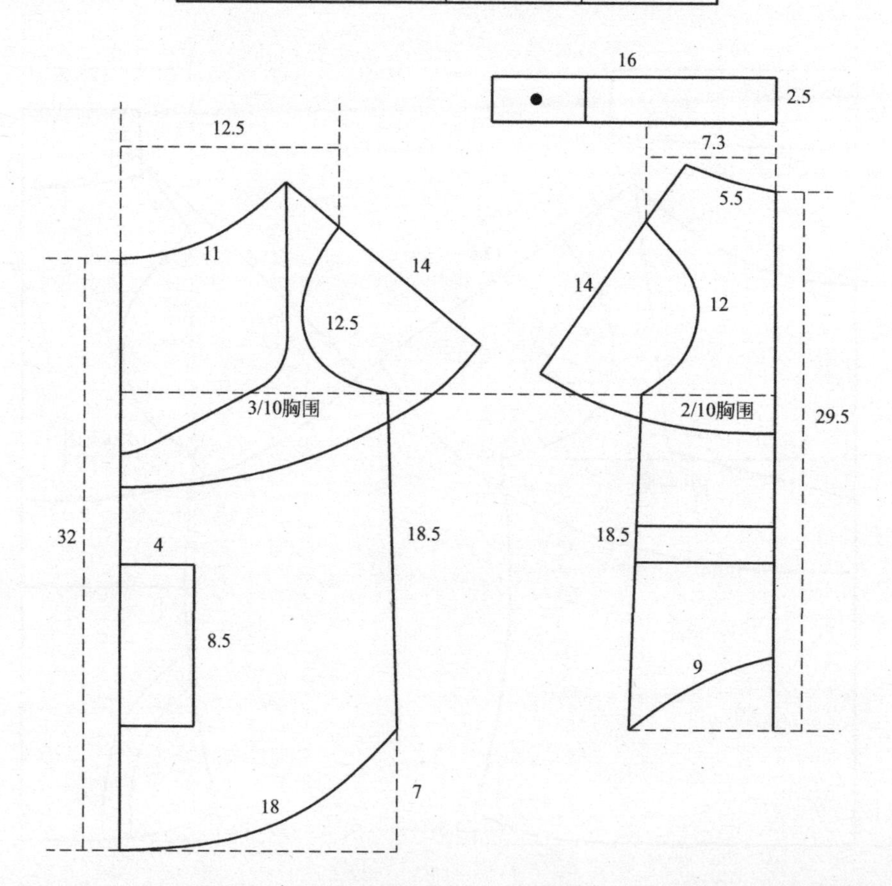

146. 雨衣E款

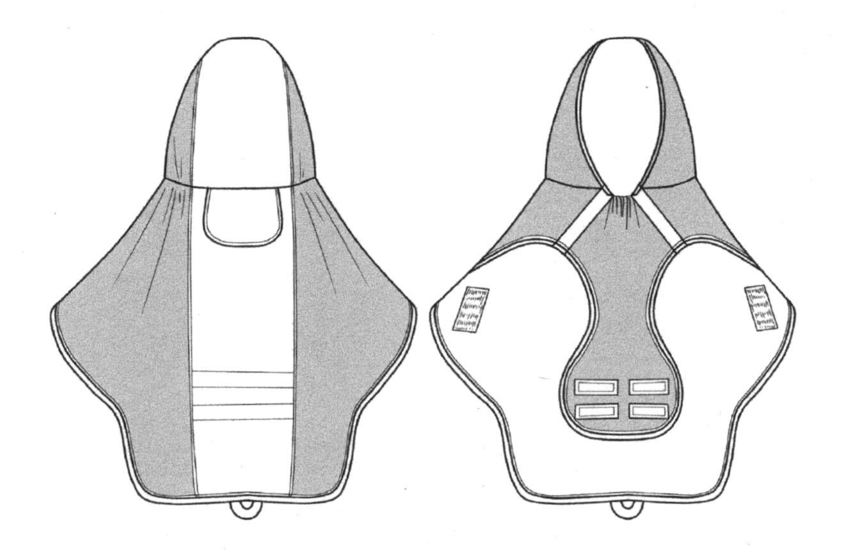

部位	身长	胸围	领围
尺寸/cm	32	45	32

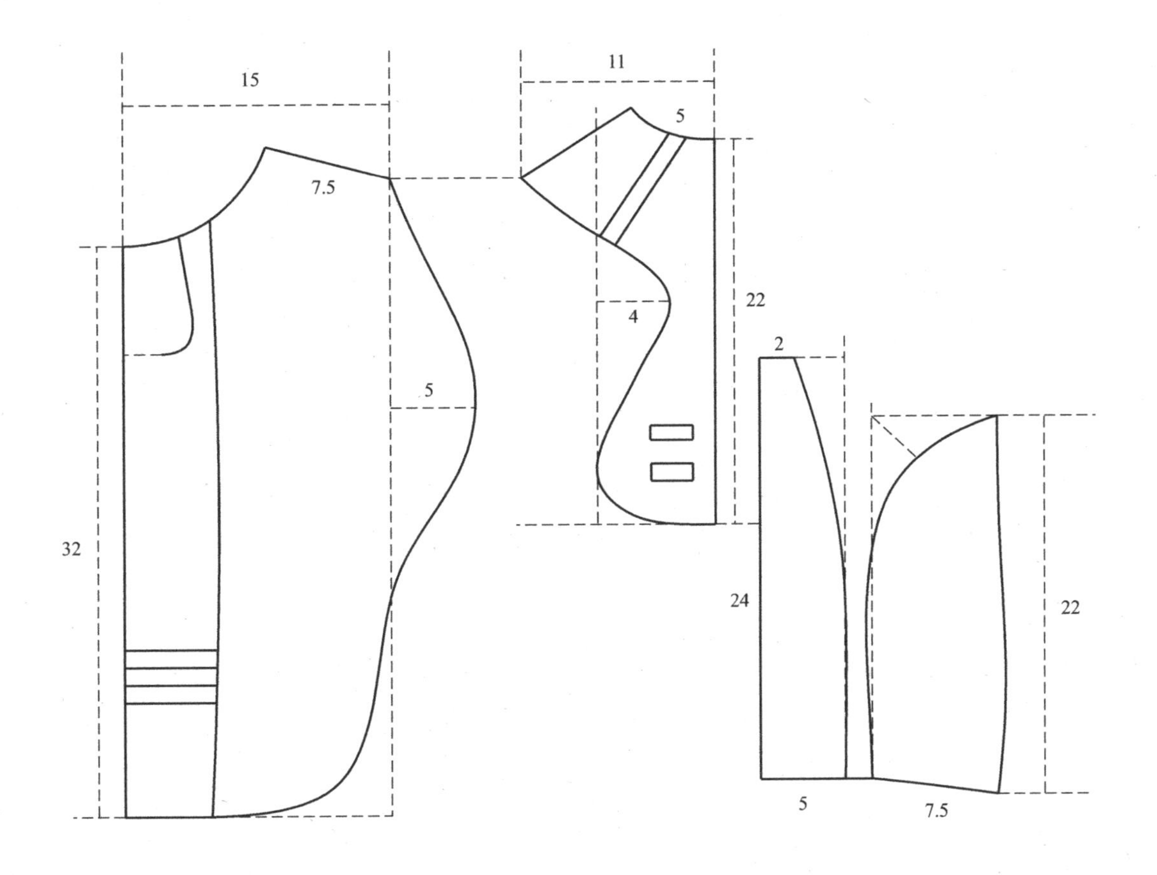

147. 连体雨衣

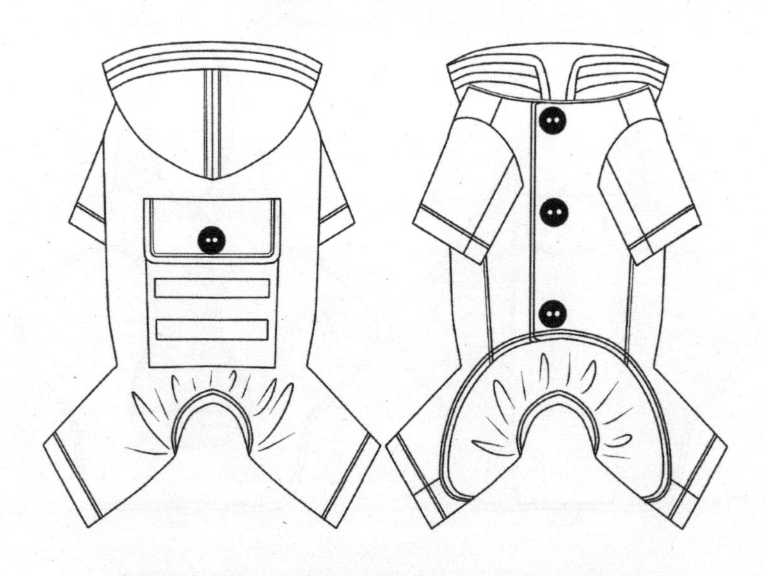

部位	身长	胸围	领围
尺寸/cm	31	45	32

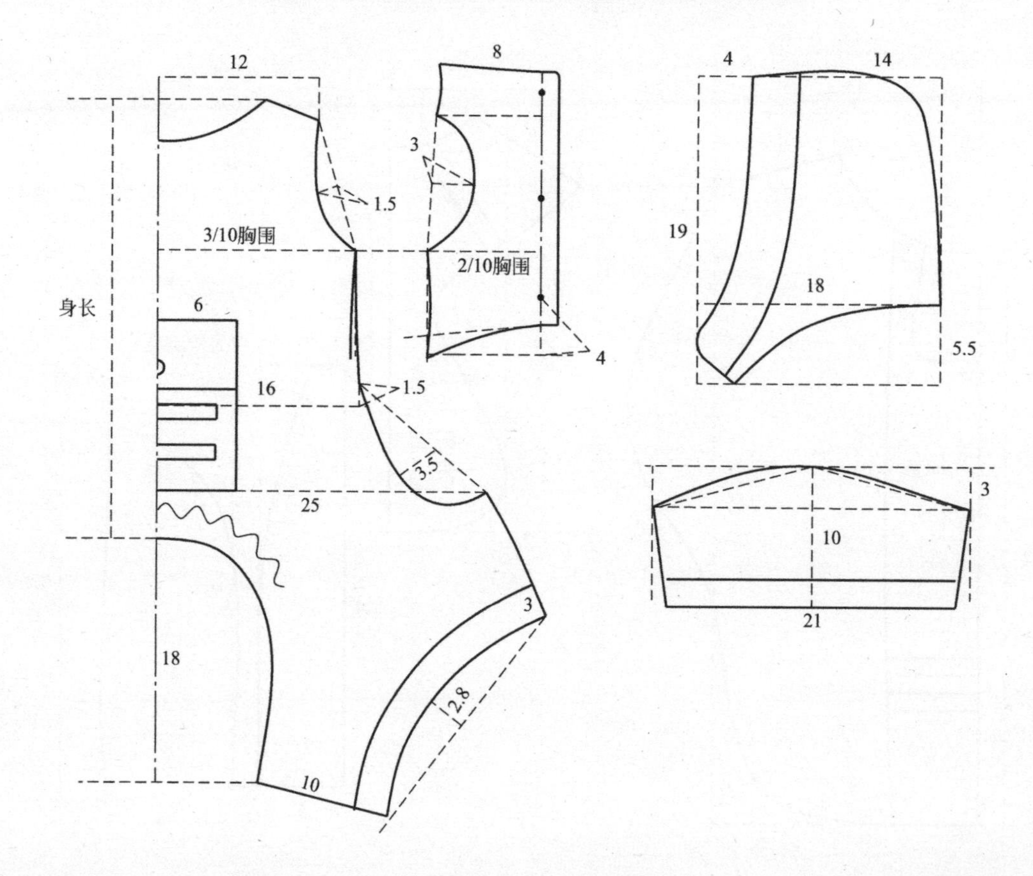

运动休闲服

148. 运动服

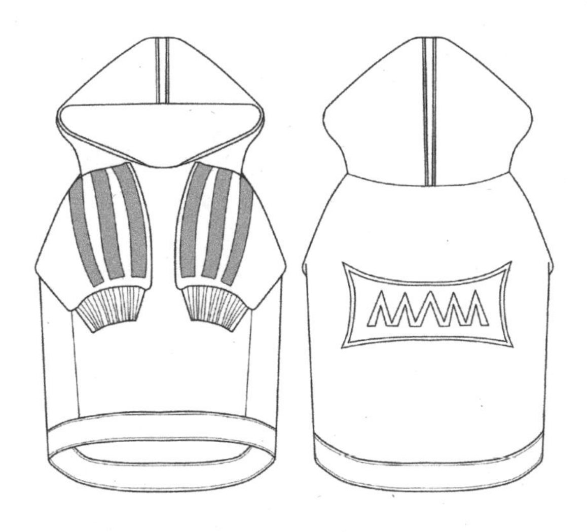

部位	身长	胸围	领围
尺寸/cm	27	45	32

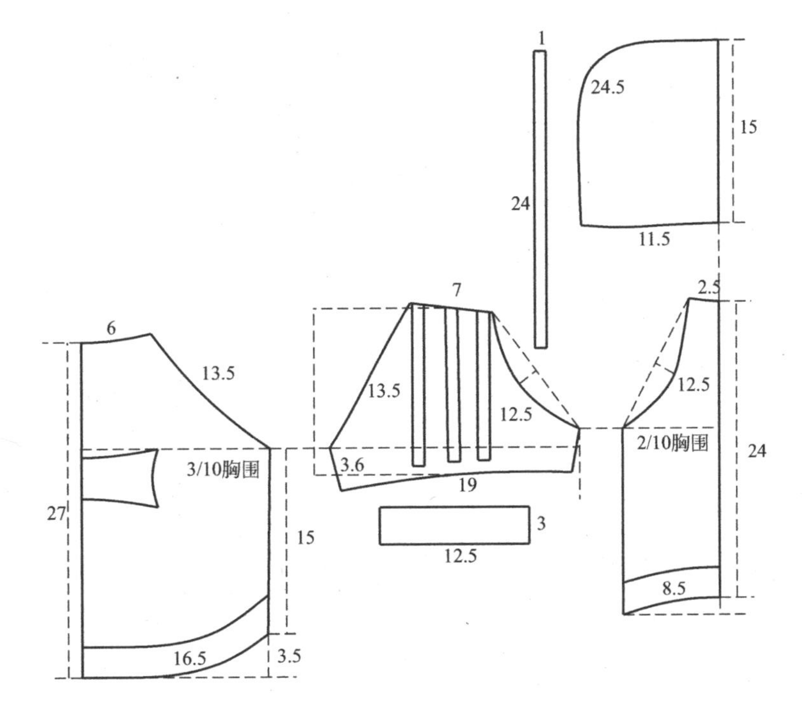

149. 长款棒球服A款

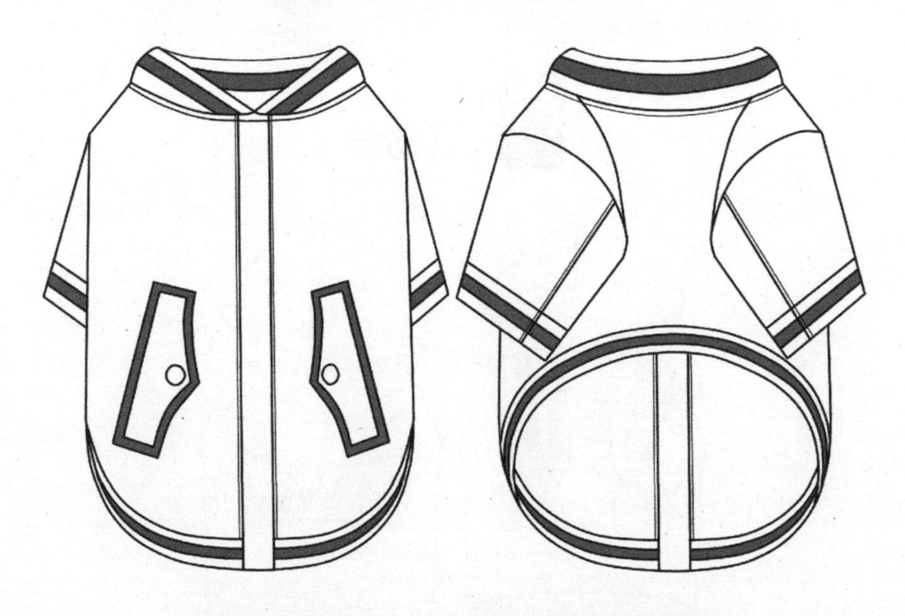

部位	身长	胸围	领围
尺寸/cm	31	45	32

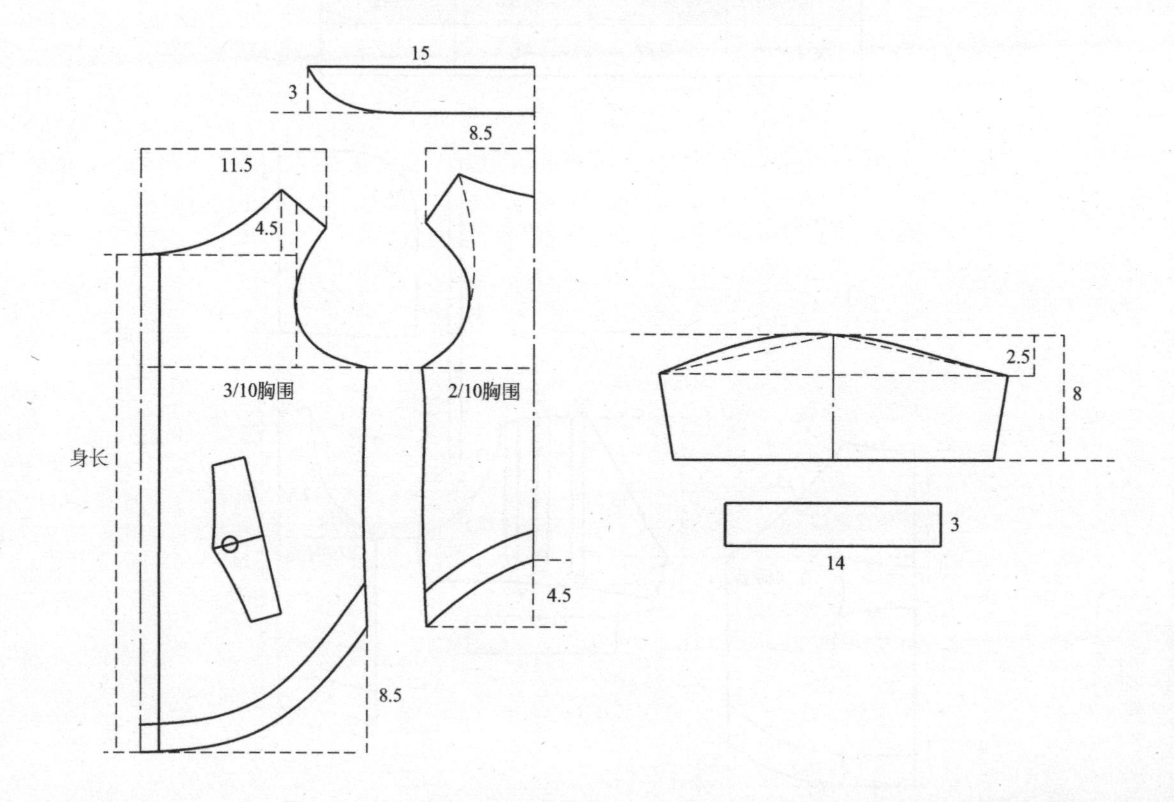

150. 长款棒球服B款

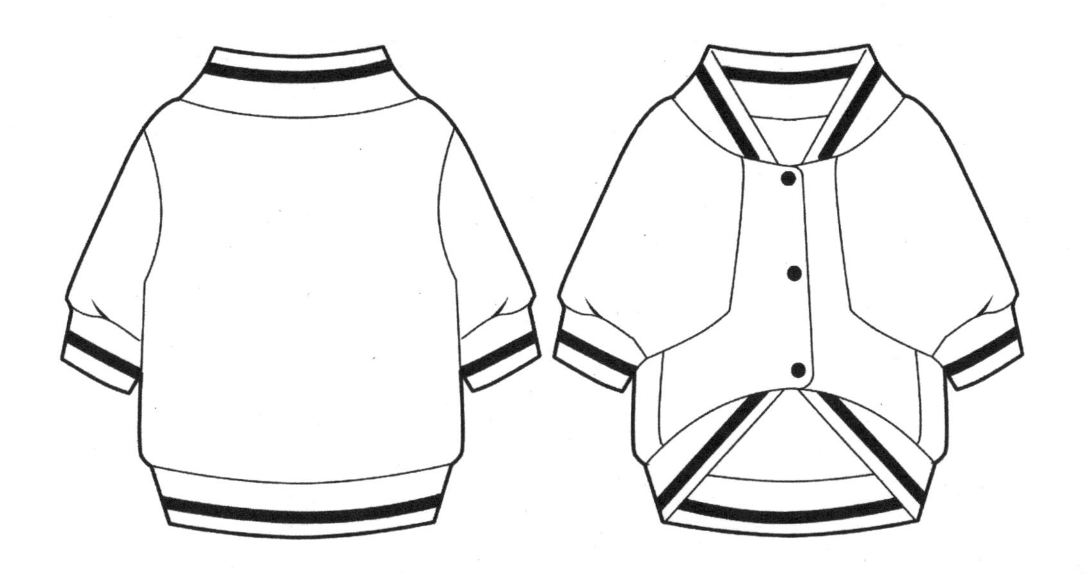

部位	身长	胸围	领围
尺寸/cm	31	45	32

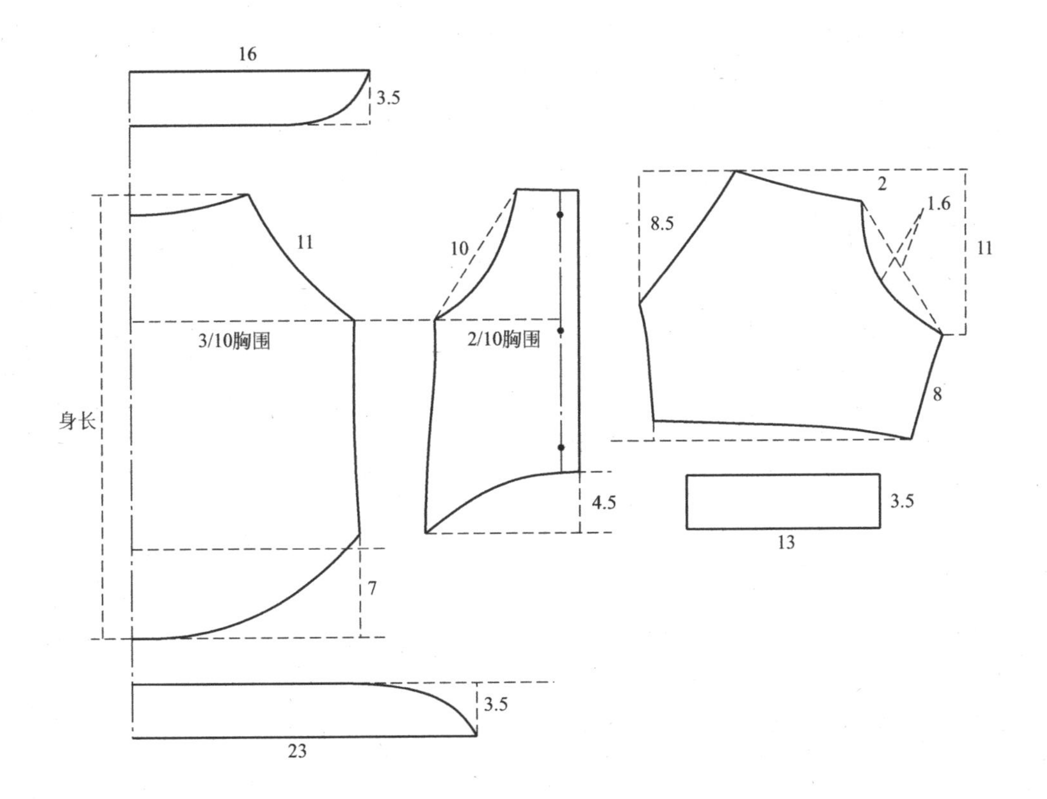

151. 休闲服

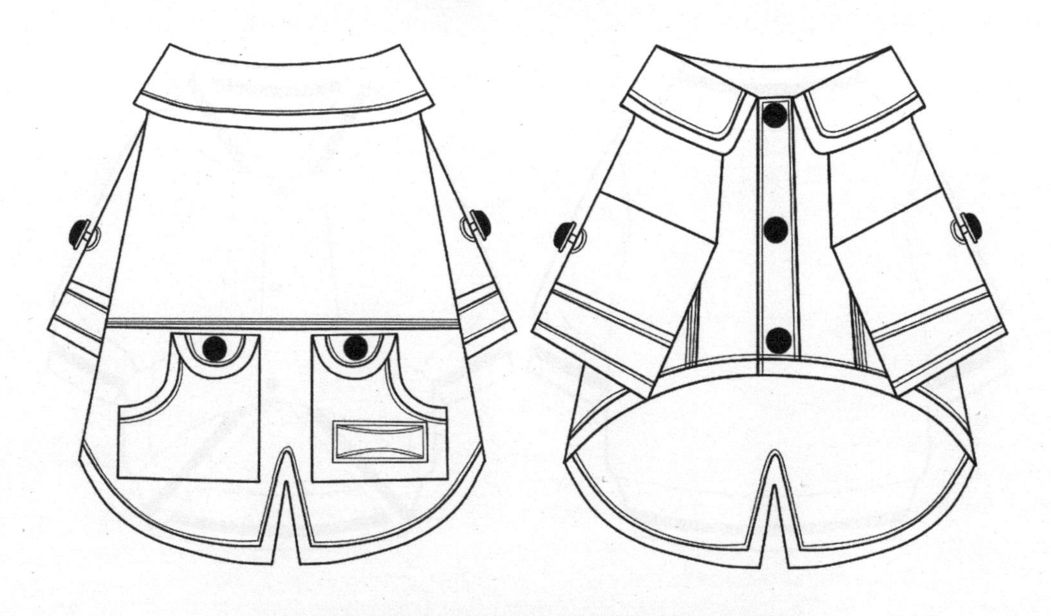

部位	身长	胸围	领围
尺寸/cm	31	45	32

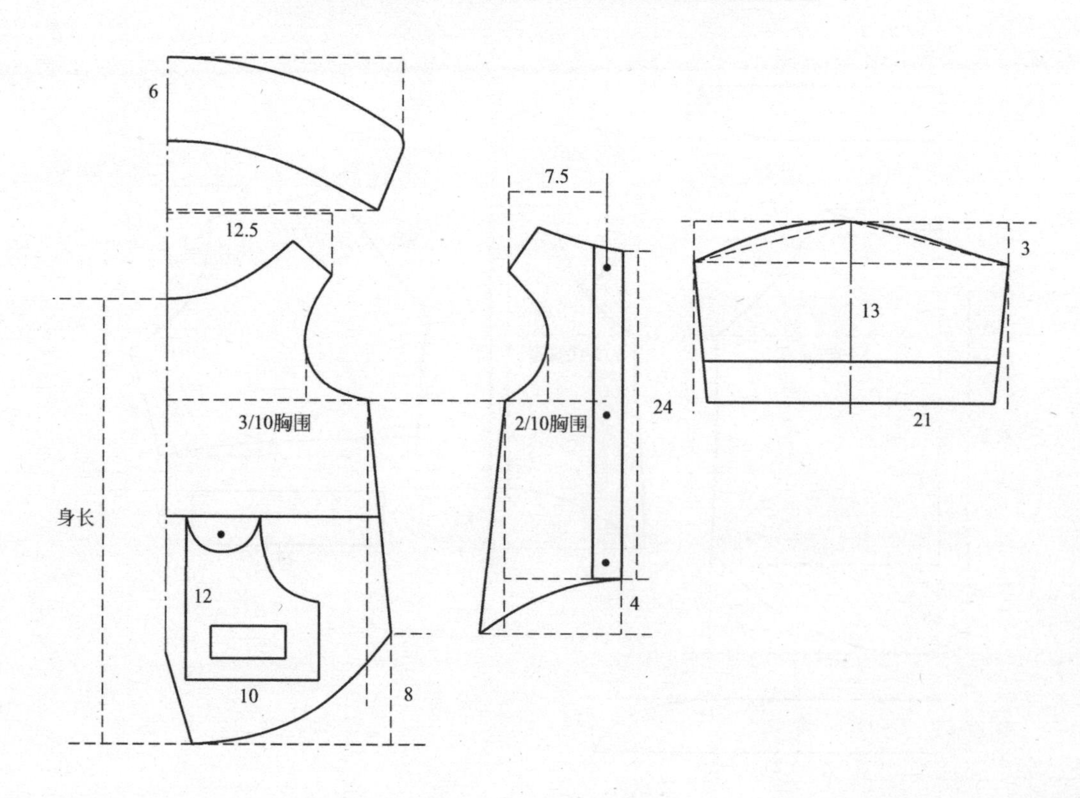

牵引带

152. 牵引带A款

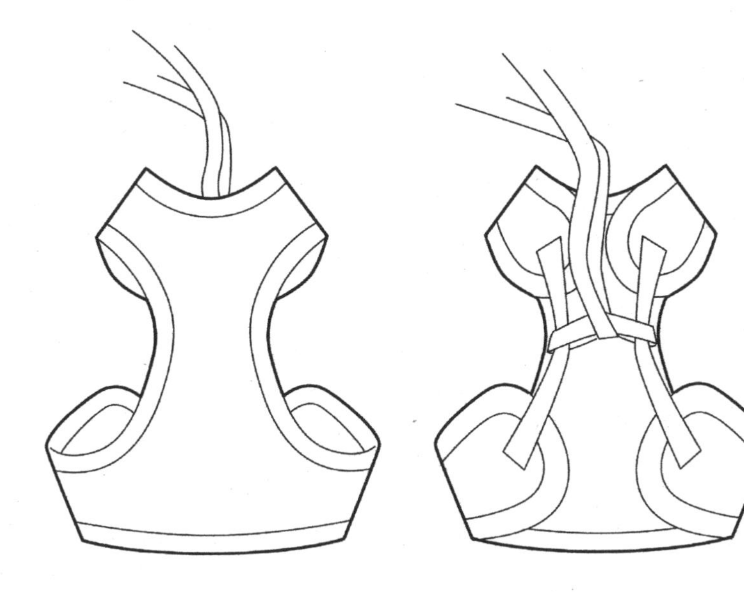

部位	身长	胸围	领围
尺寸/cm	19.5	45	32

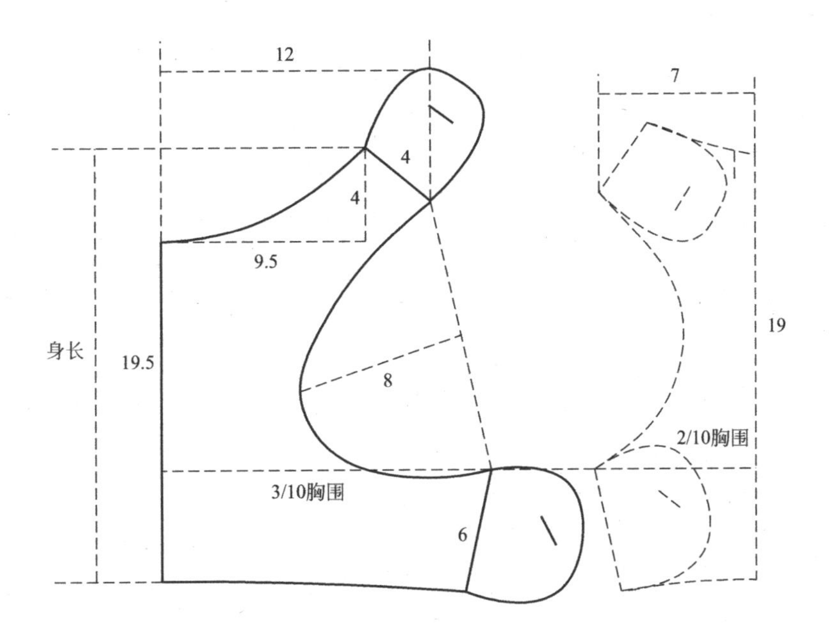

153. 牵引带B款

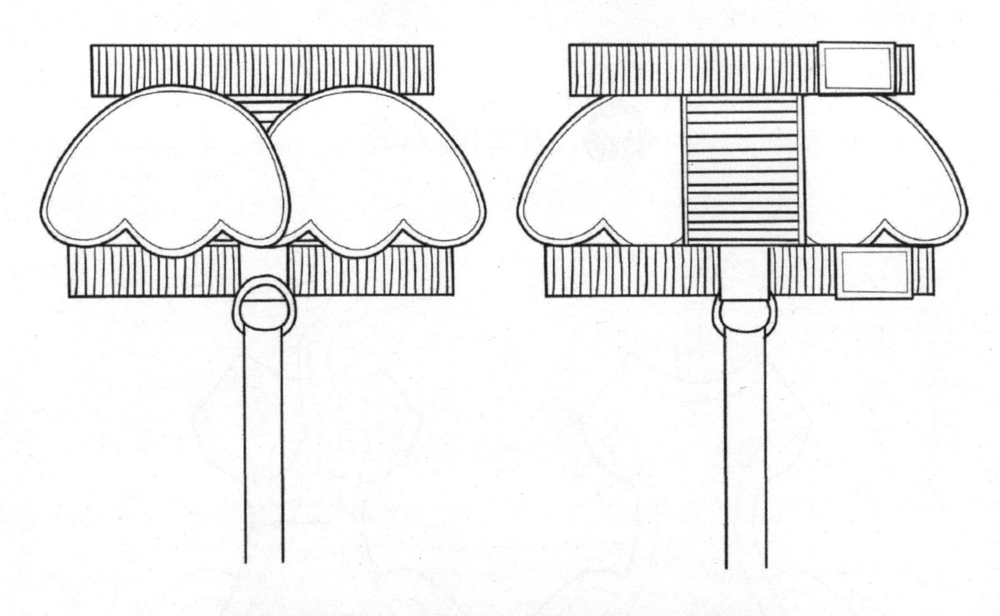

部位	身长	胸围	领围
尺寸/cm	14	45	32

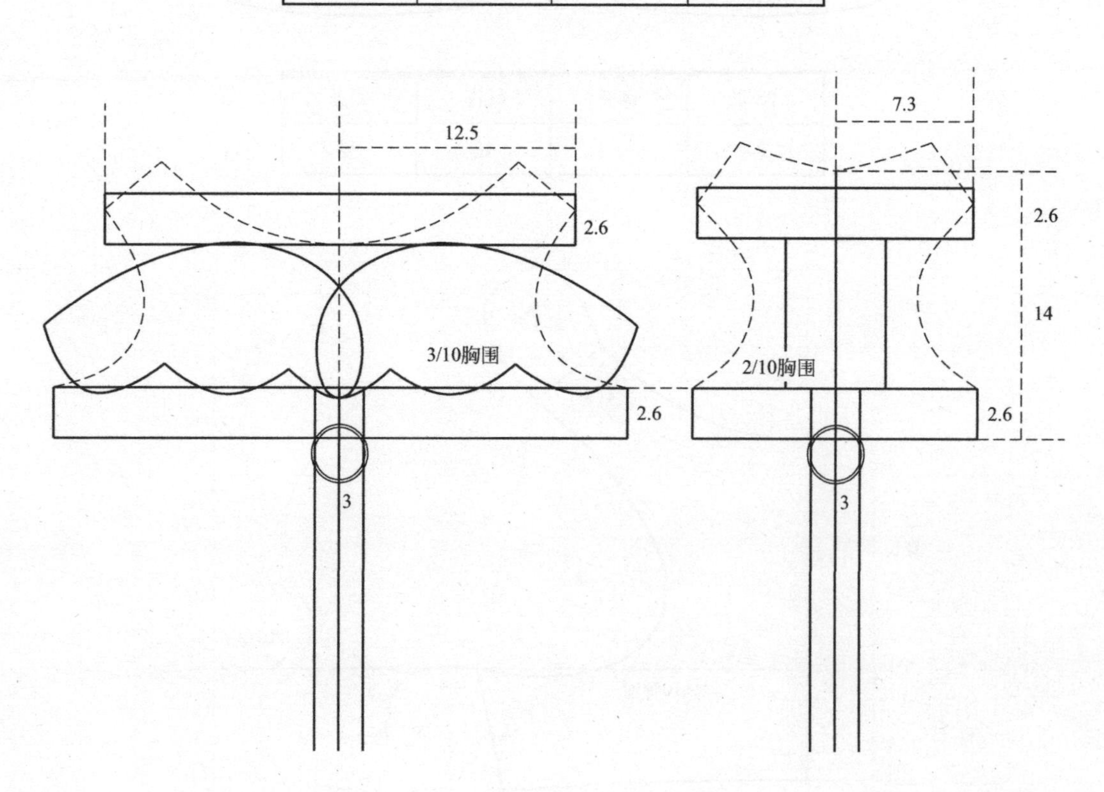

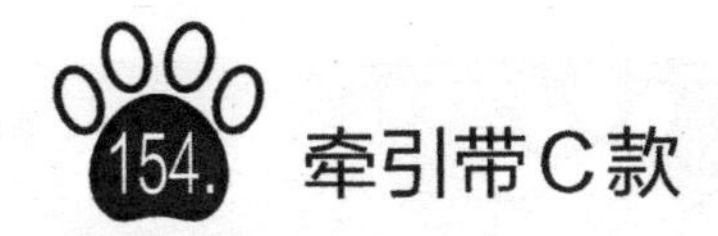

154. 牵引带C款

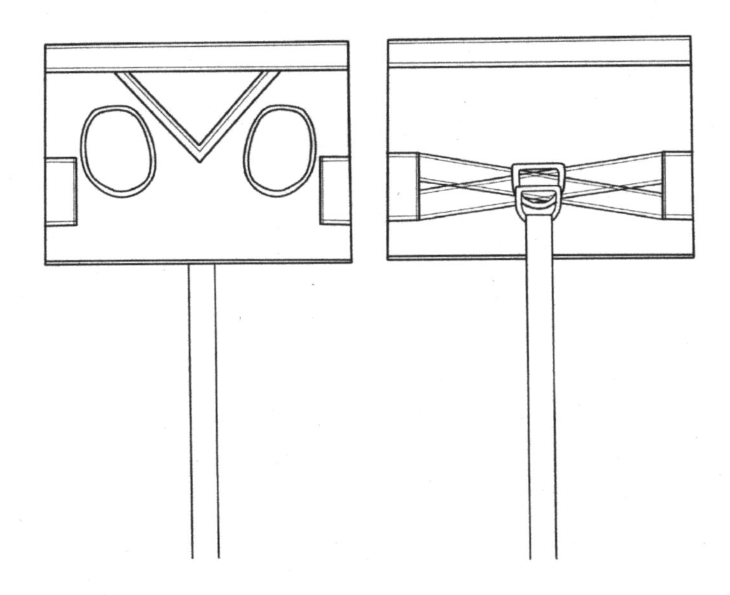

部位	身长	胸围	领围
尺寸/cm	16	45	32

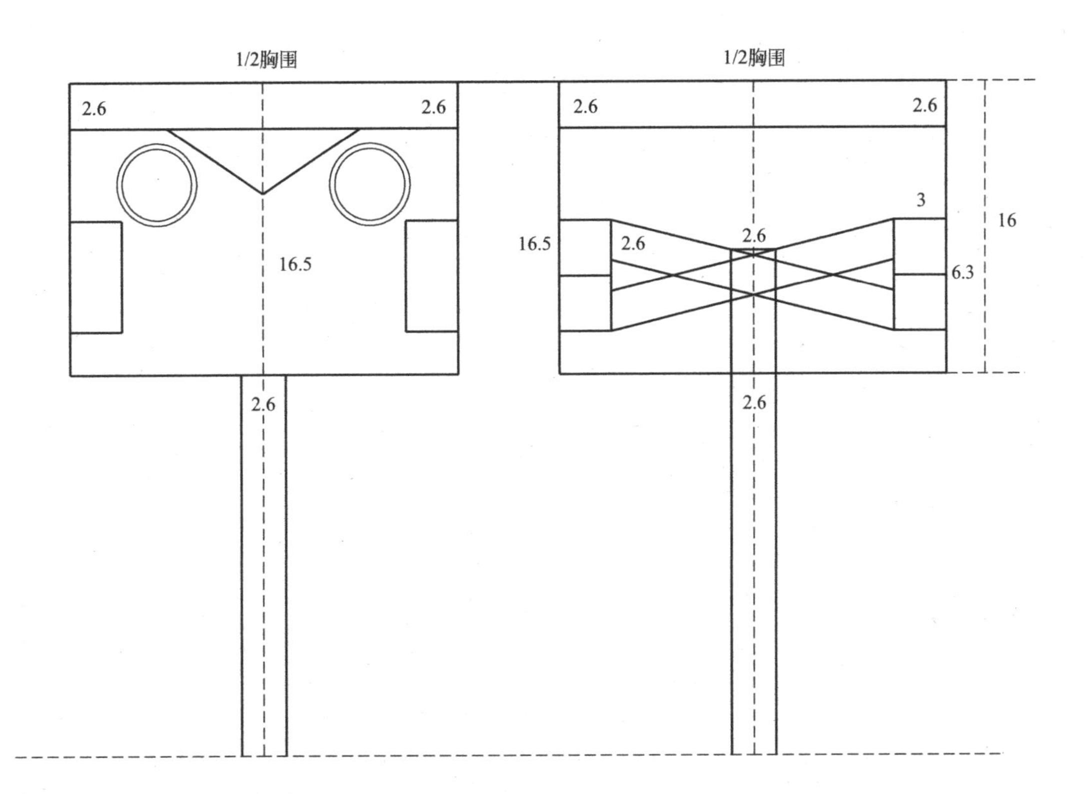

变身装

155. 变身装A款

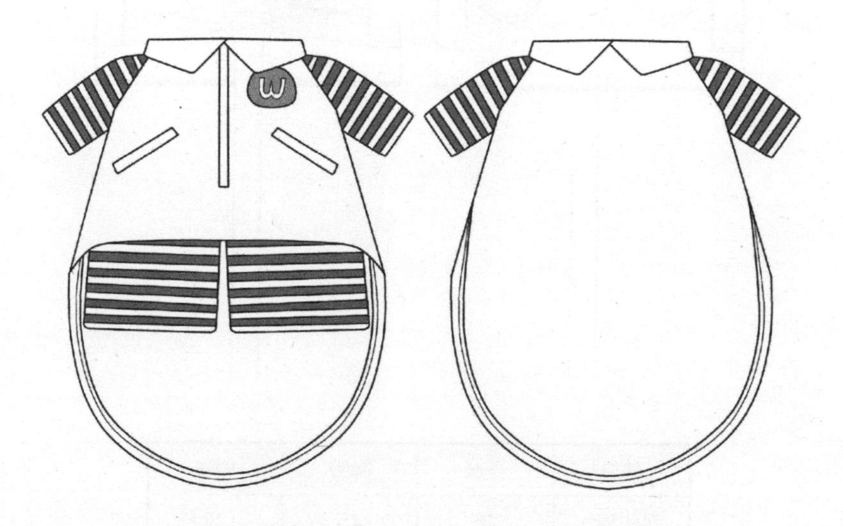

部位	身长	胸围	领围
尺寸/cm	30	45	32

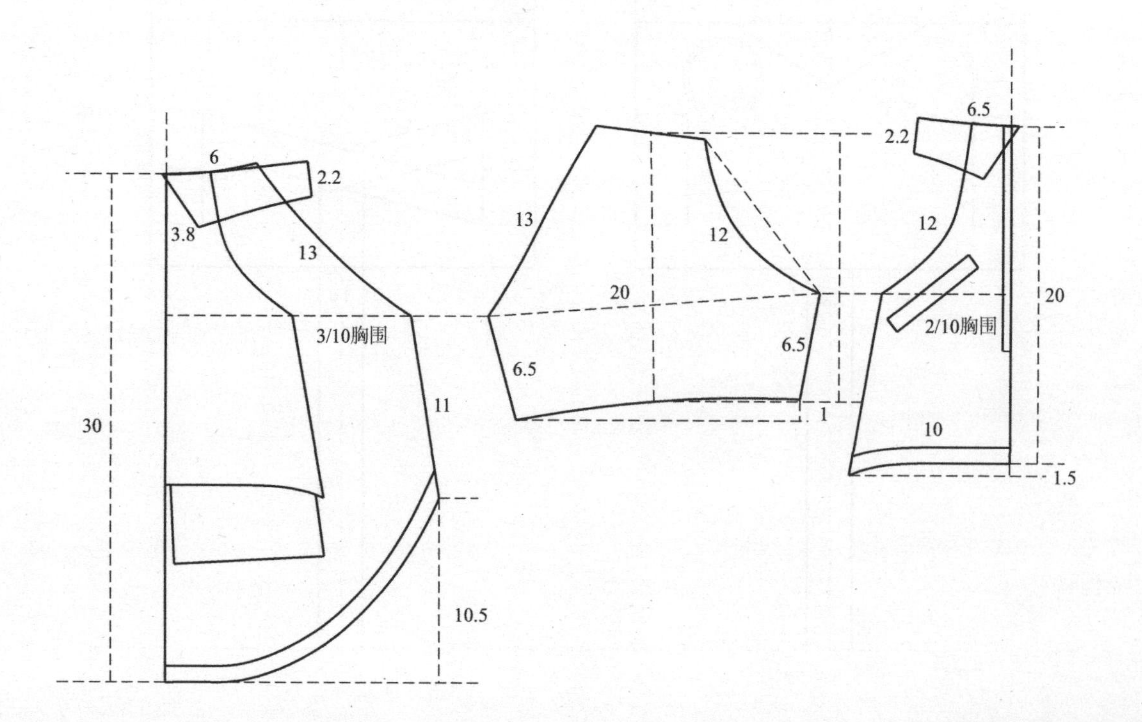

156. 变身装B款

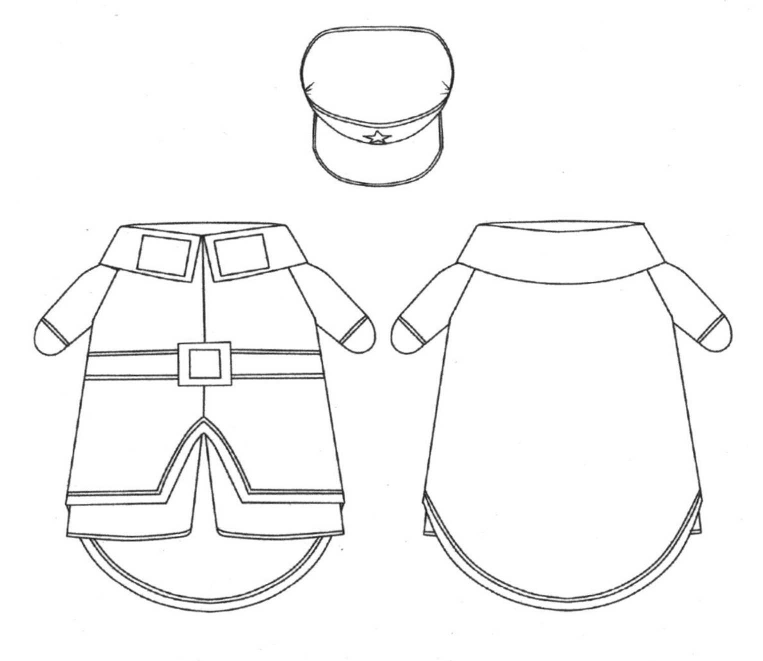

部位	身长	胸围	领围
尺寸/cm	30	45	32

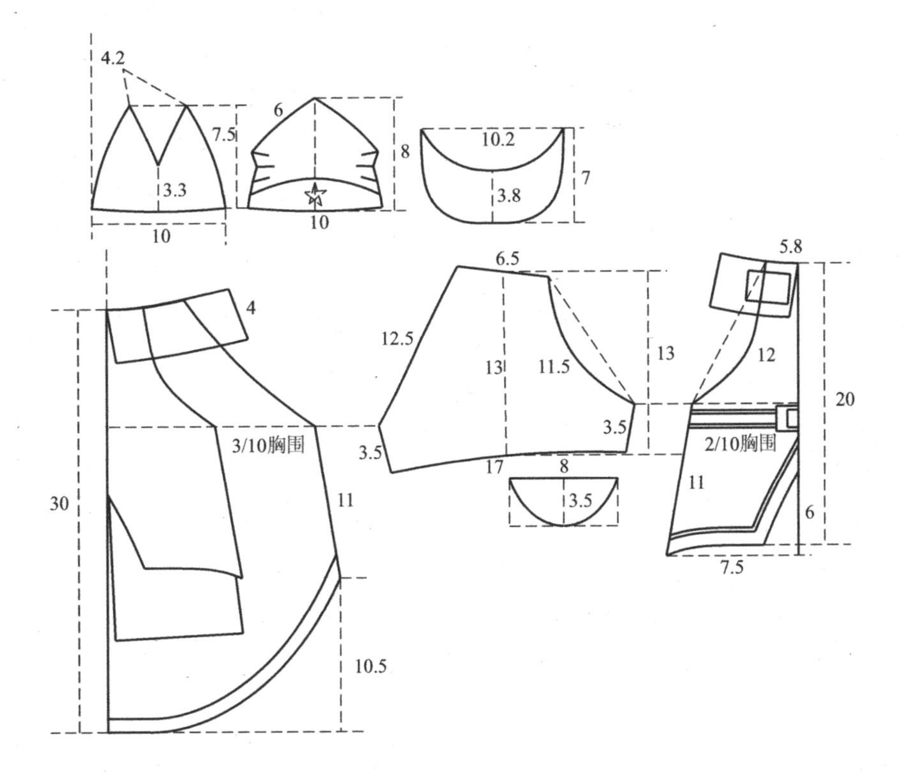

157. 变身装C款

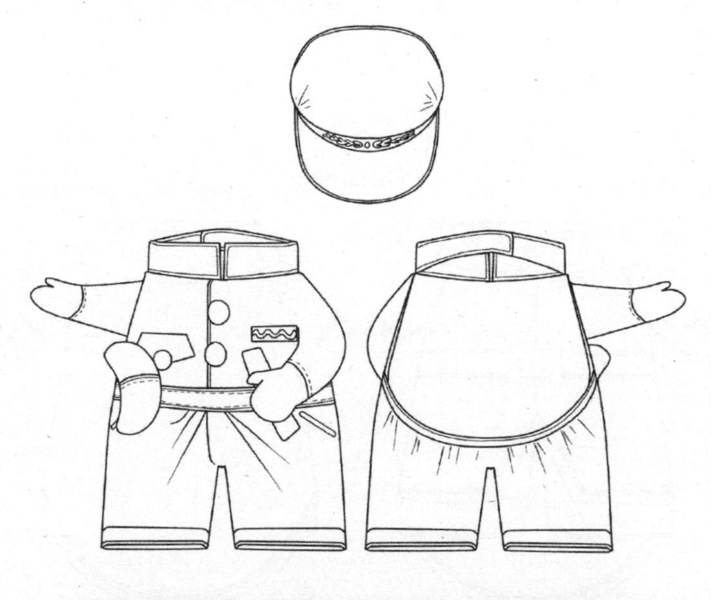

部位	身长	胸围	领围
尺寸/cm	28	45	32

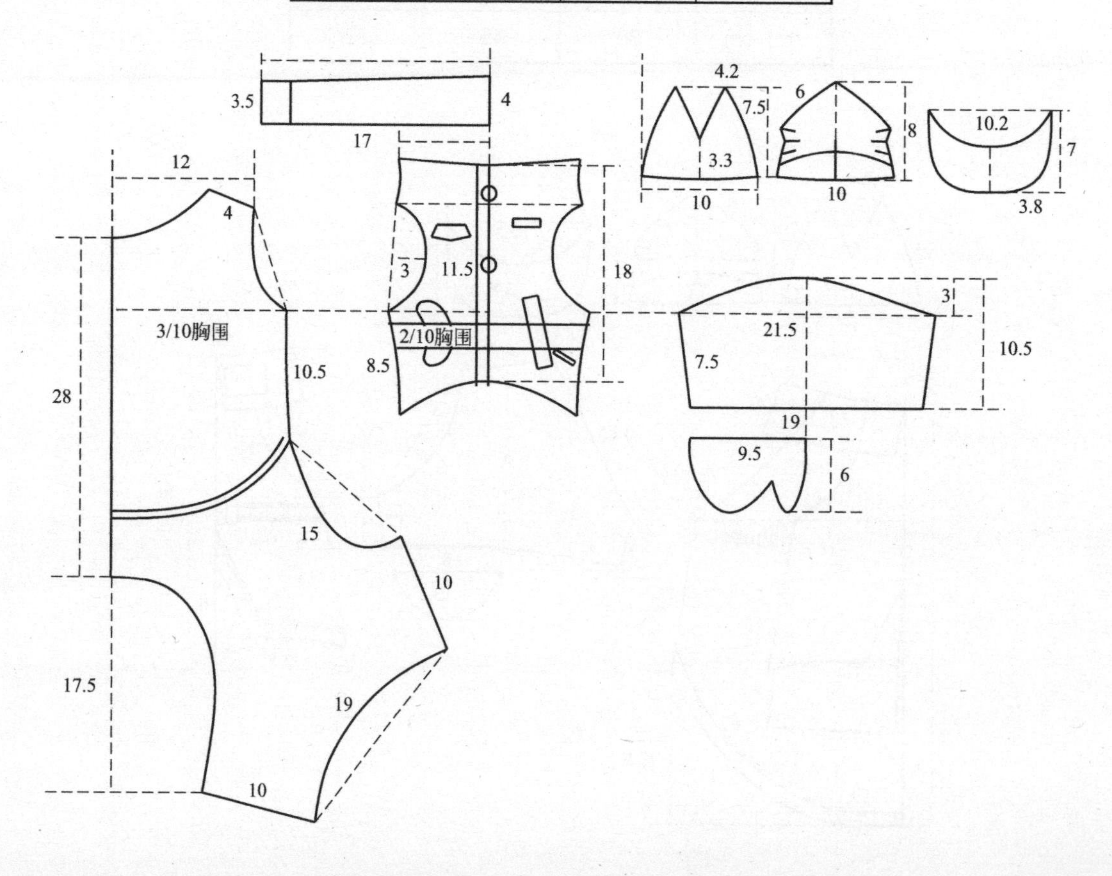

158. 变身装D款

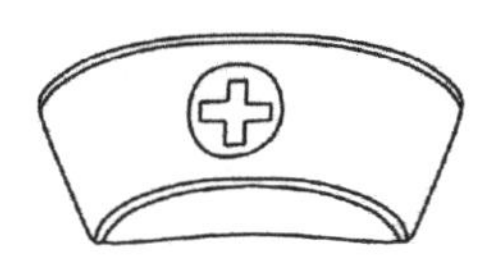

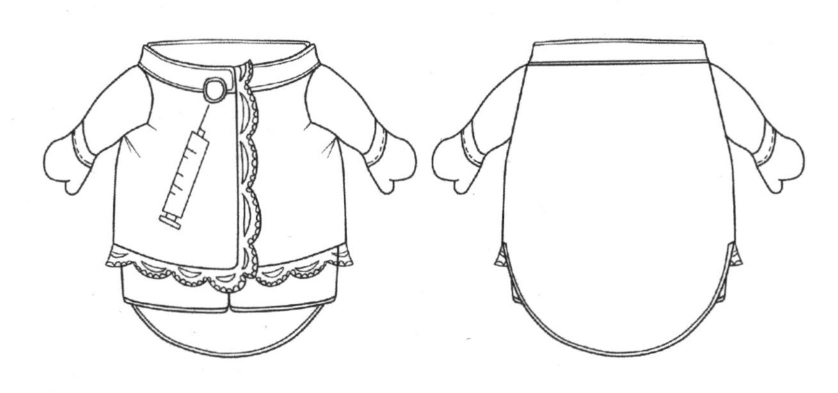

部位	身长	胸围	领围
尺寸/cm	32	45	32

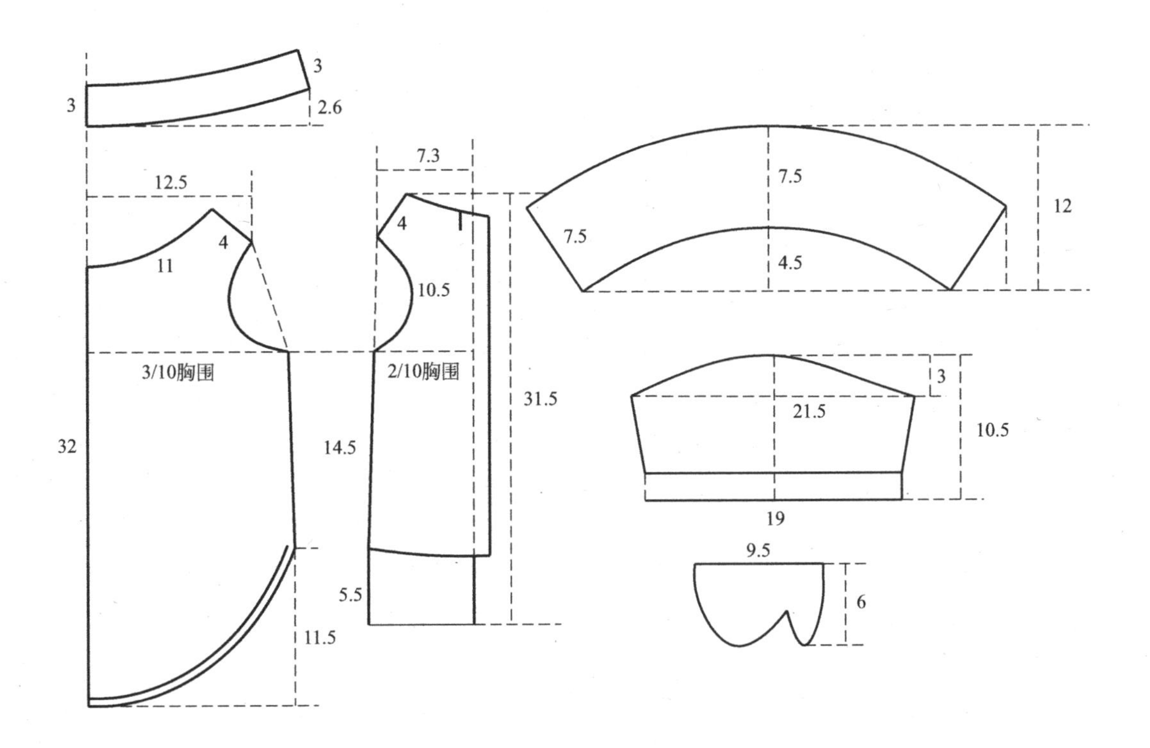

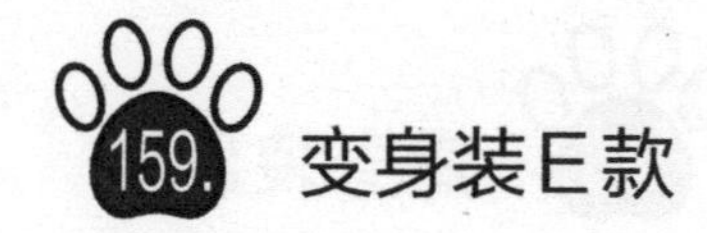

159. 变身装E款

部位	身长	胸围	领围
尺寸/cm	28	45	32

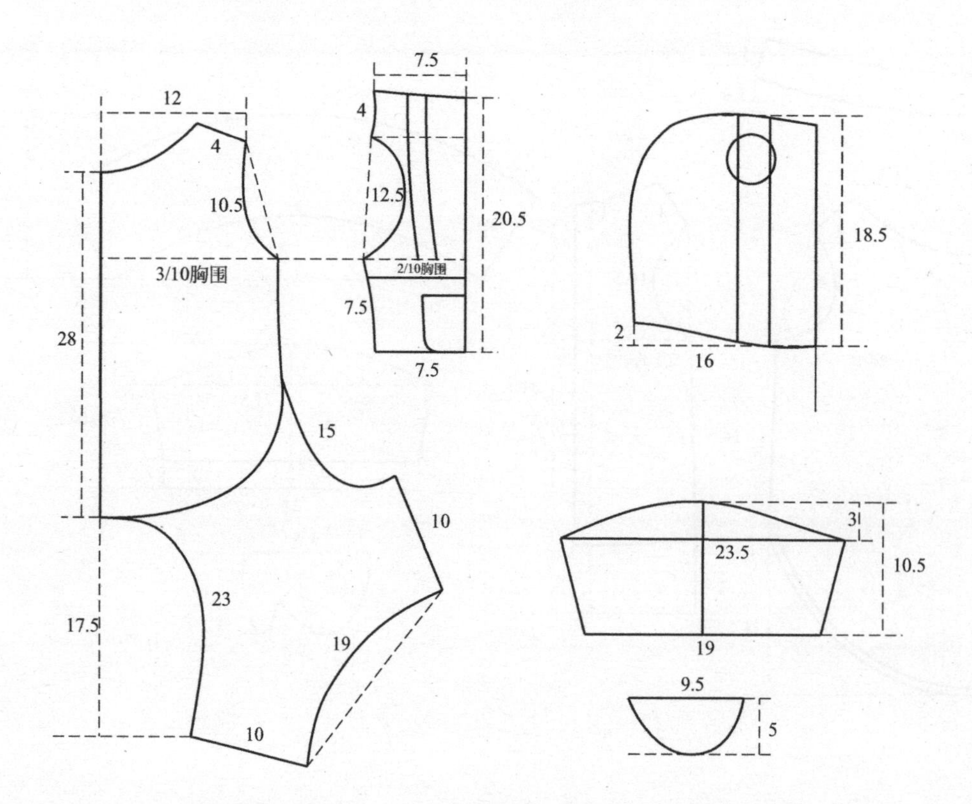

160. 变身装F款

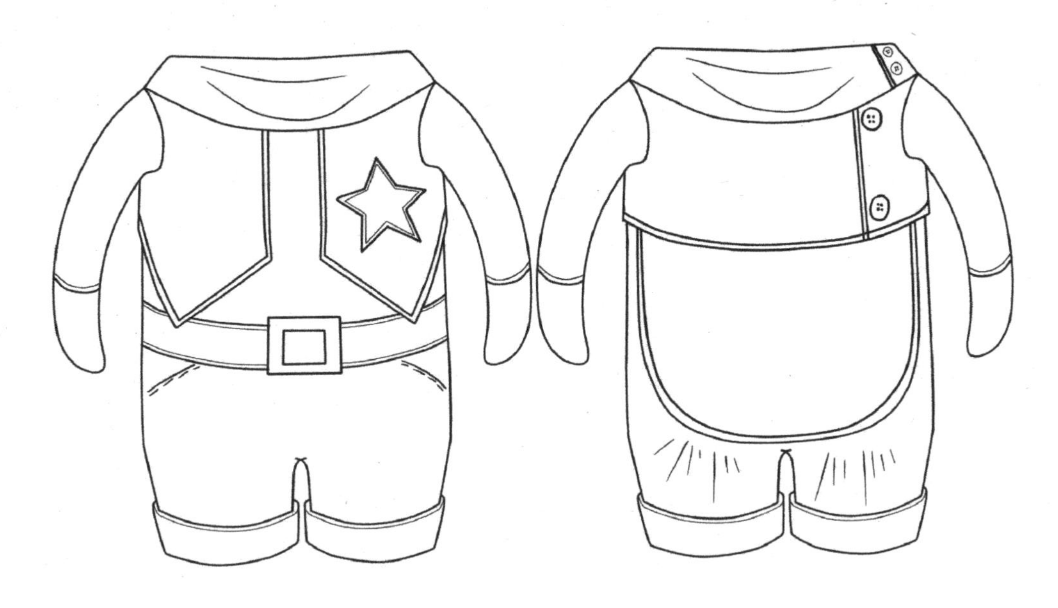

部位	身长	胸围	领围
尺寸/cm	27	45	32

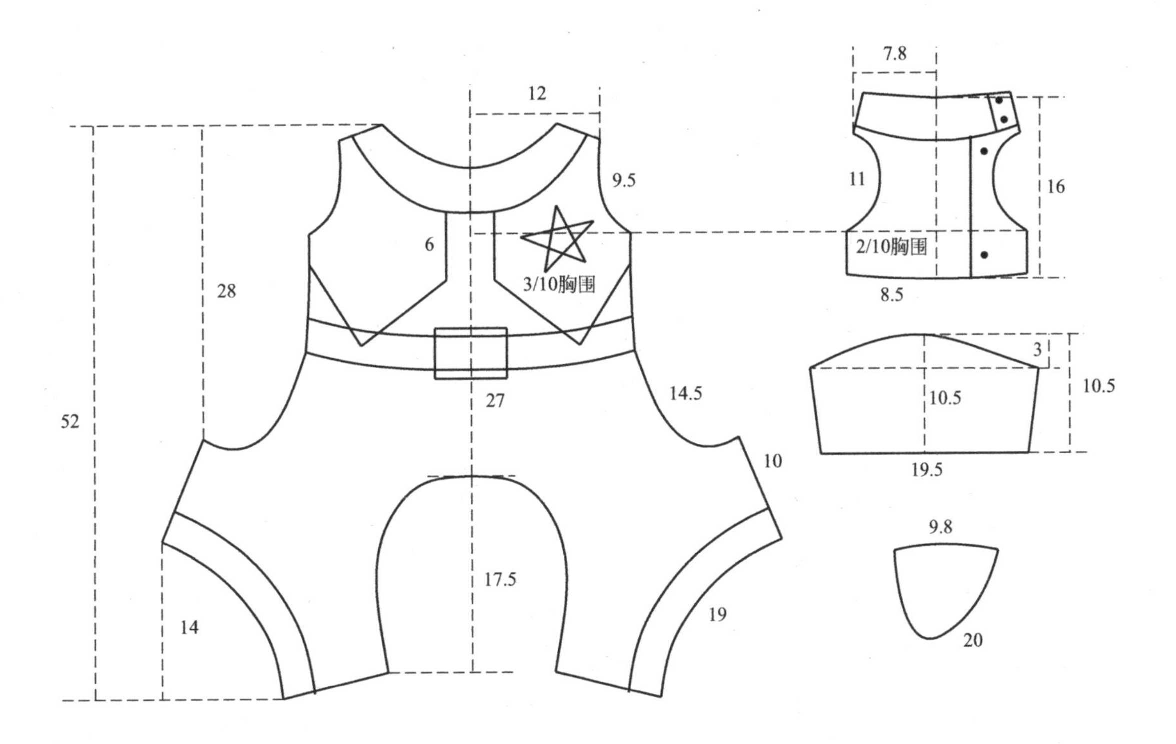

可爱韩服

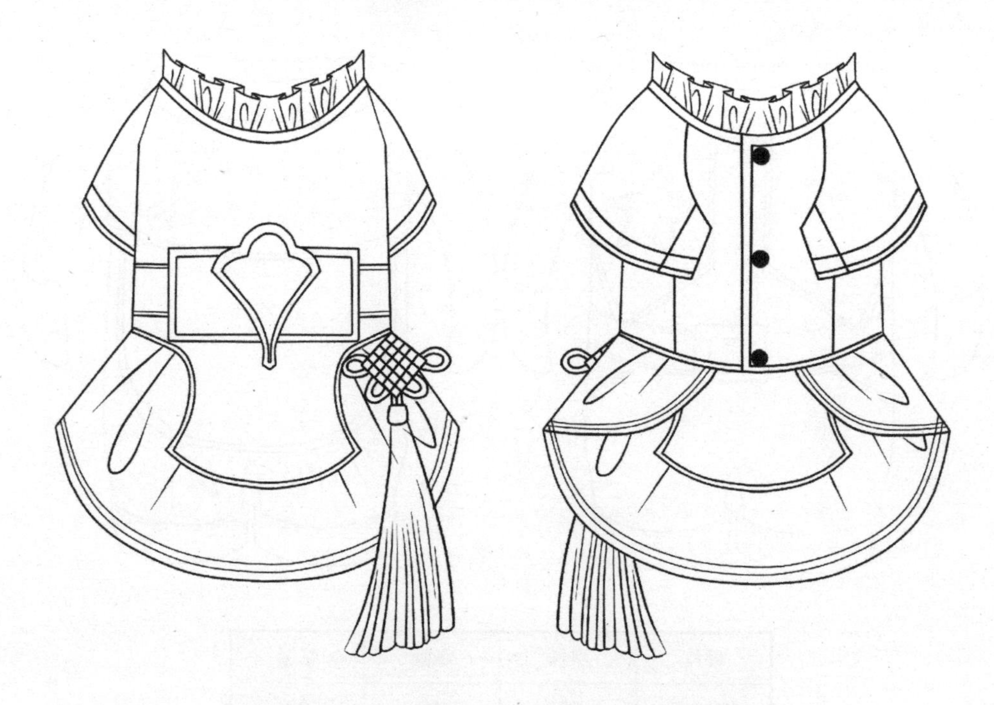

部位	身长	胸围	领围
尺寸/cm	31	45	32

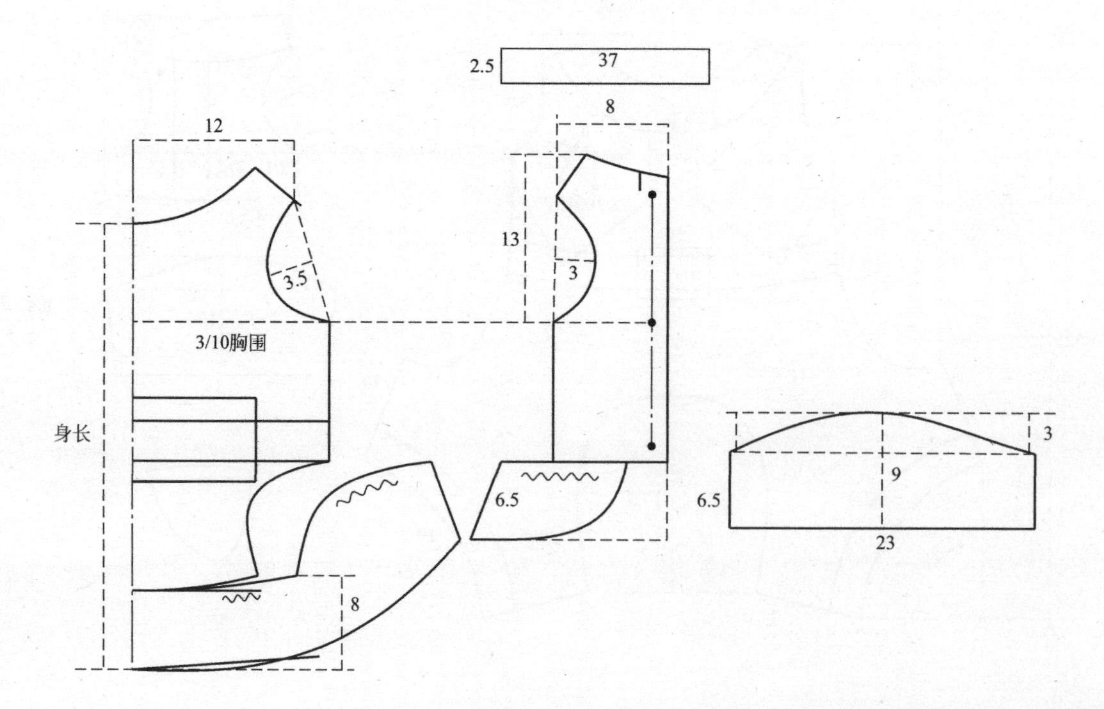

162. 日式水手服

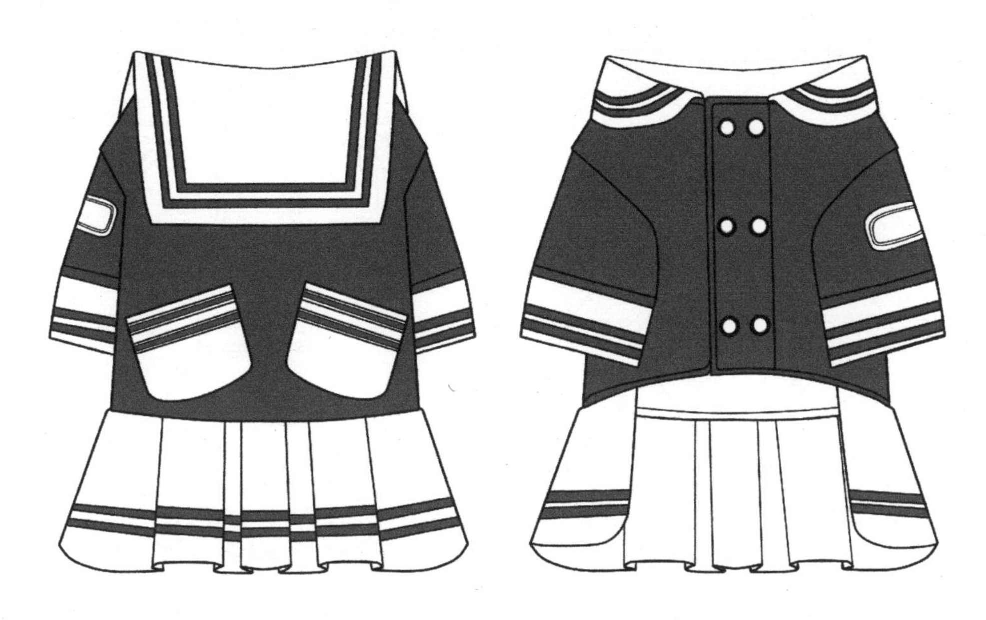

部位	身长	胸围	领围
尺寸/cm	32	45	32

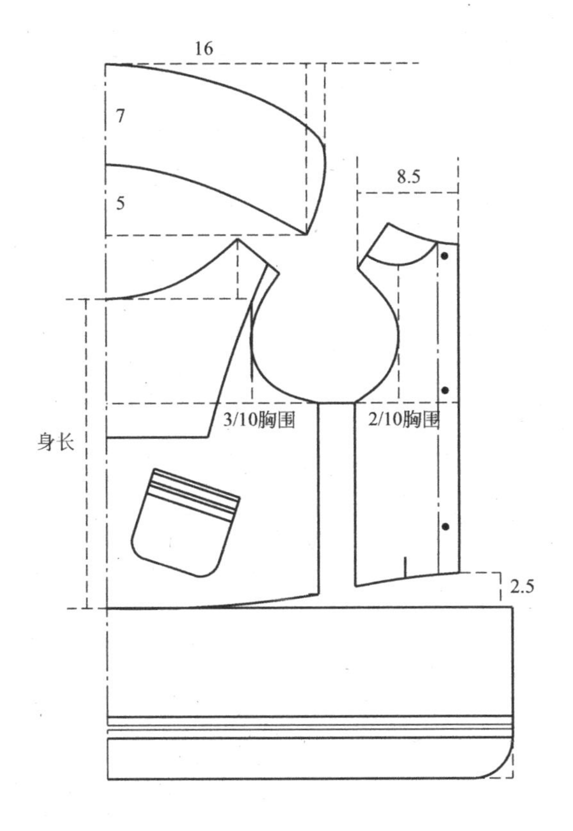

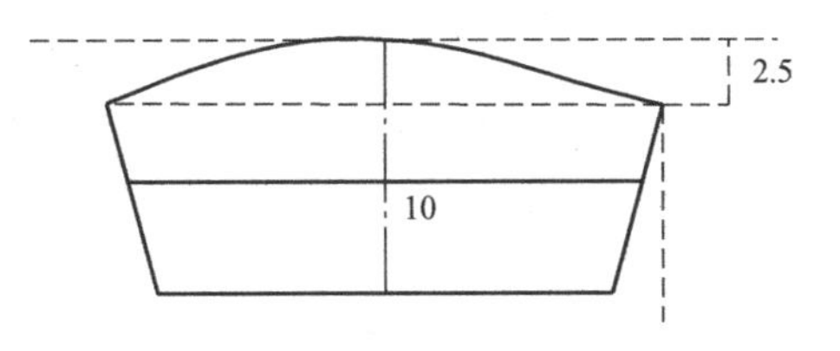

163. 女仆装

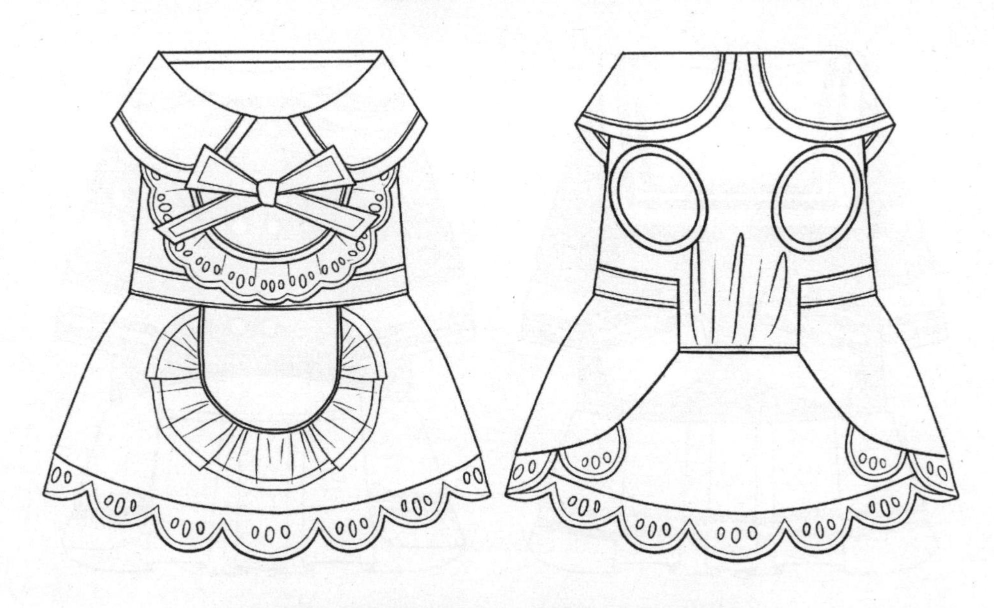

部位	身长	胸围	领围
尺寸/cm	32	45	32

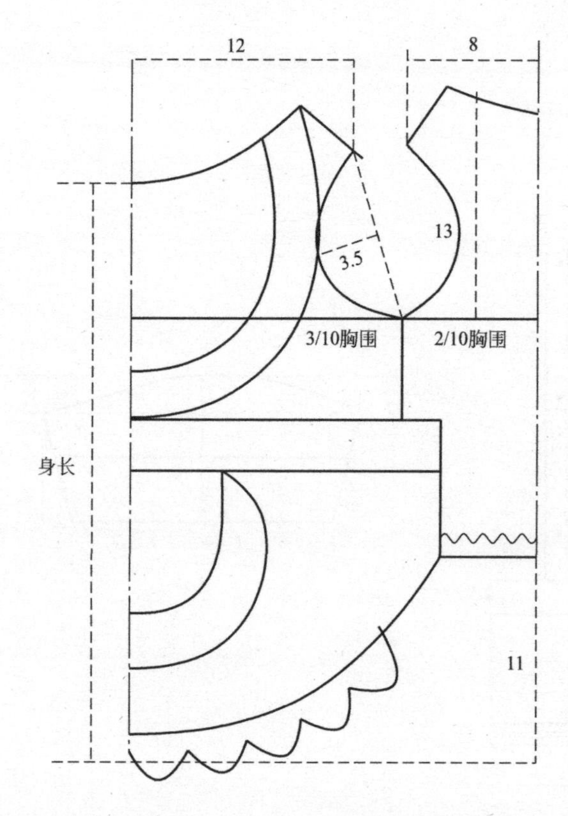

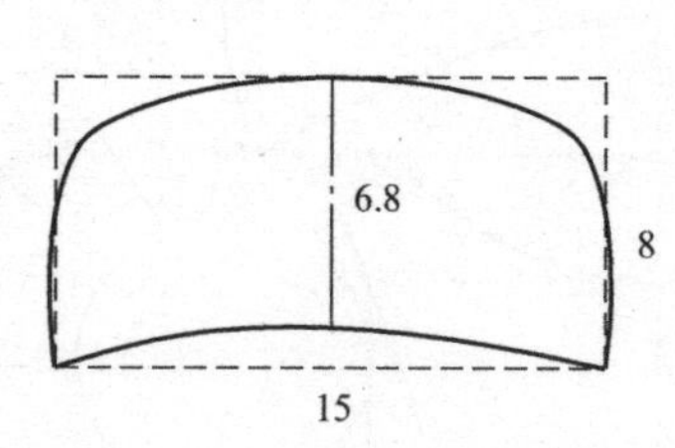

泳装&浴衣

泳装

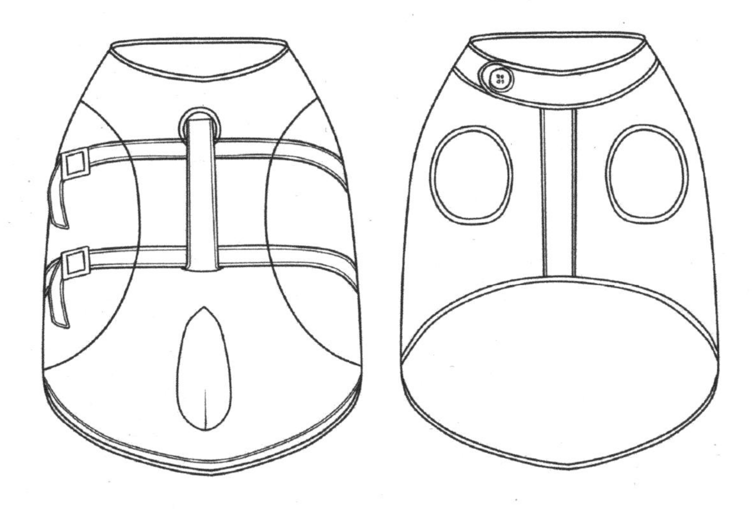

部位	身长	胸围	领围
尺寸/cm	30	45	32

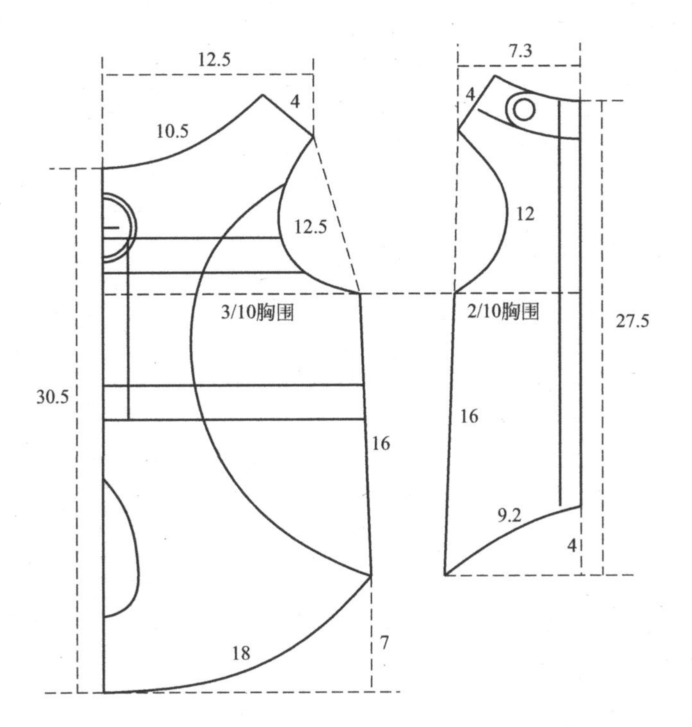

浴衣A款

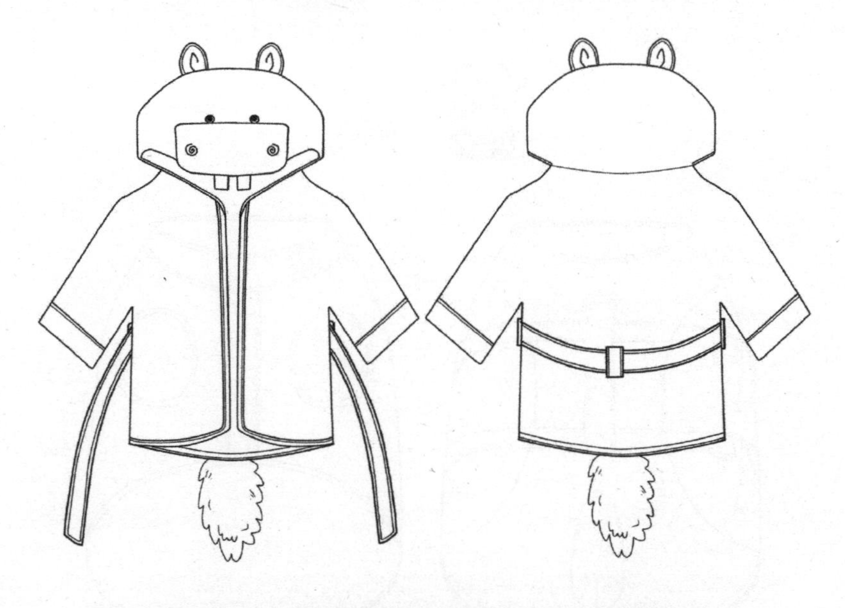

部位	身长	胸围	领围
尺寸/cm	24	45	32

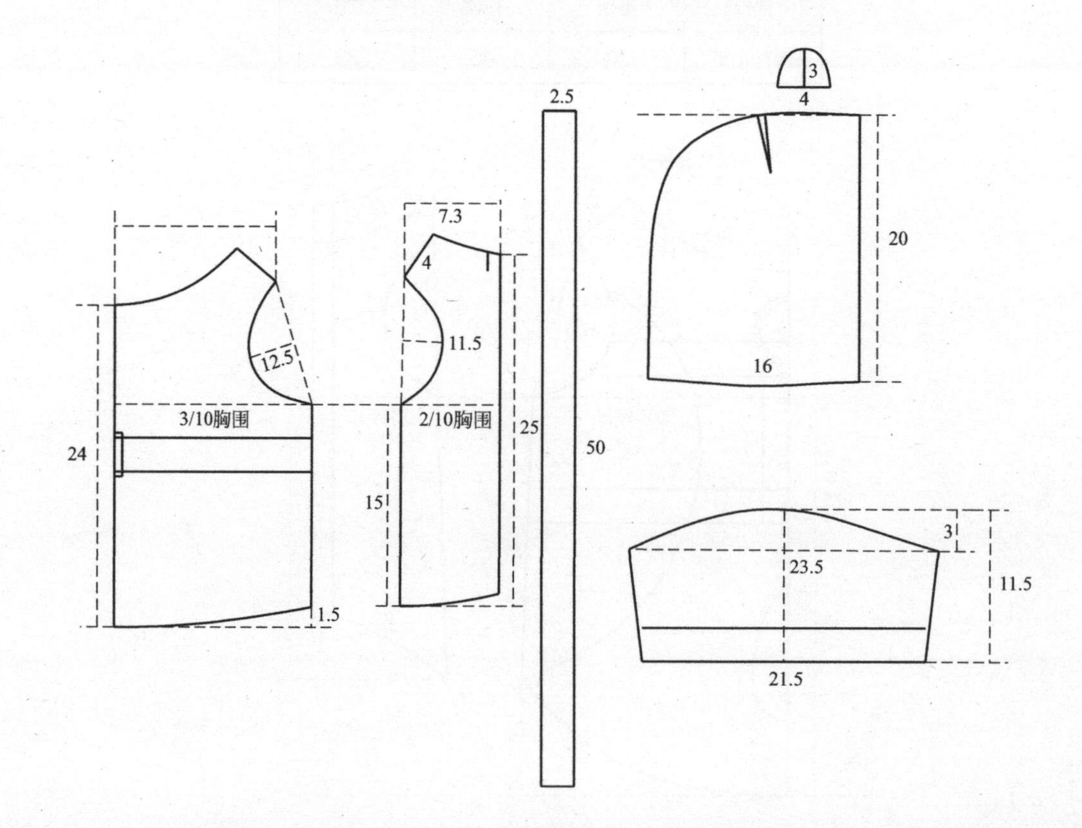

浴衣B款

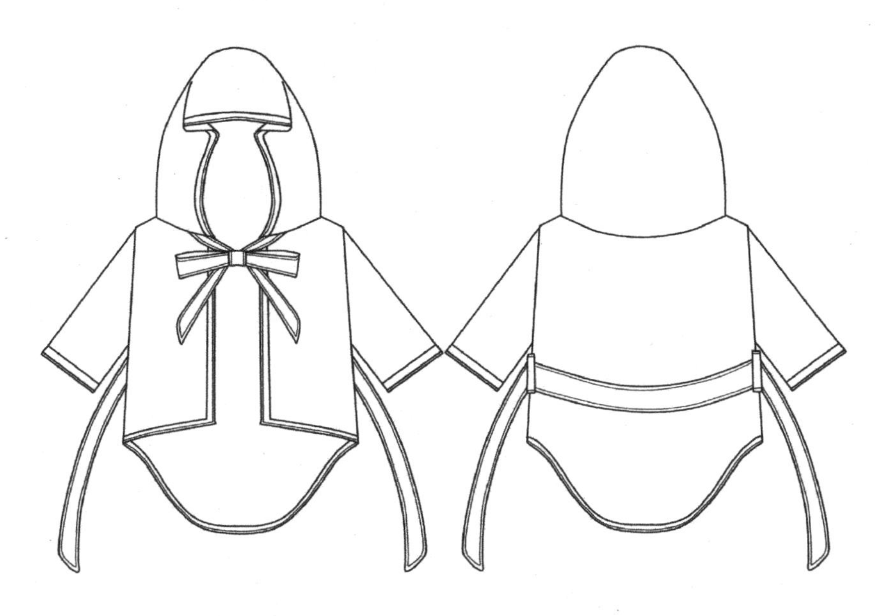

部位	身长	胸围	领围
尺寸/cm	28	45	32

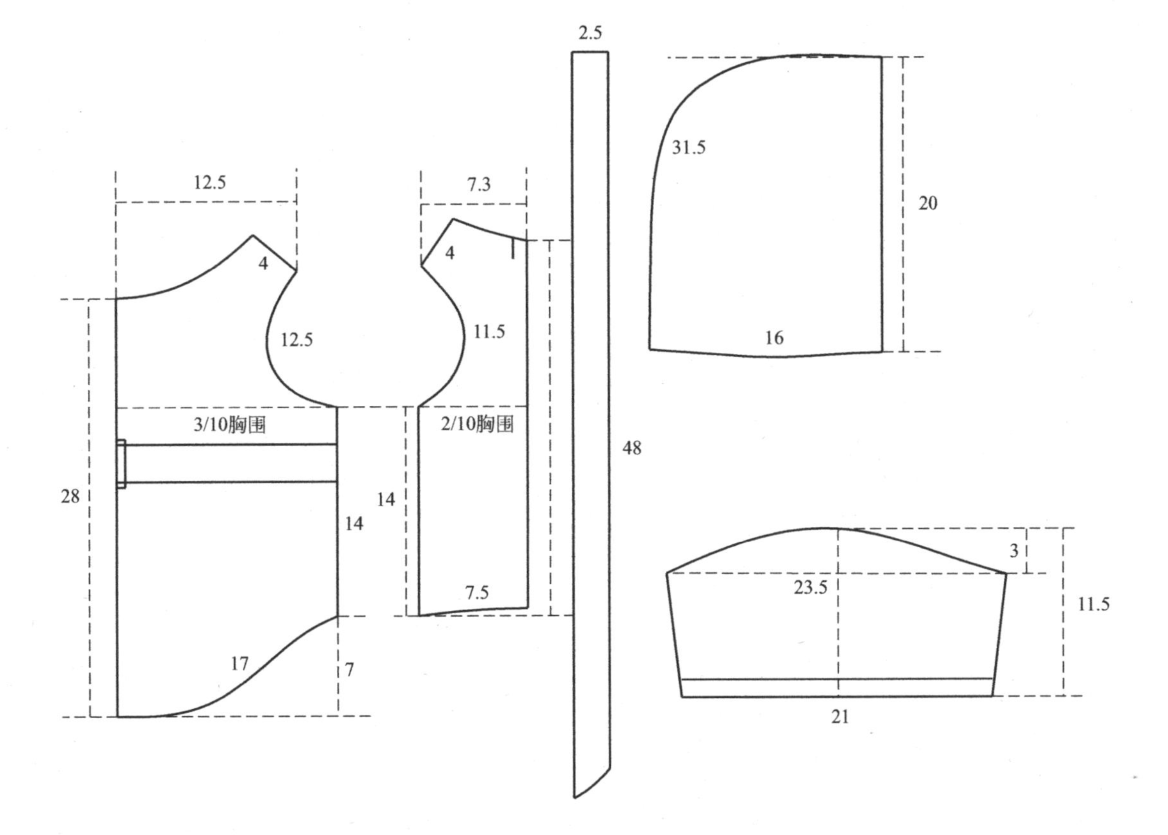

浴衣C款

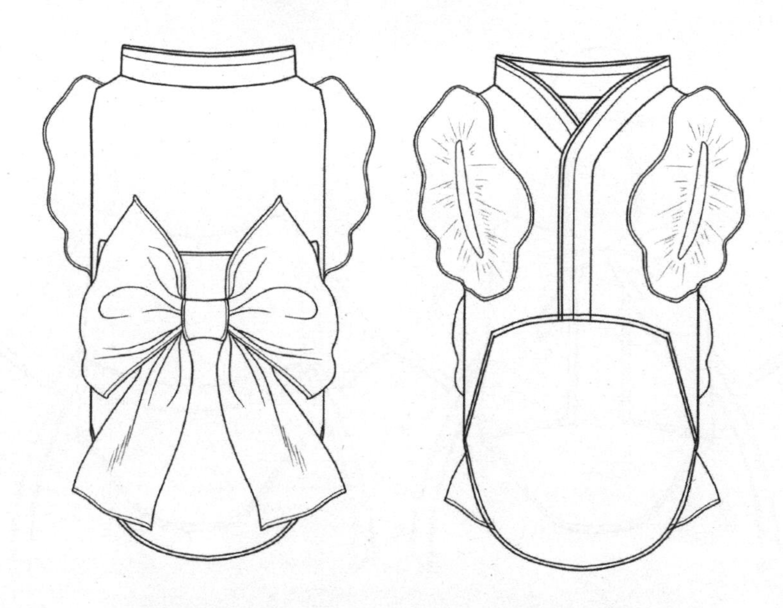

部位	身长	胸围	领围
尺寸/cm	32	45	32

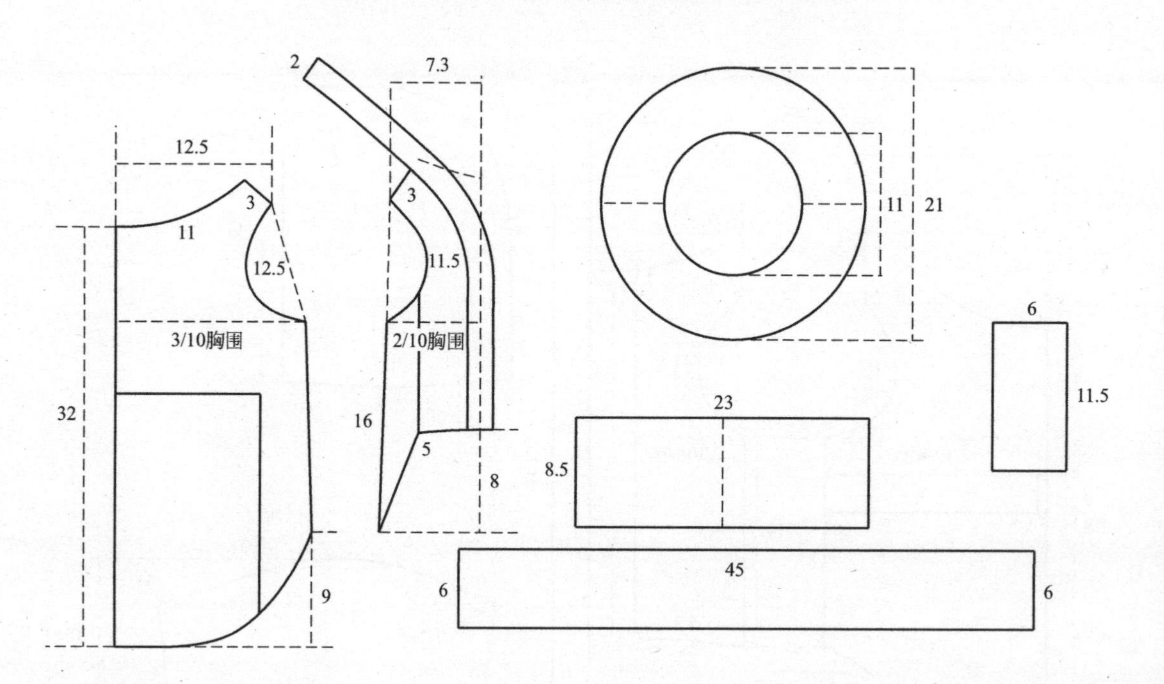

浴衣D款

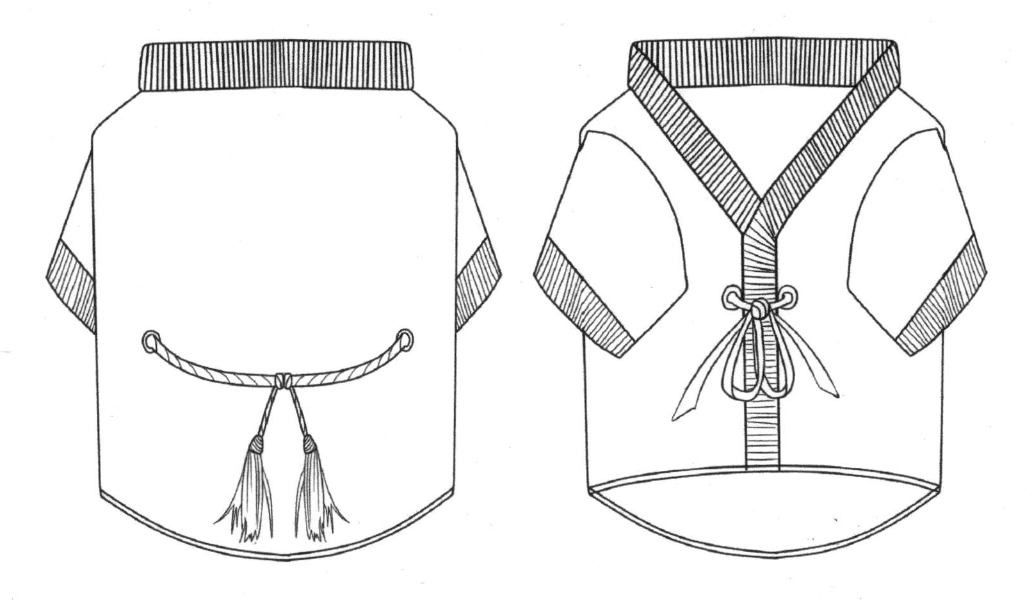

部位	身长	胸围	领围
尺寸/cm	29	45	32

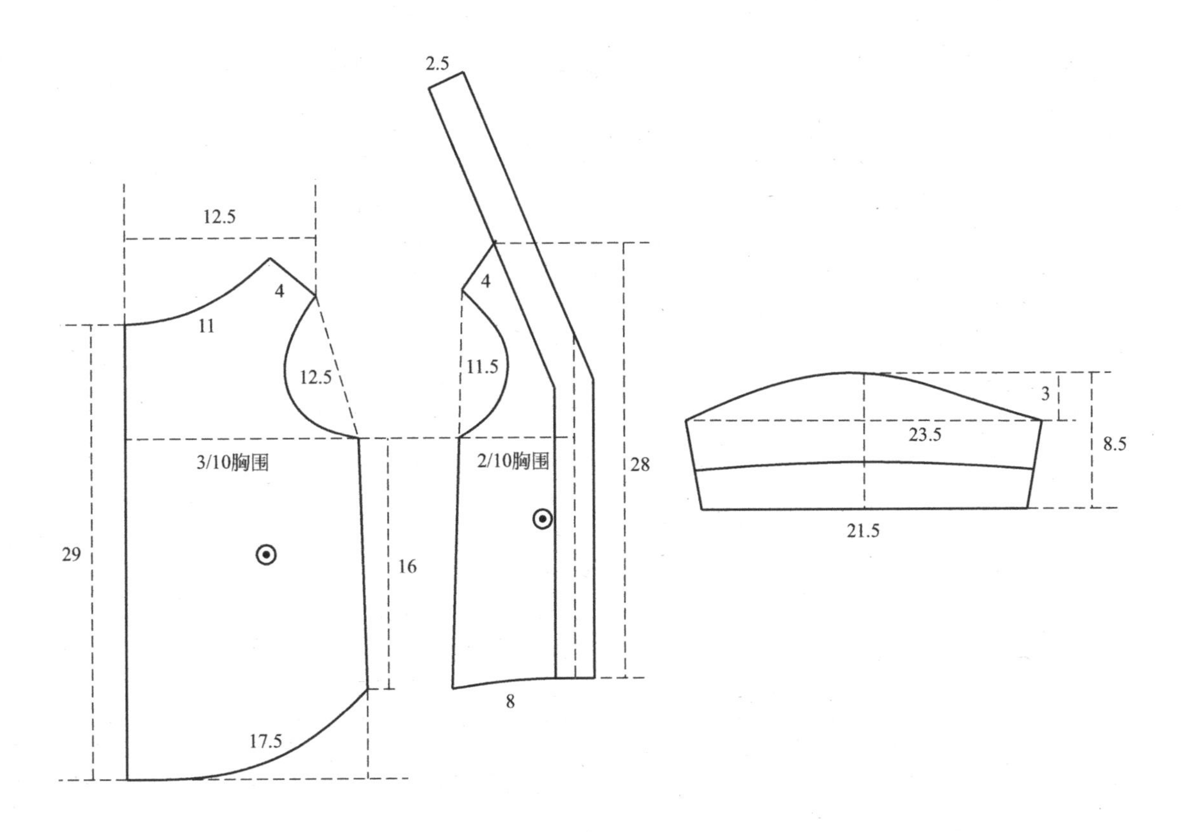

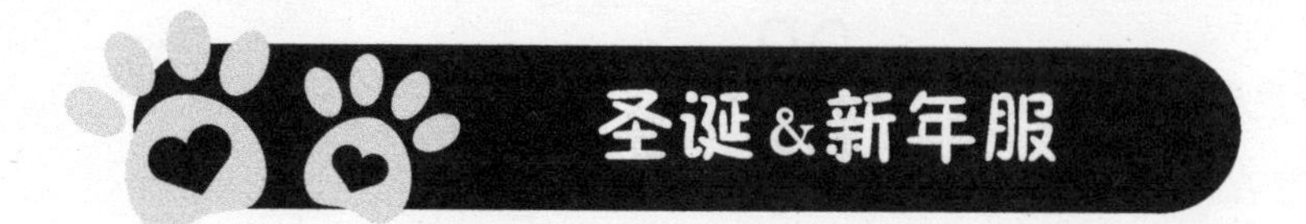

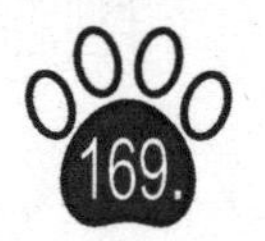

圣诞服A款

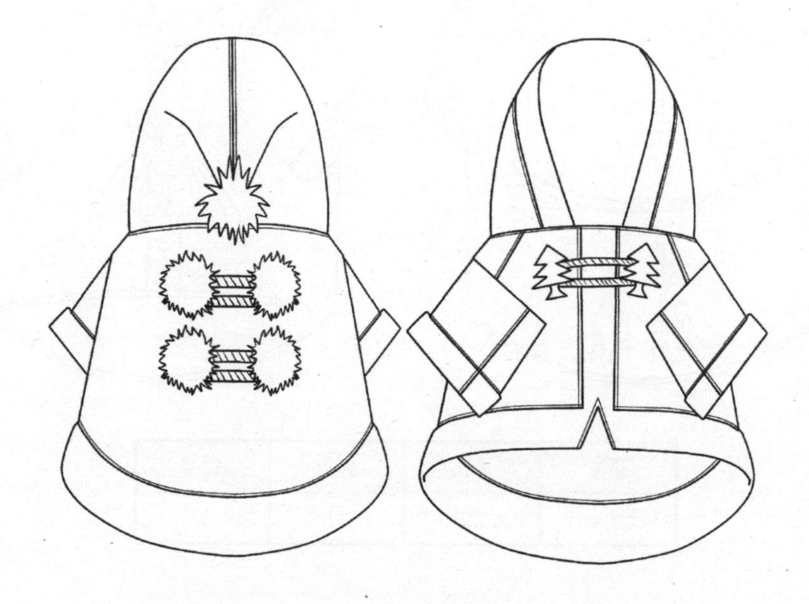

部位	身长	胸围	领围
尺寸/cm	31	45	32

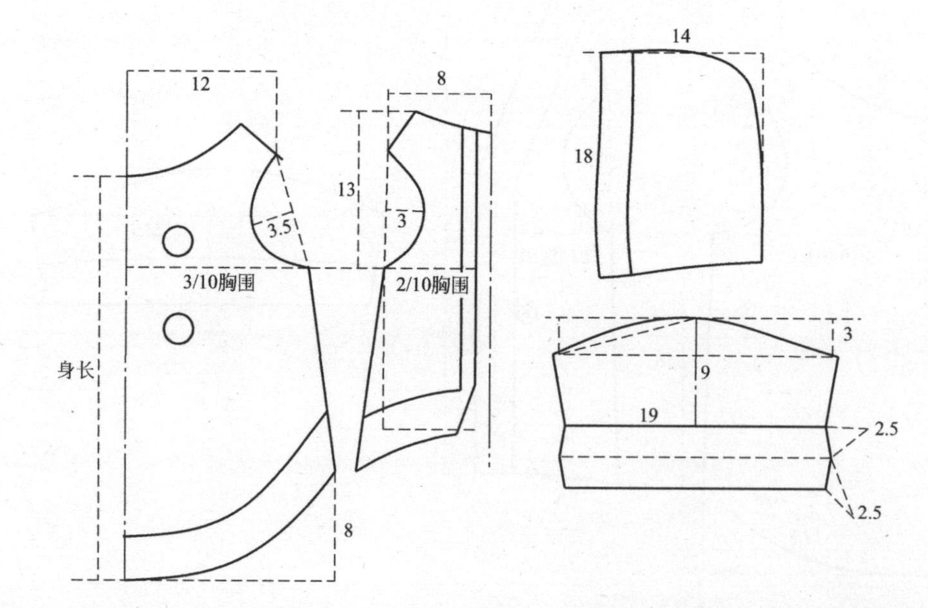

170. 圣诞服B款

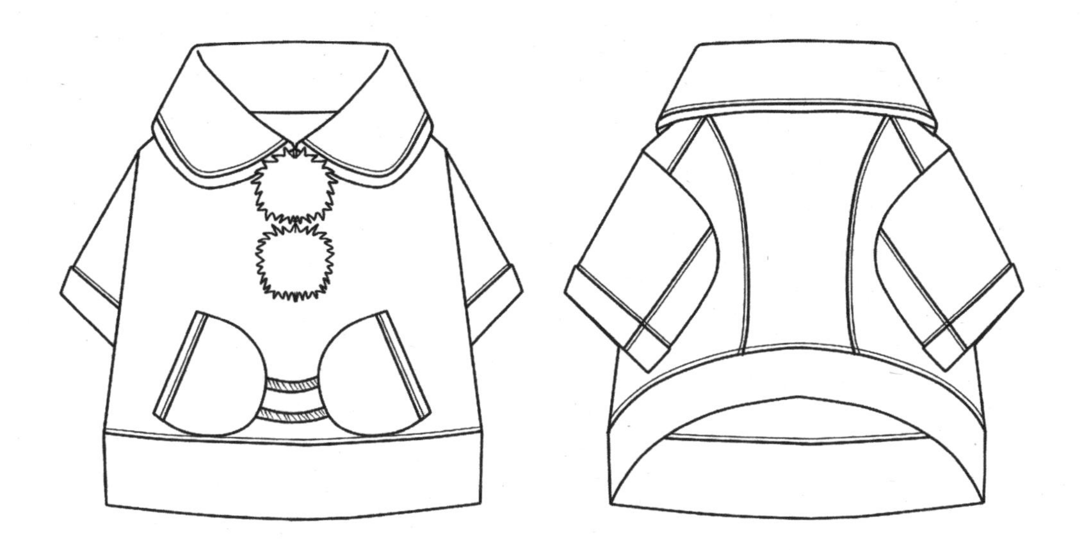

部位	身长	胸围	领围
尺寸/cm	31	45	32

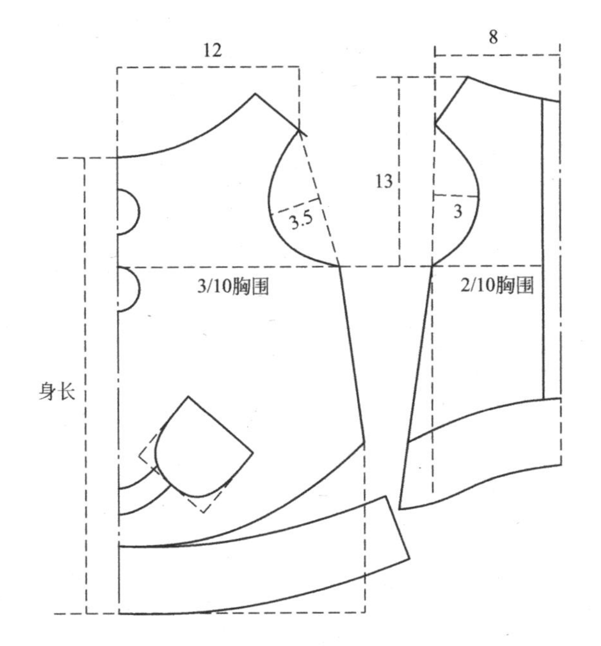

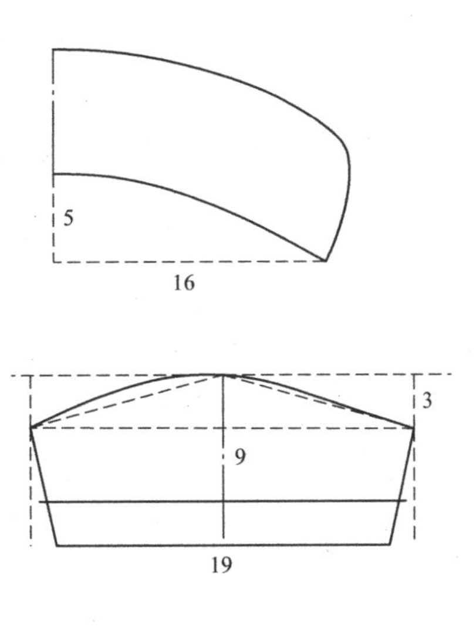

171. 新年服A款

部位	身长	胸围	领围
尺寸/cm	31	45	32

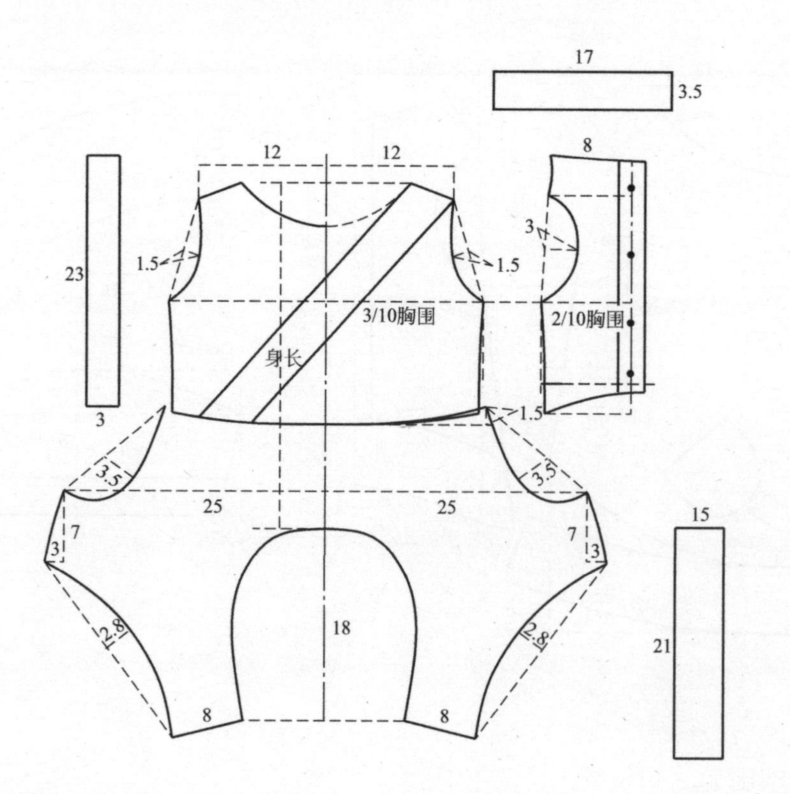

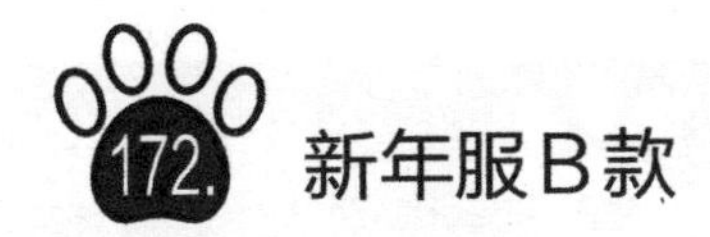

172. 新年服B款

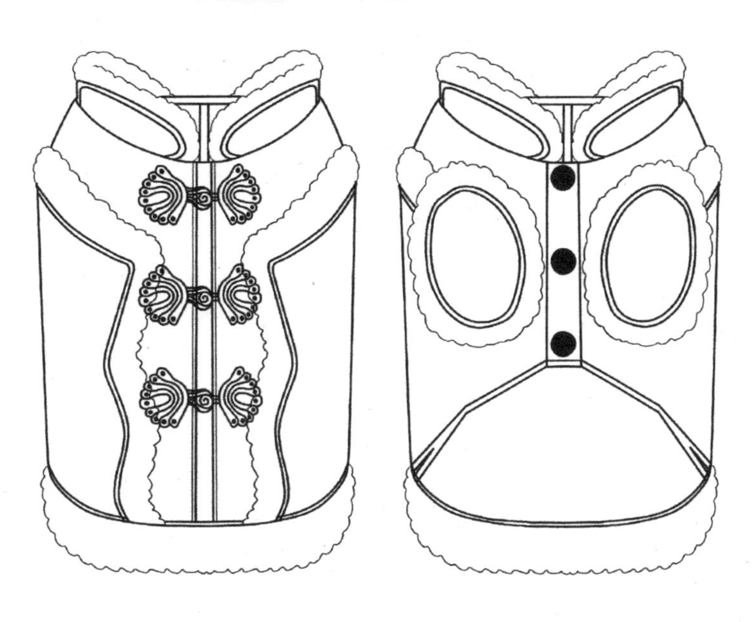

部位	身长	胸围	领围
尺寸/cm	31	45	32

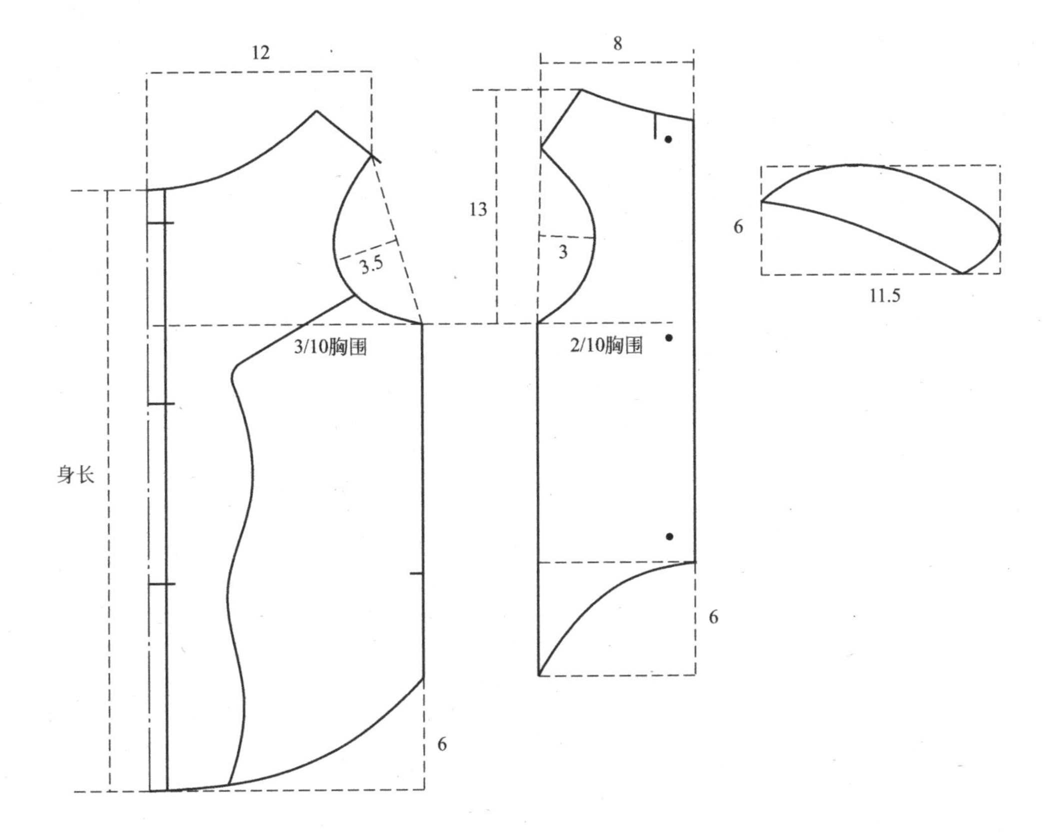

旗 袍

173. 旗袍A款

部位	身长	胸围	领围
尺寸/cm	31	45	32

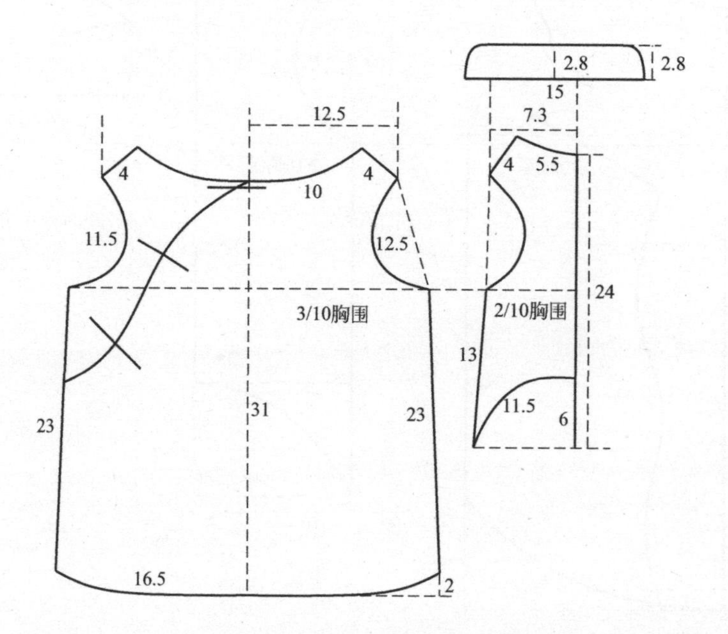

174. 旗袍B款

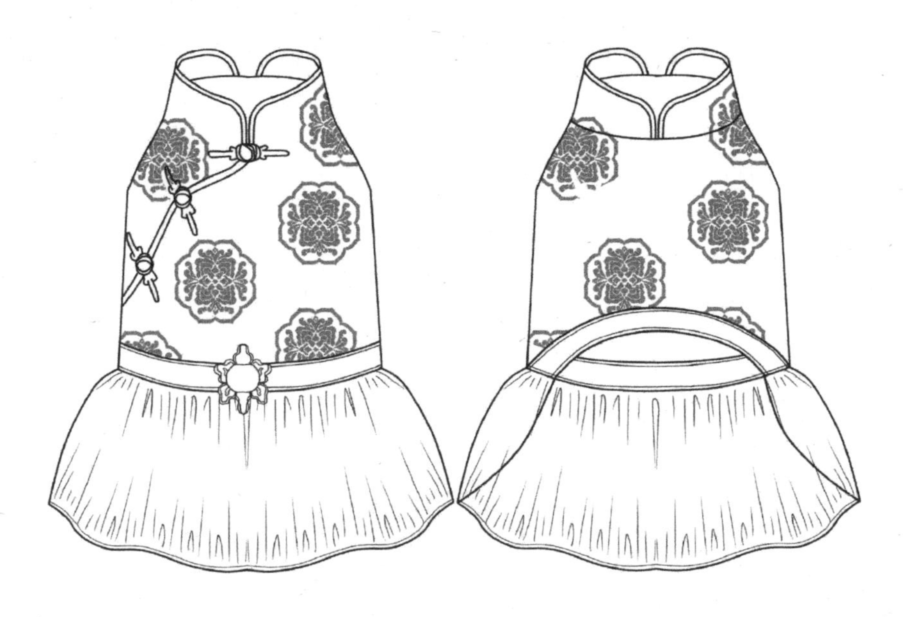

部位	身长	胸围	领围
尺寸/cm	35	45	32

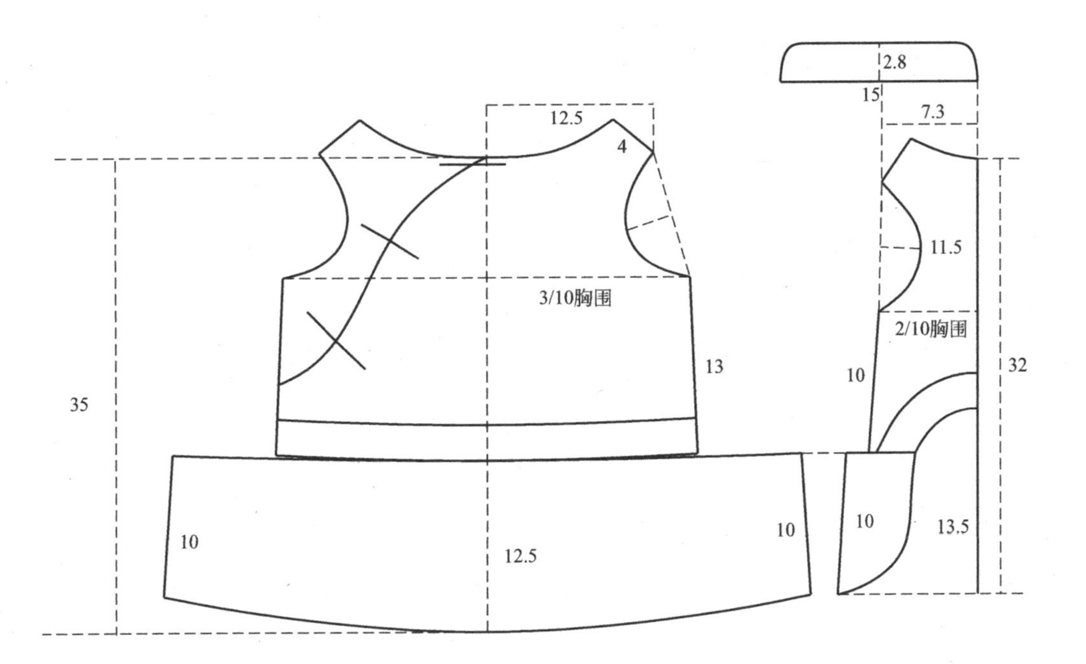

175. 旗袍C款

部位	身长	胸围	领围
尺寸/cm	35	45	32

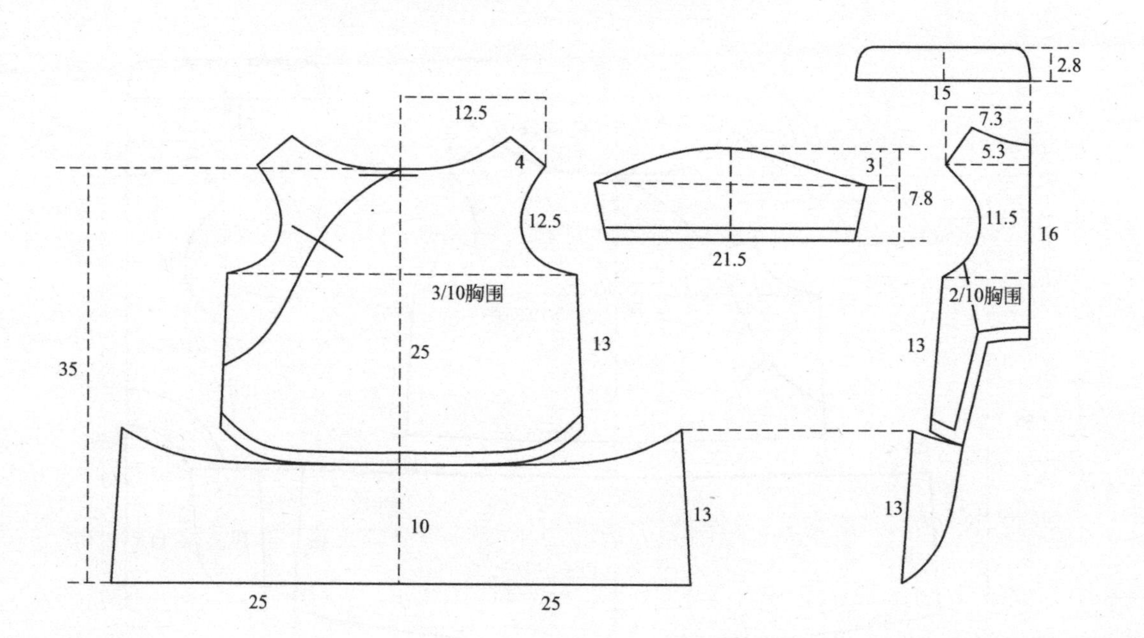

176. 旗袍D款

部位	身长	胸围	领围
尺寸/cm	31	45	32

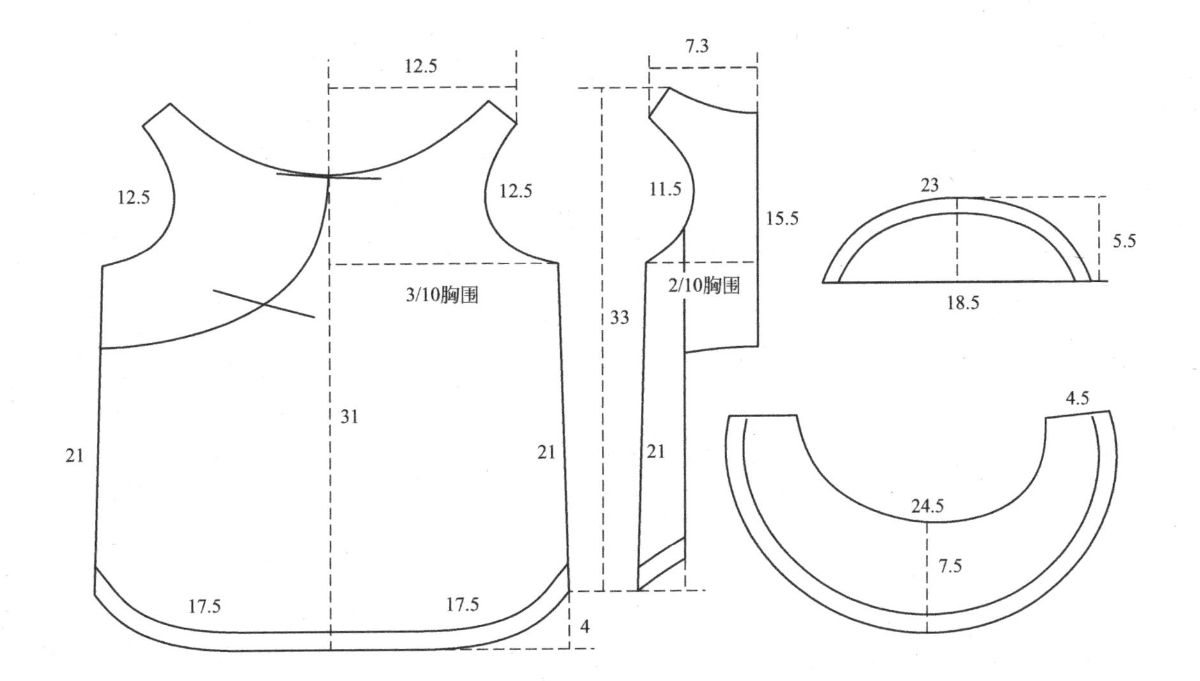

177. 旗袍E款

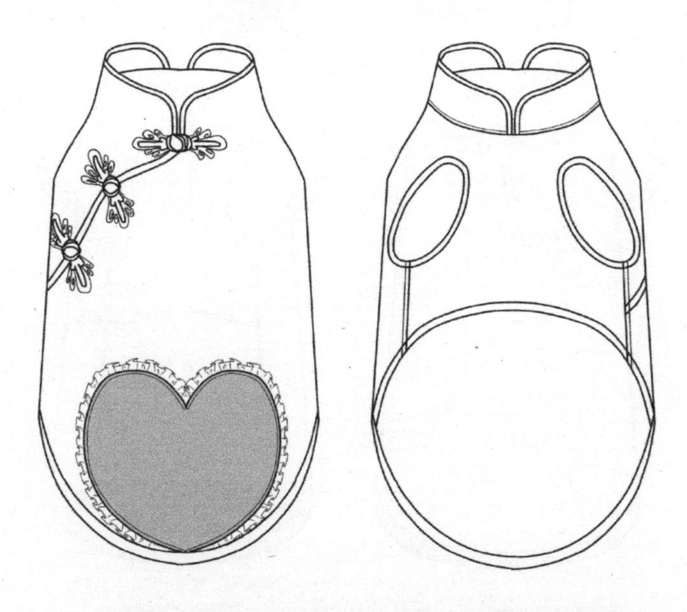

部位	身长	胸围	领围
尺寸/cm	37	45	32

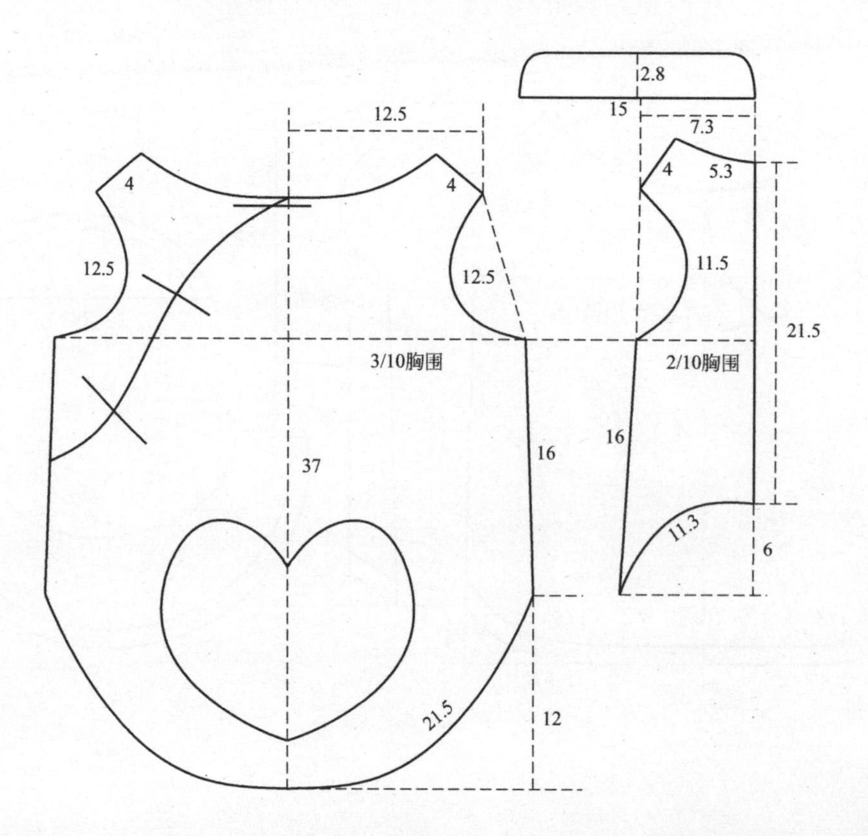

礼　服

178. 礼服A款

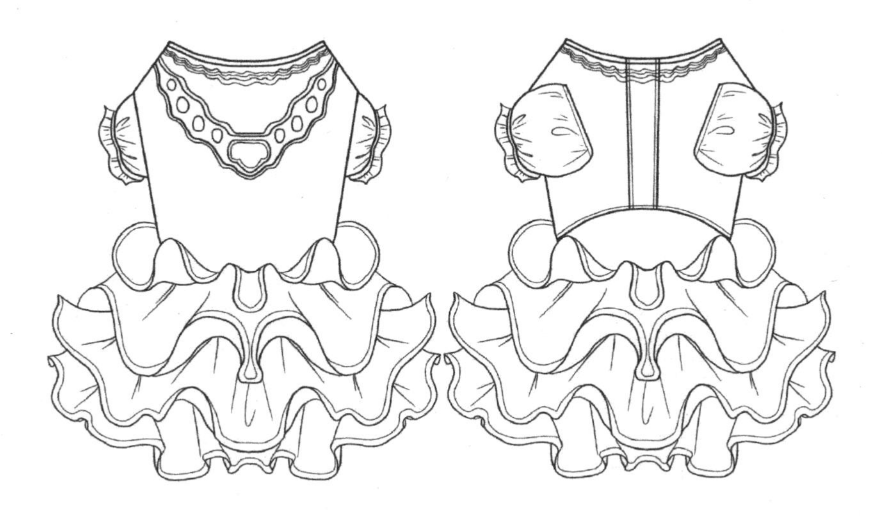

部位	身长	胸围	领围
尺寸/cm	36	45	32

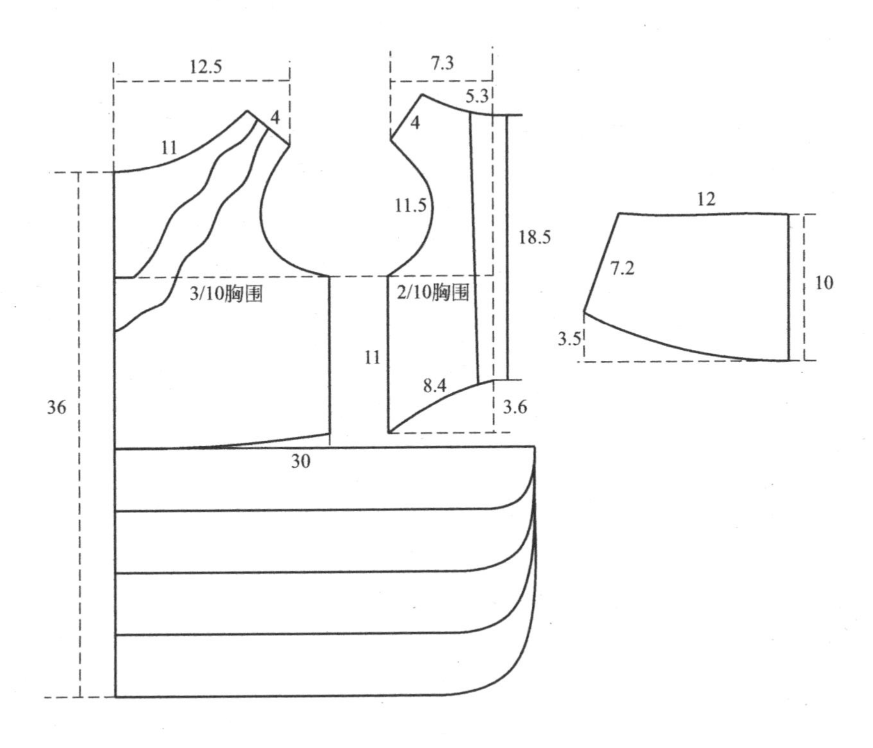

179. 礼服B款

部位	身长	胸围	领围
尺寸/cm	32	45	32

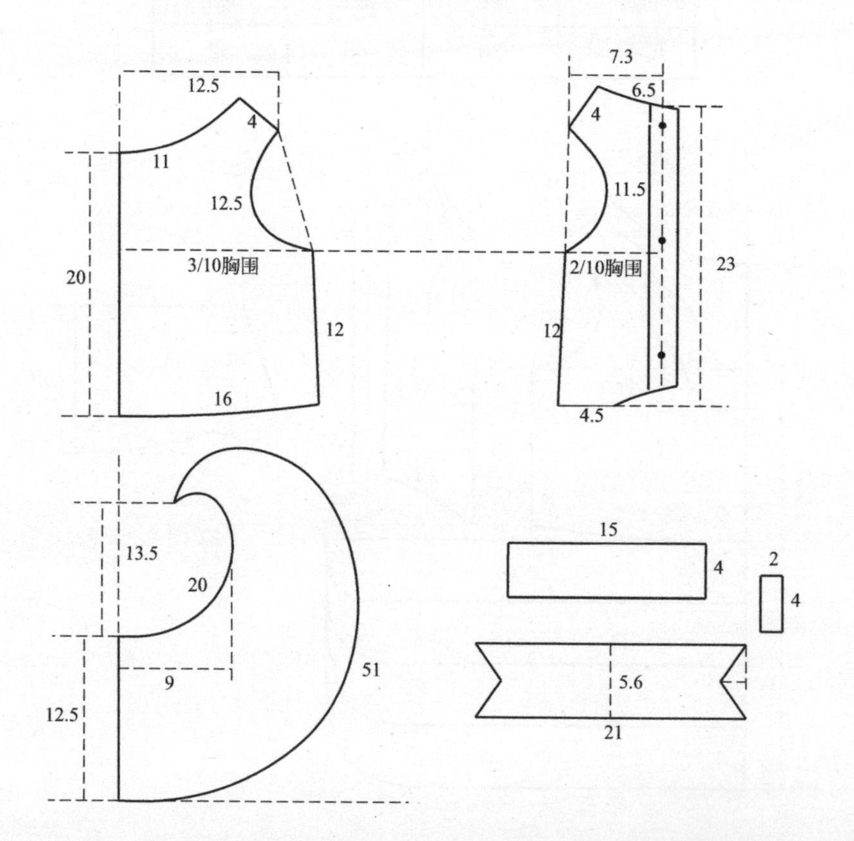

礼服C款

部位	身长	胸围	领围
尺寸/cm	37	45	32

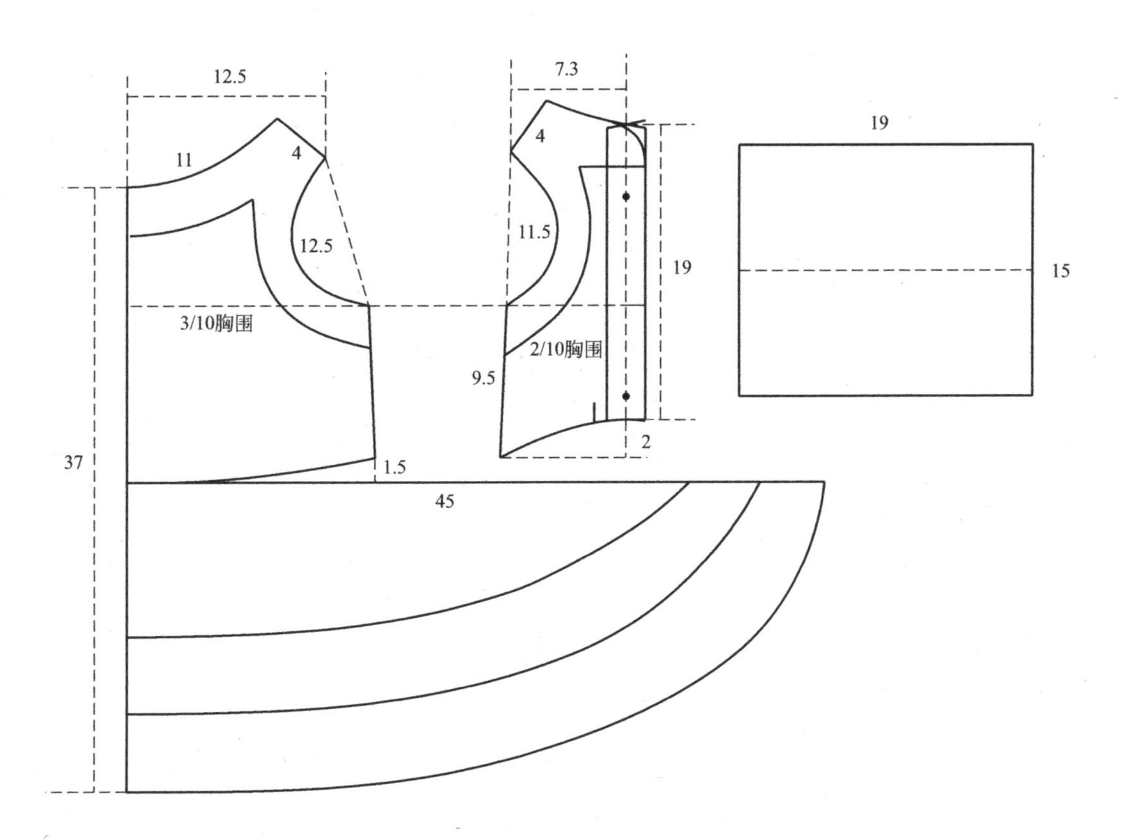

181. 礼服D款

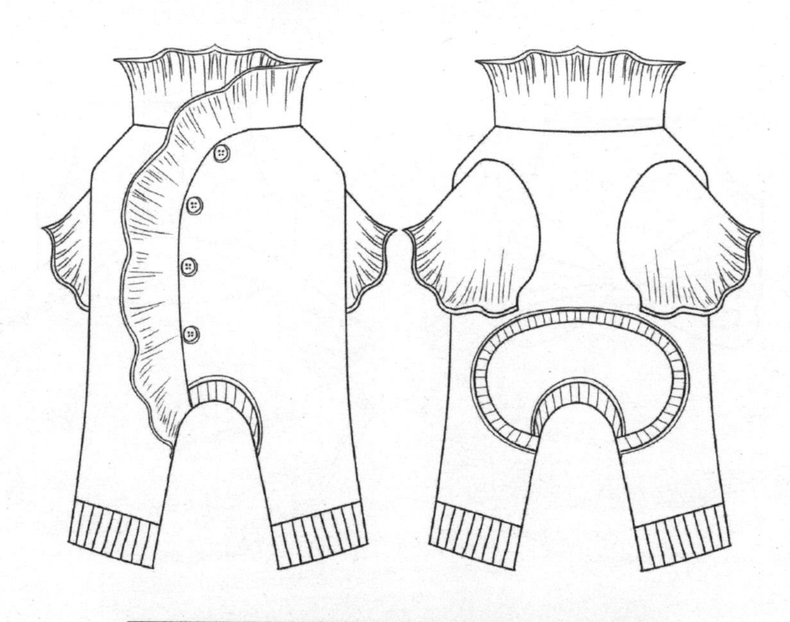

部位	身长	胸围	领围
尺寸/cm	28	45	32

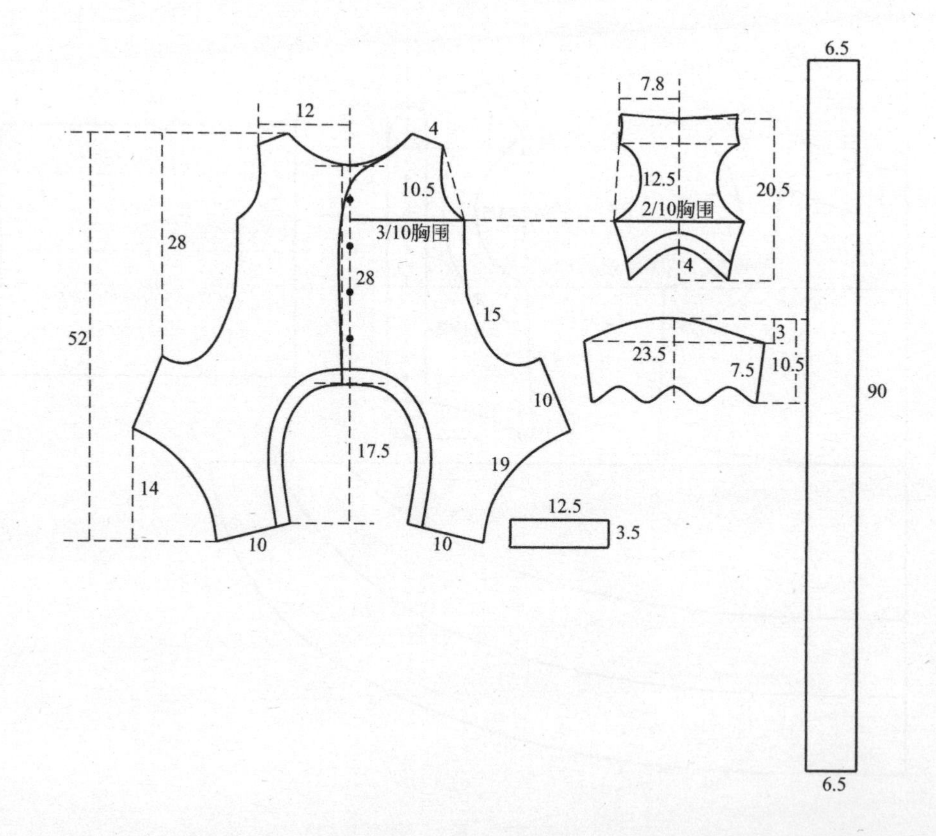

礼服E款

部位	身长	胸围	领围
尺寸/cm	32	45	32

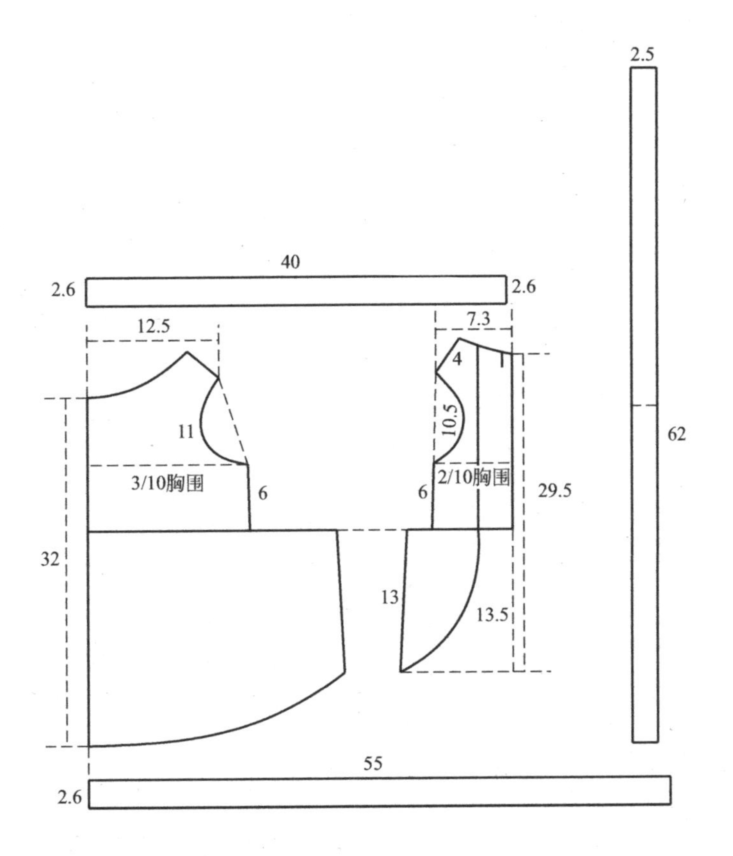

183. 礼服F款

部位	身长	胸围	领围
尺寸/cm	32	45	32

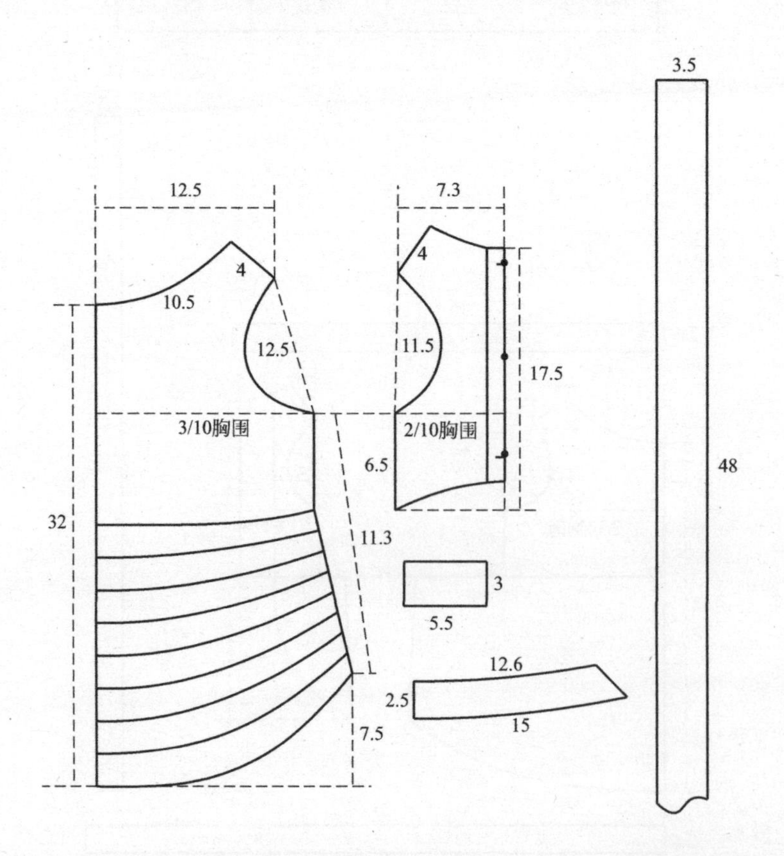

礼服G款

部位	身长	胸围	领围
尺寸/cm	36	45	32

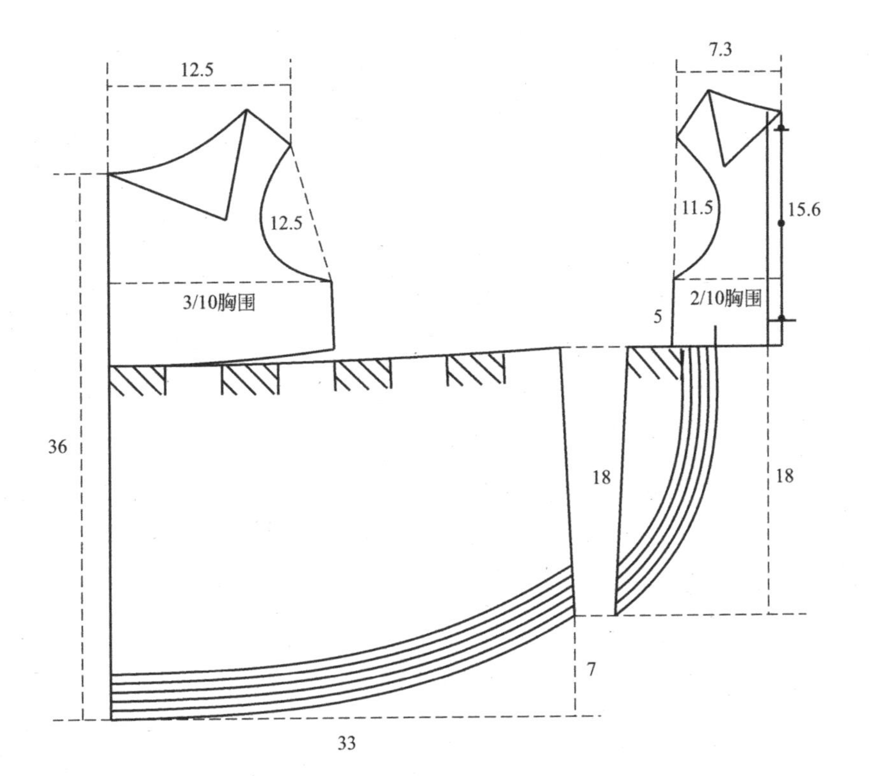

185. 礼服H款

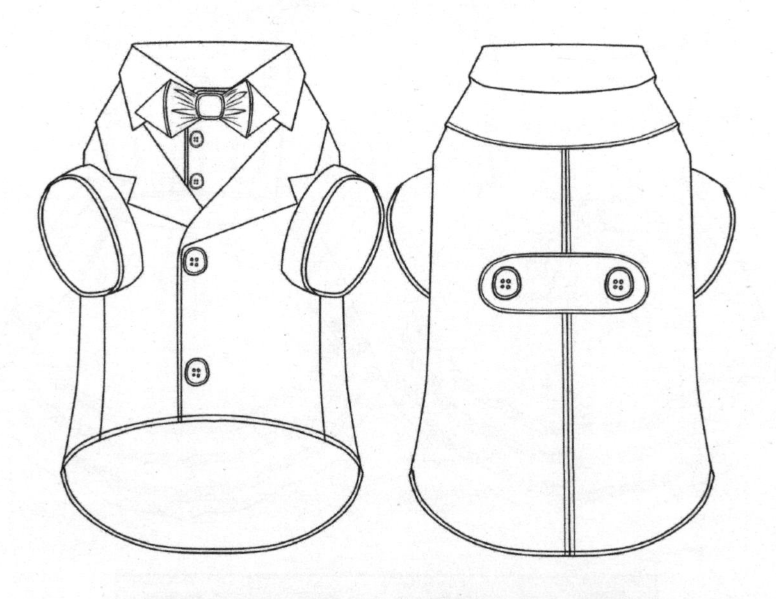

部位	身长	胸围	领围
尺寸/cm	30	45	32

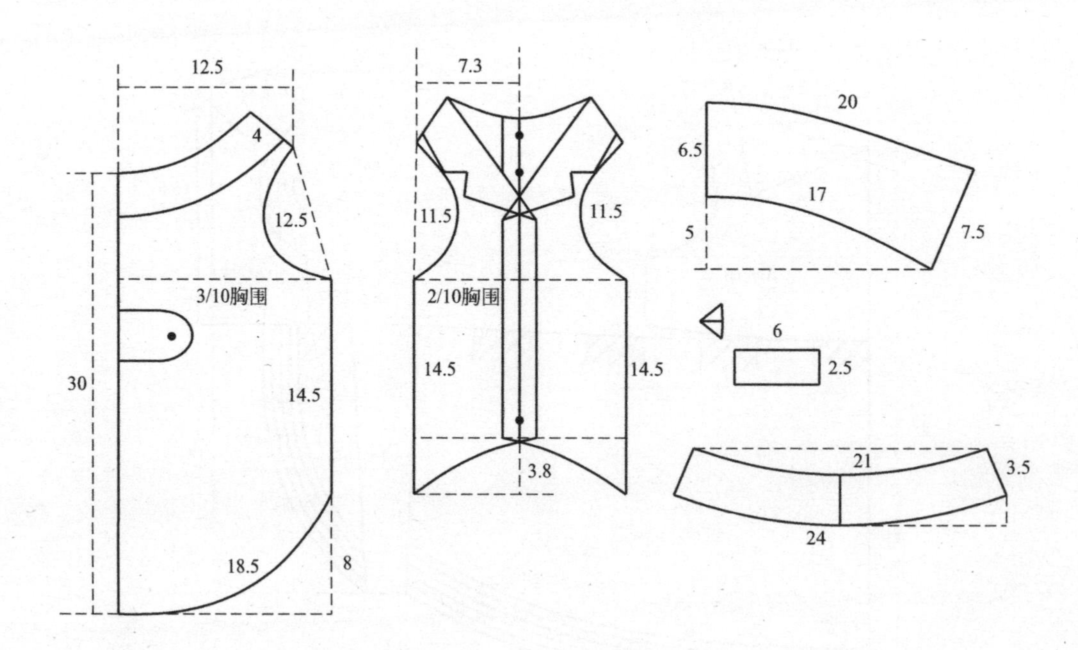

第二章 其他宠物装

除了猫科和犬科宠物，也有一些其他动物被人们当宠物饲养。例如仓鼠（属仓鼠科）、荷兰猪（也称豚鼠，属豚鼠科）、香猪（也称迷你猪，属猪科）、刺猬（属猬科）、貂（属鼬科）、龟、猴子、猩猩以及各种鸟类等。

小香猪服

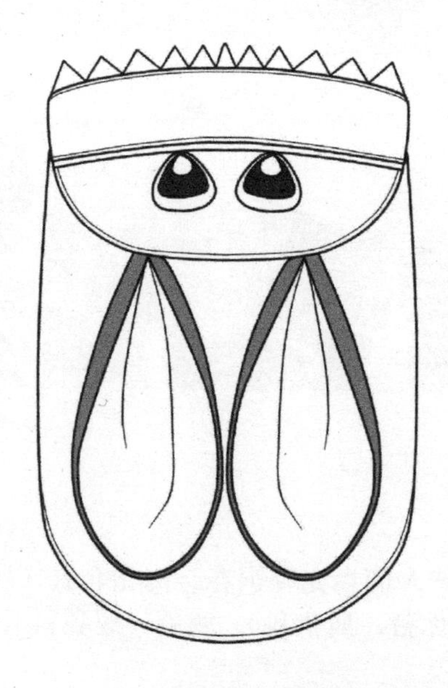

部位	身长	胸围	领围
尺寸/cm	25	45	32

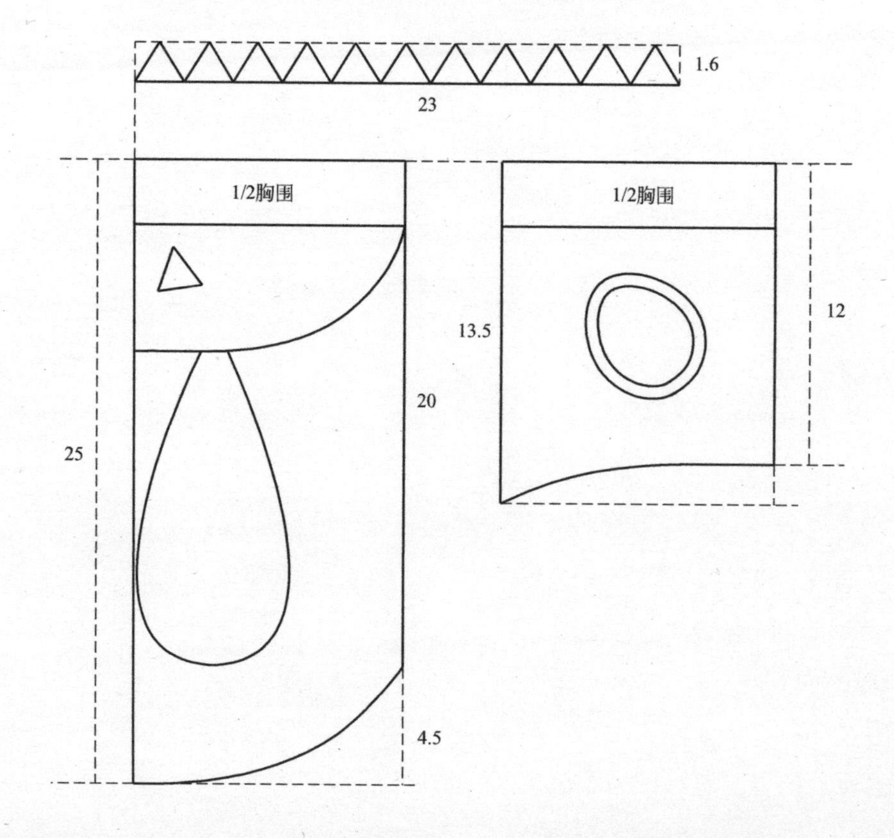

187. 豚鼠服

部位	身长	胸围	领围
尺寸/cm	35	45	32

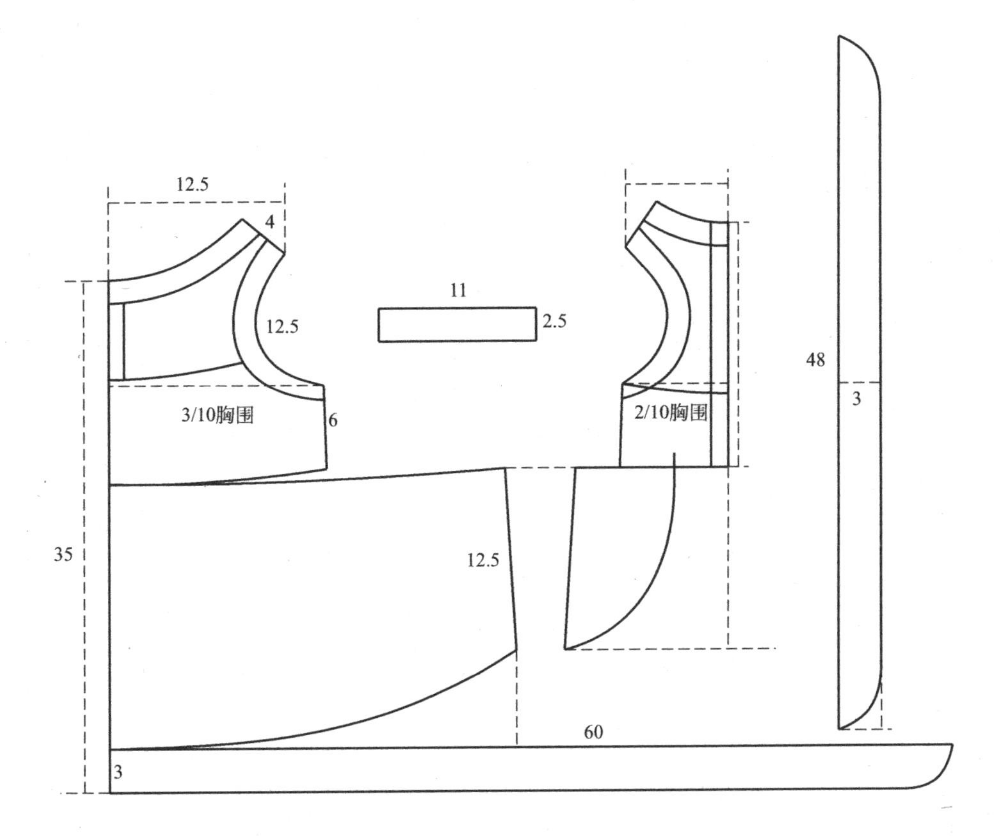

188. 貂服

部位	身长	胸围	领围
尺寸/cm	35	45	32

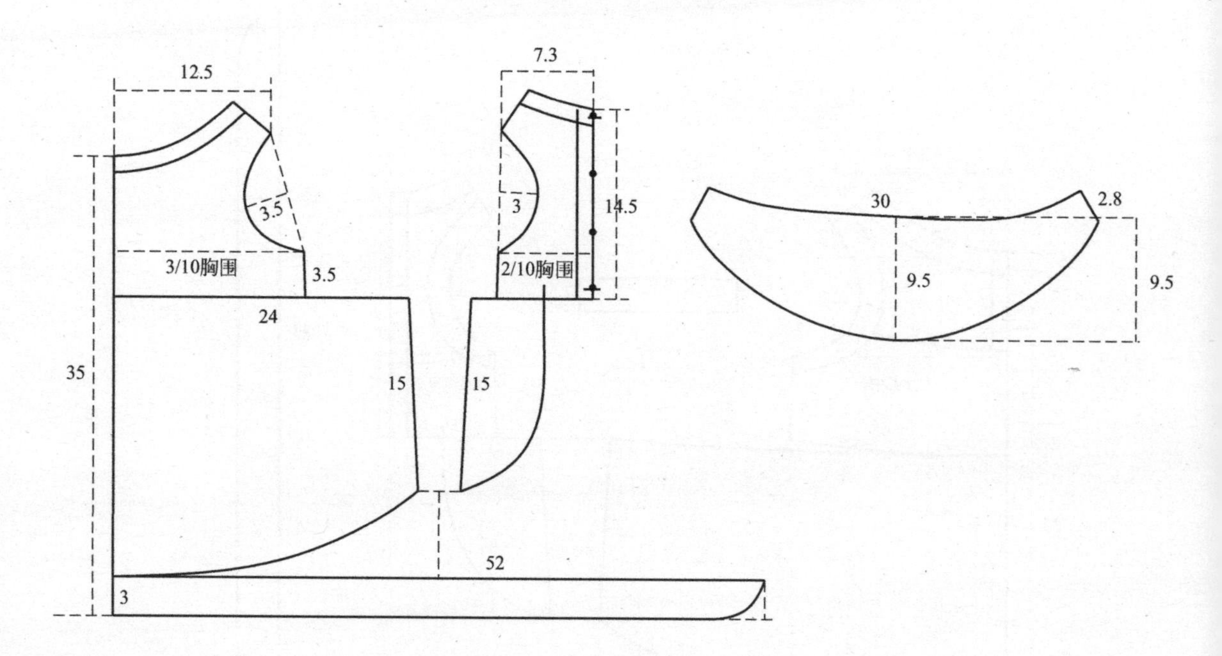

189. 刺猬服A款

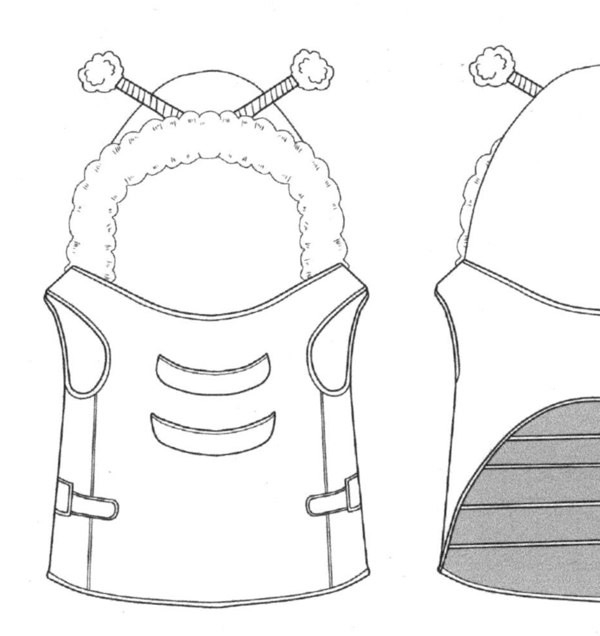

部位	身长	胸围	领围
尺寸/cm	25	45	32

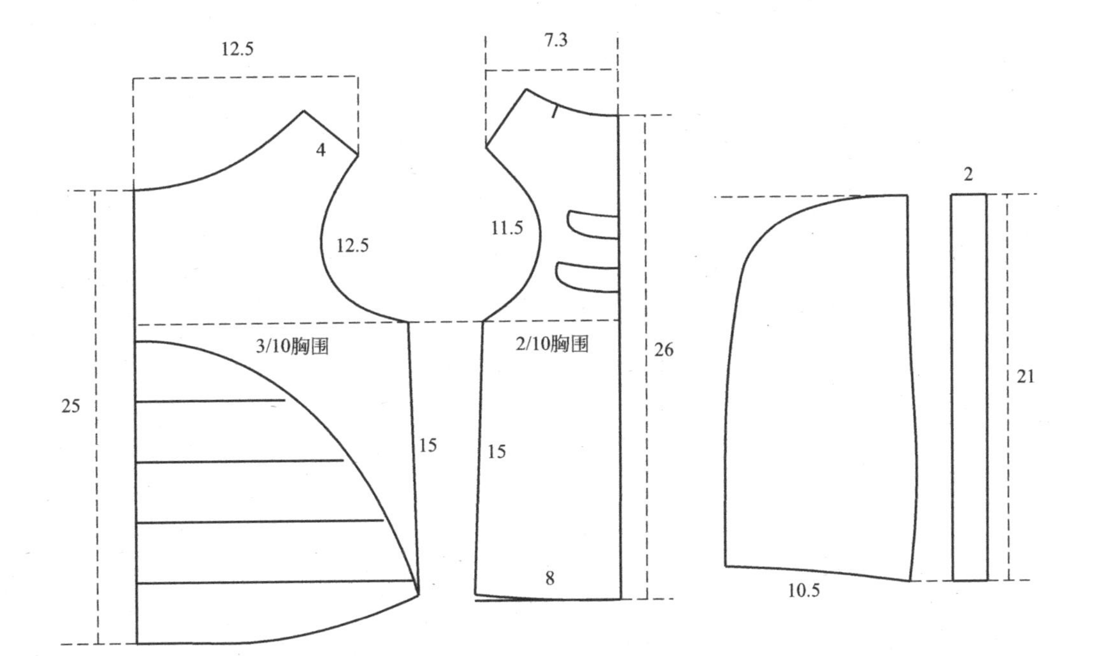

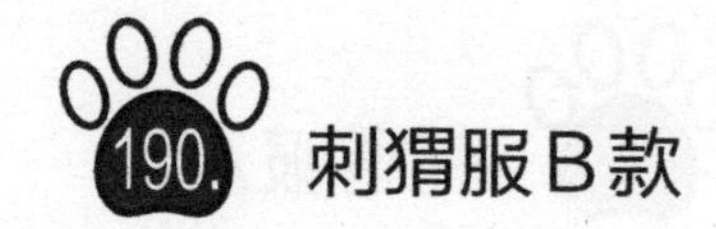

190. 刺猬服B款

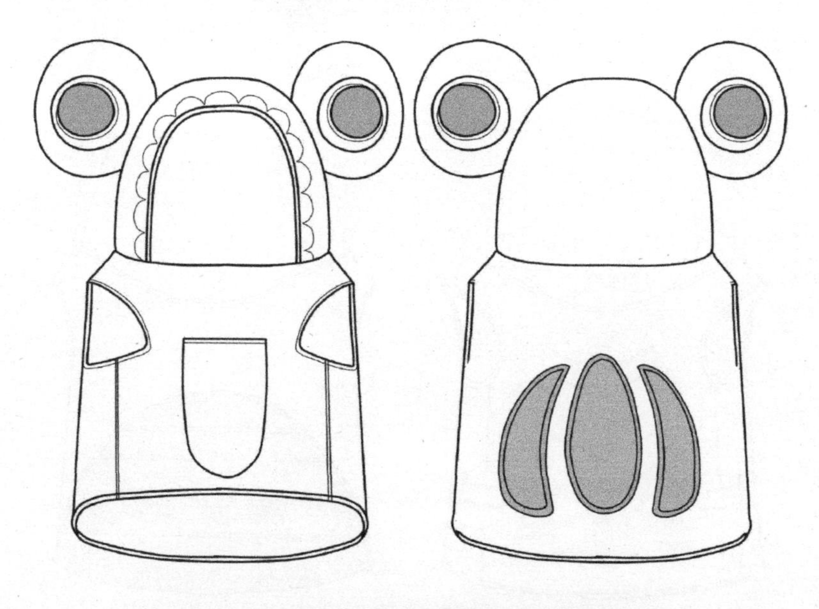

部位	身长	胸围	领围
尺寸/cm	31	45	32

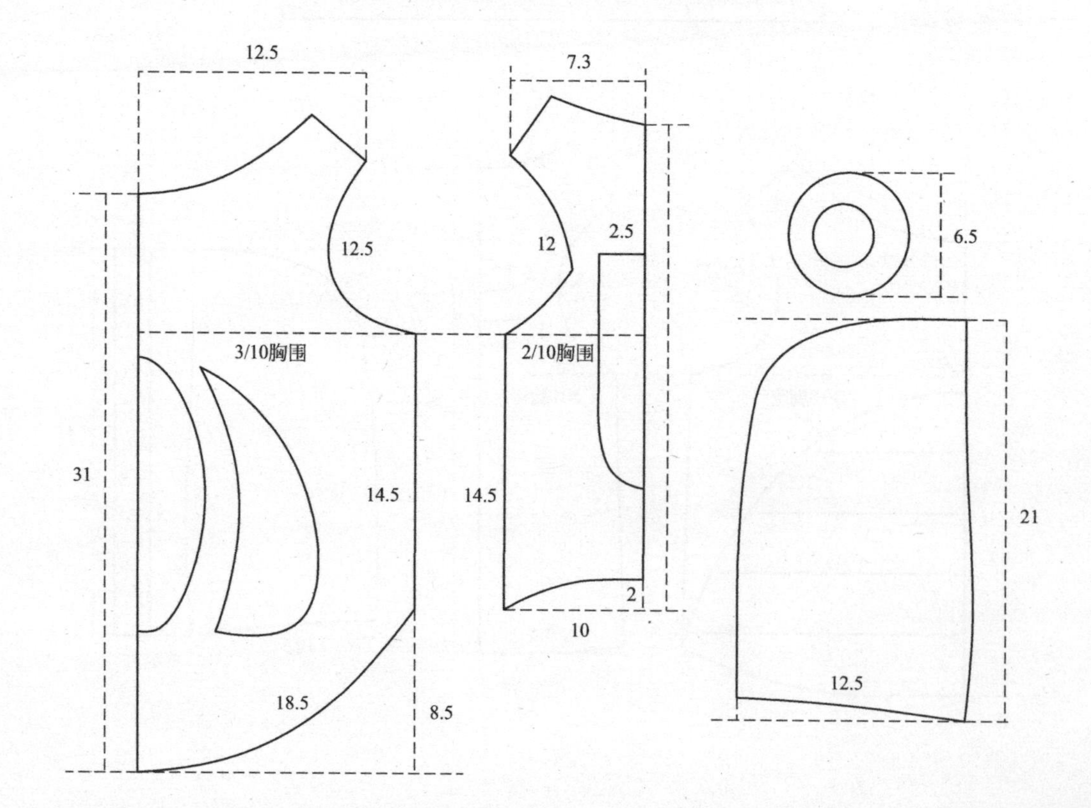

191. 刺猬服C款

部位	身长	胸围	领围
尺寸/cm	31	45	32

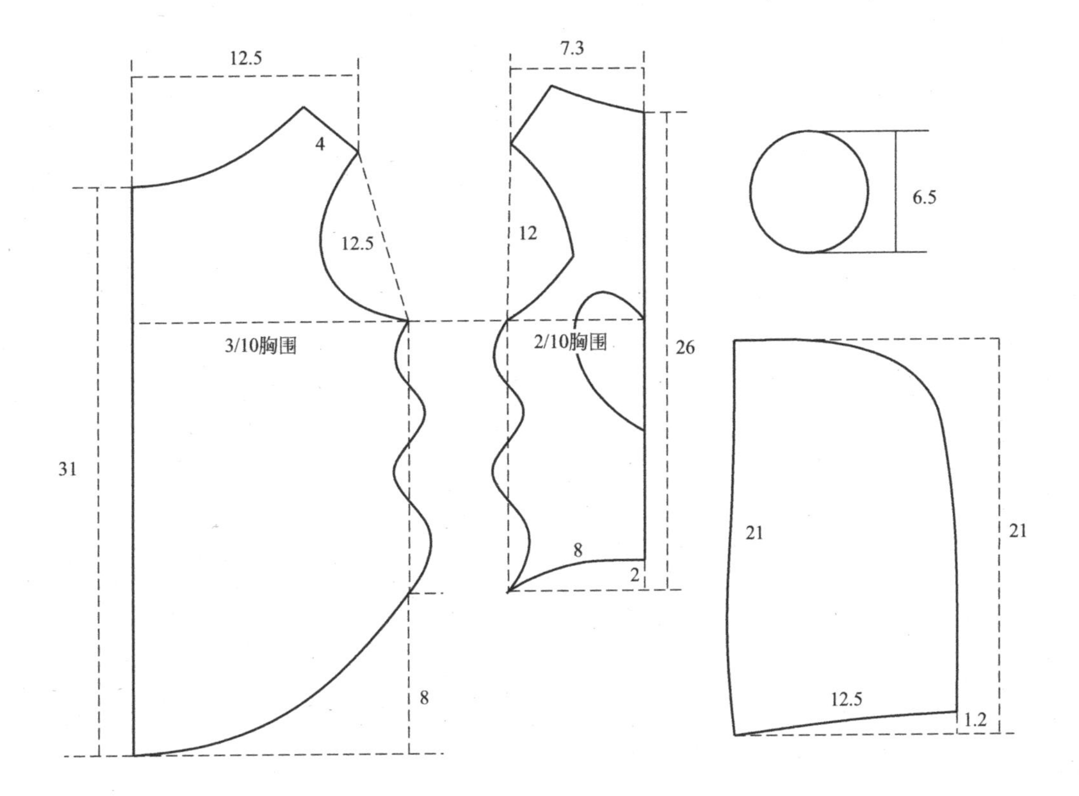

刺猬服D款

部位	身长	胸围	领围
尺寸/cm	23	45	32

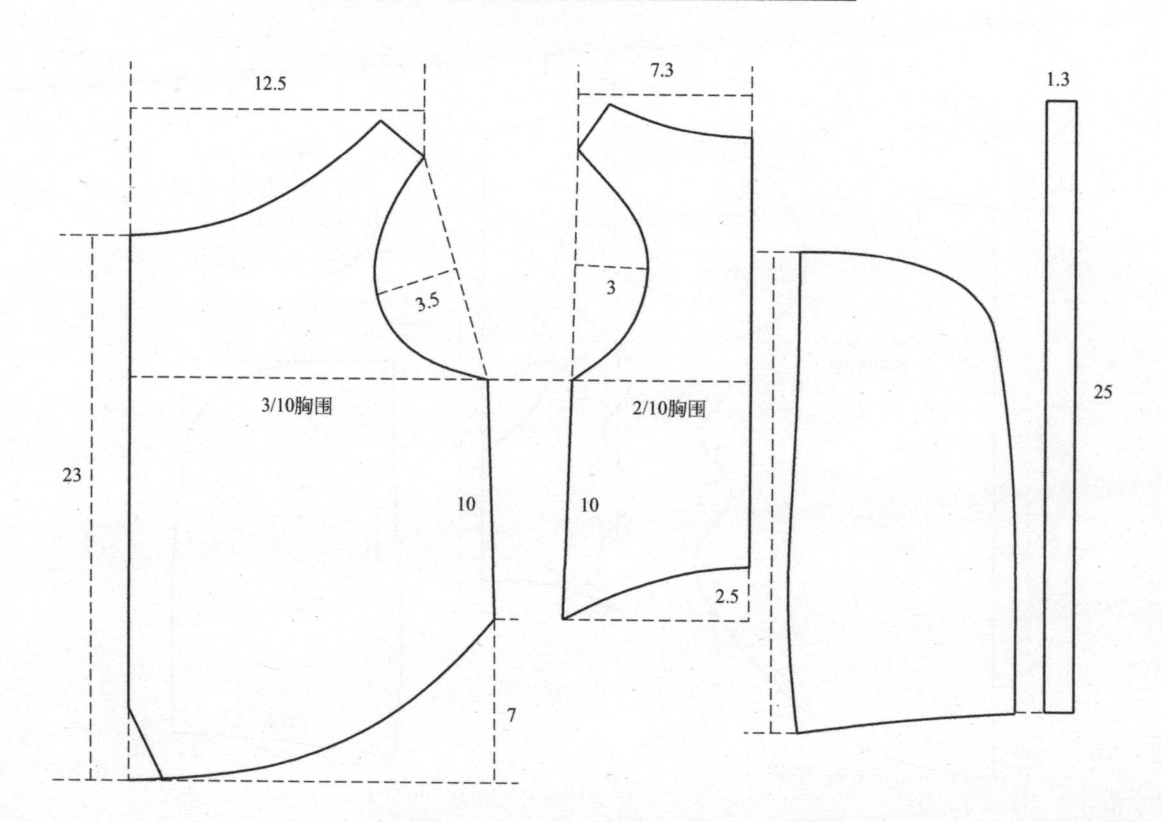

193. 鸟类服A款

部位	身长	胸围	领围
尺寸/cm	28	45	32

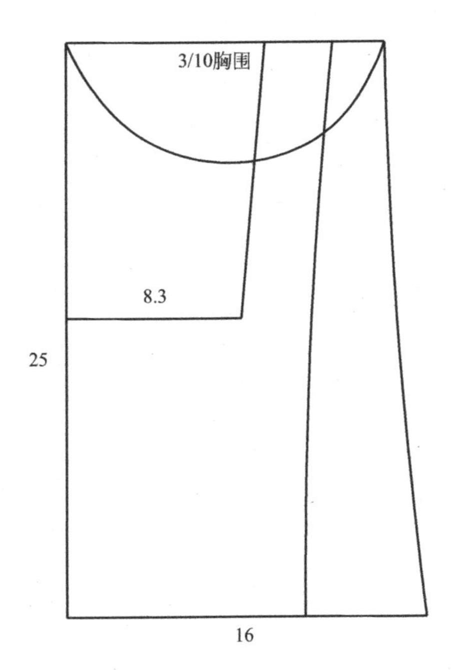

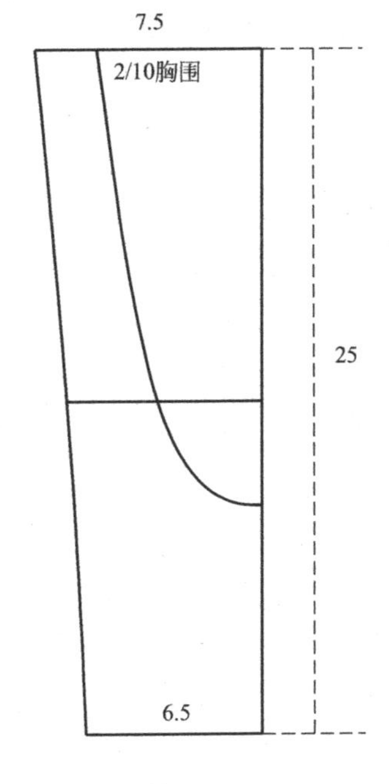

46

3.5

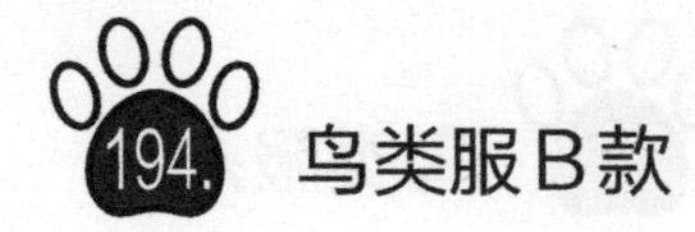

194. 鸟类服B款

部位	身长	胸围	领围
尺寸/cm	24	45	32

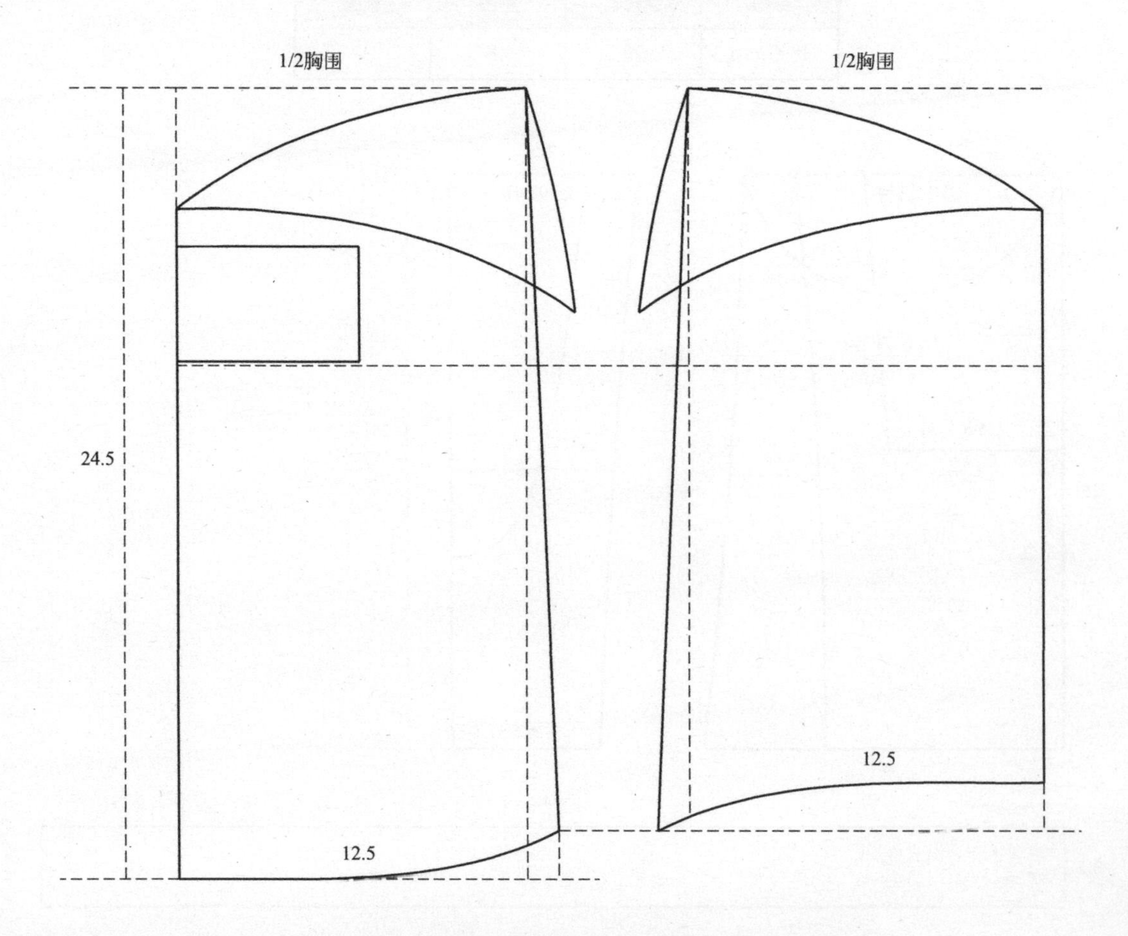

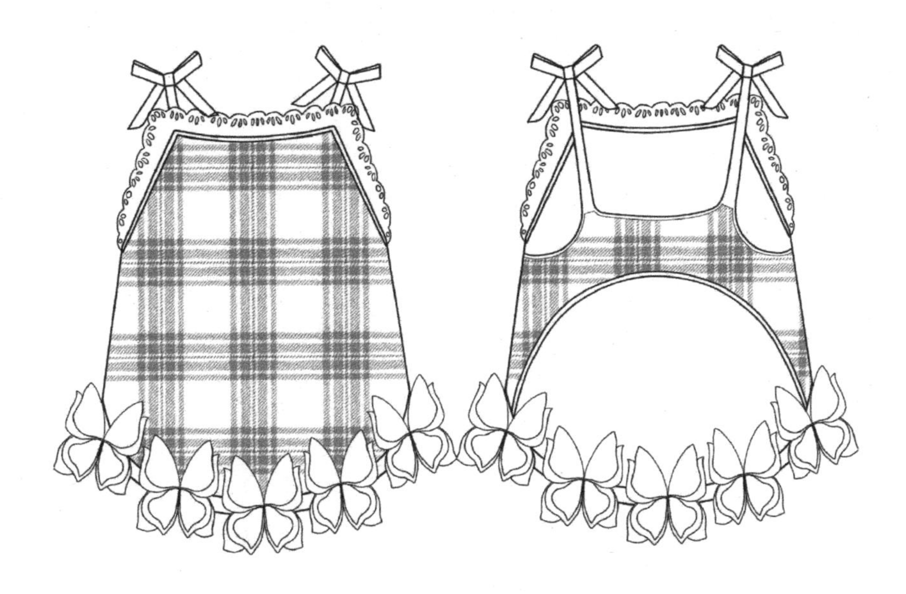

部位	身长	胸围	领围
尺寸/cm	32	45	32

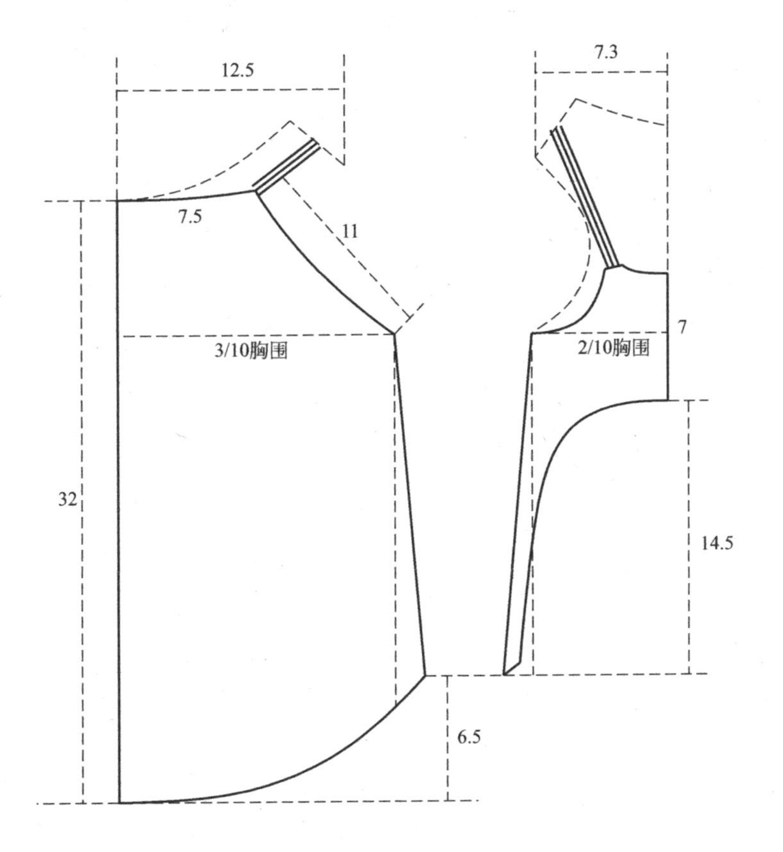

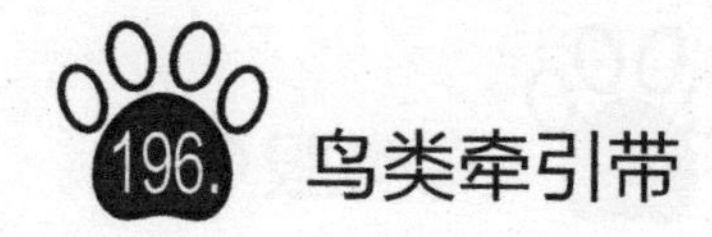

196. 鸟类牵引带

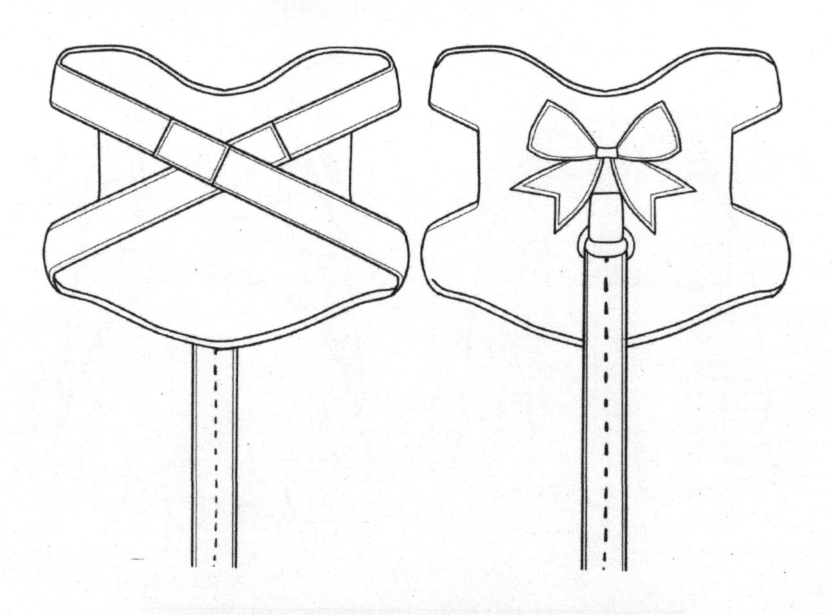

部位	身长	胸围	领围
尺寸/cm	21	45	32

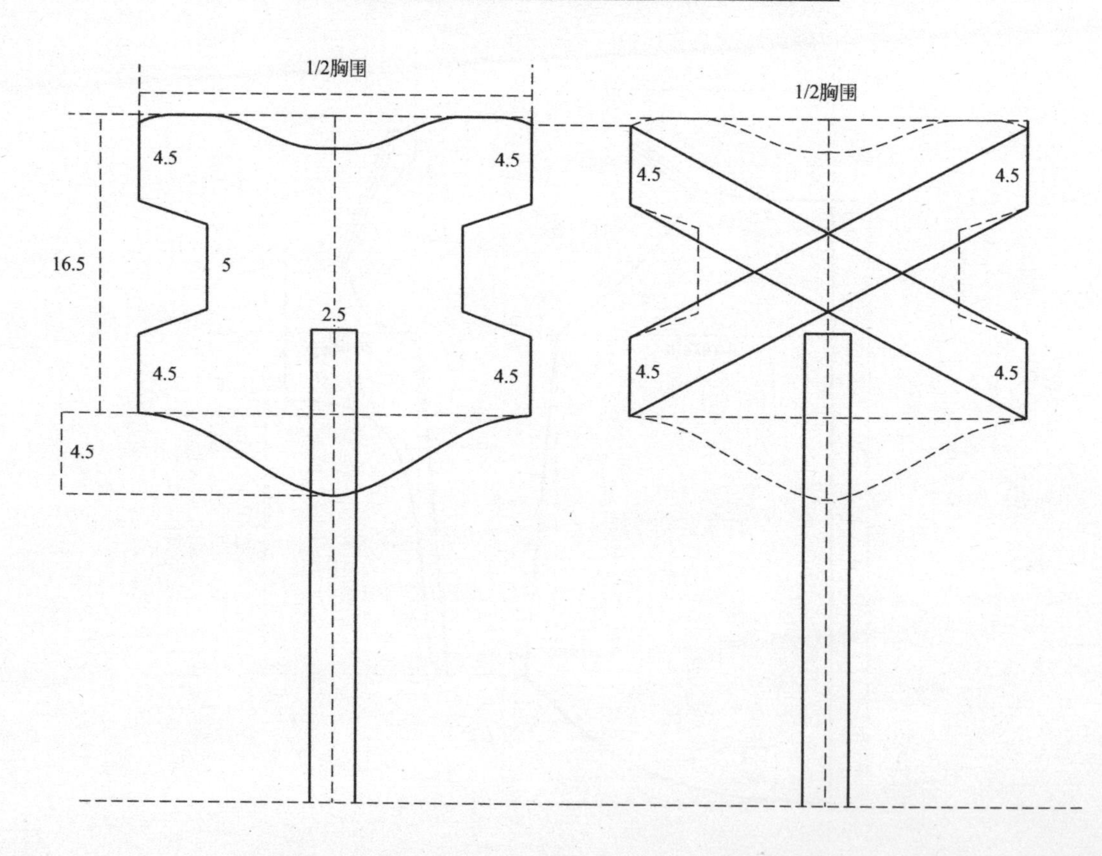

197. 鸟类斗篷

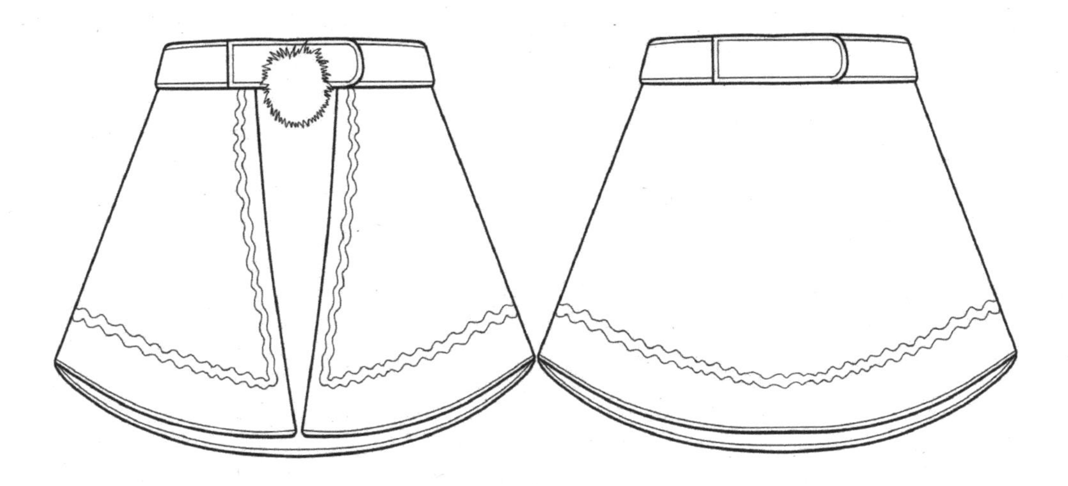

部位	身长	胸围	领围
尺寸/cm	31	45	32

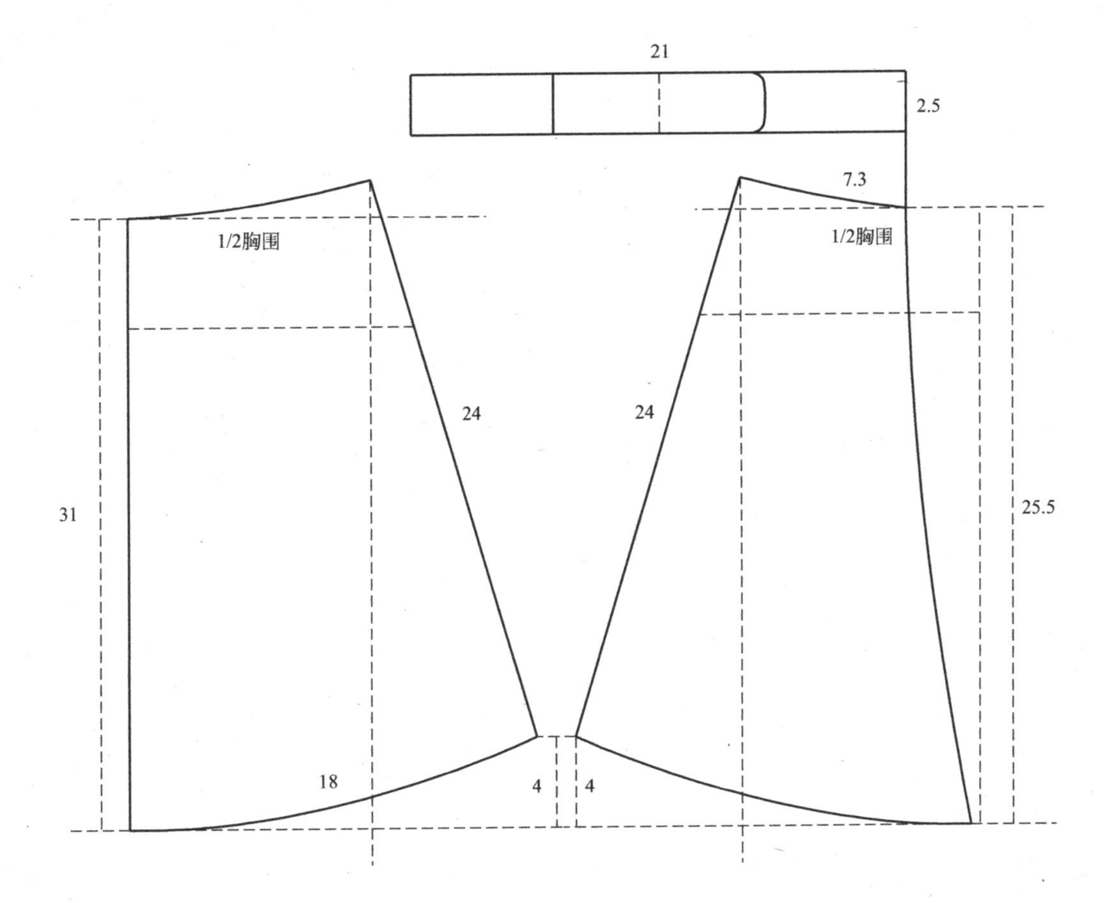

198. 鹦鹉服

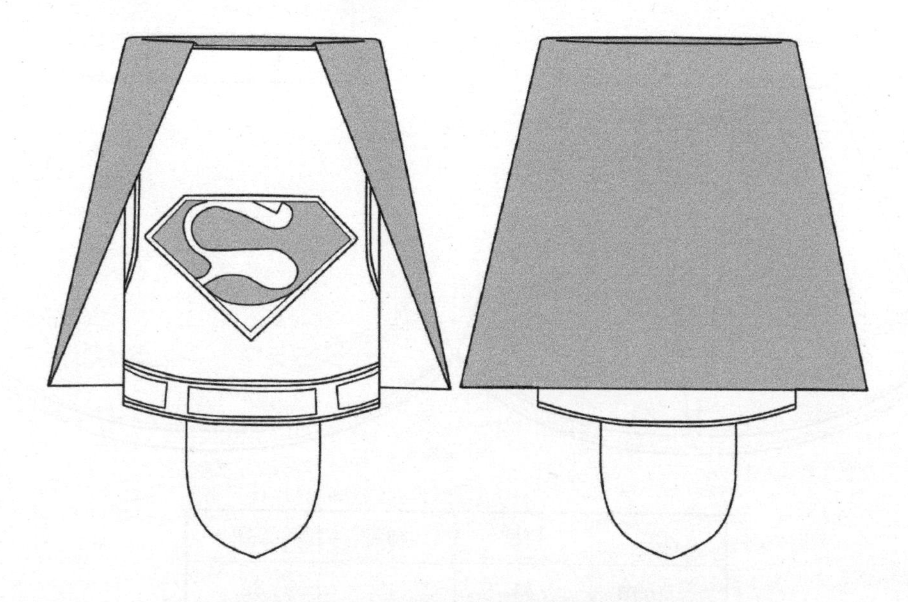

部位	身长	胸围	领围
尺寸/cm	33	45	32

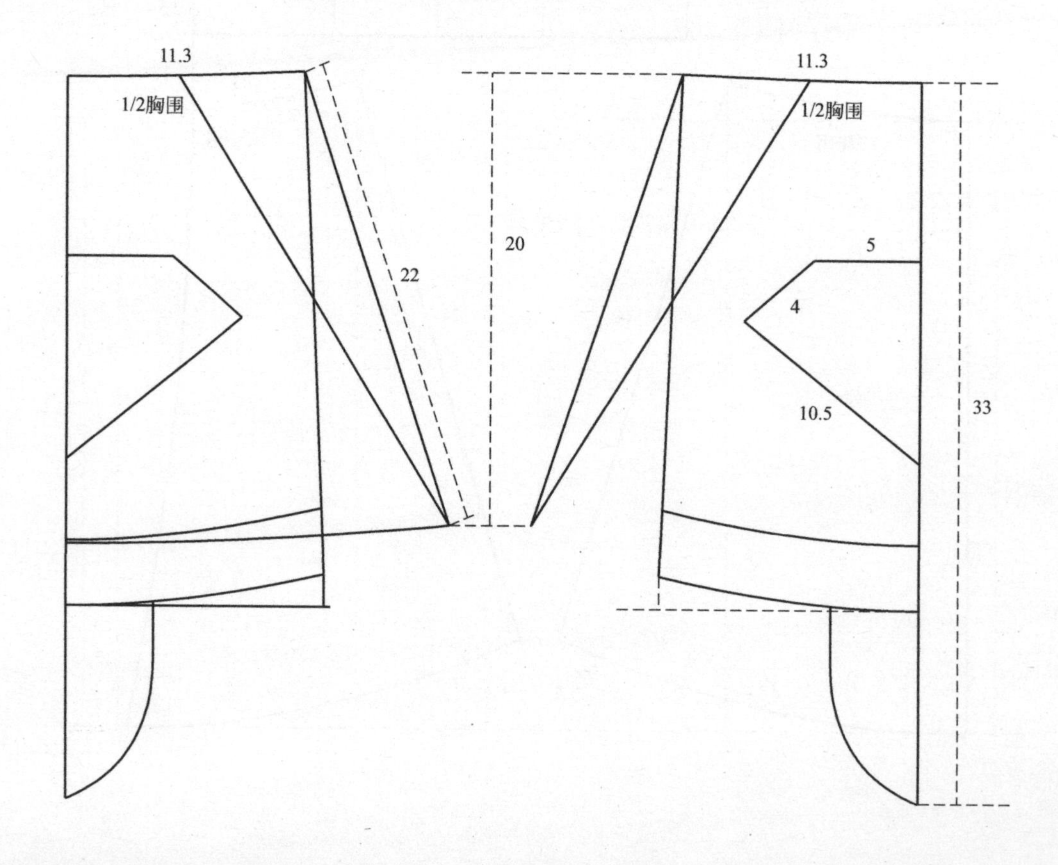

199. 猩猩服

部位	身长	胸围	领围
尺寸/cm	22	45	32

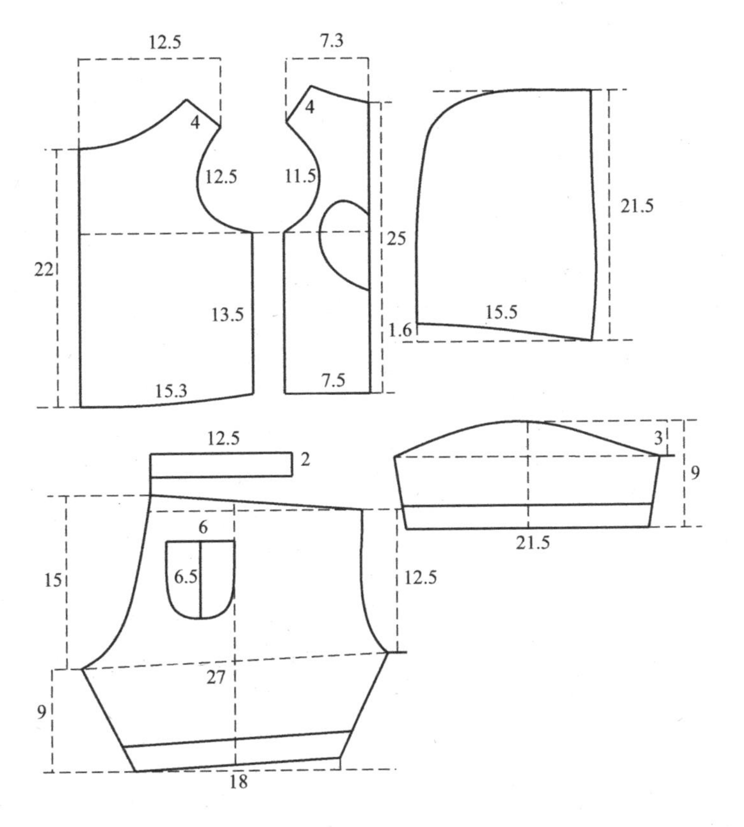

200. 兔子服

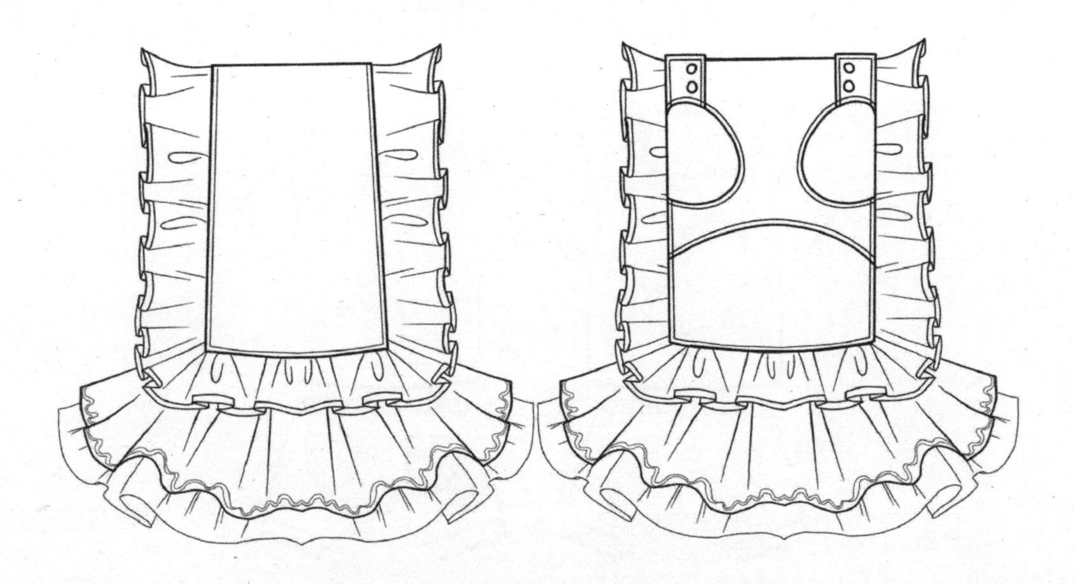

部位	身长	胸围	领围
尺寸/cm	39	45	32

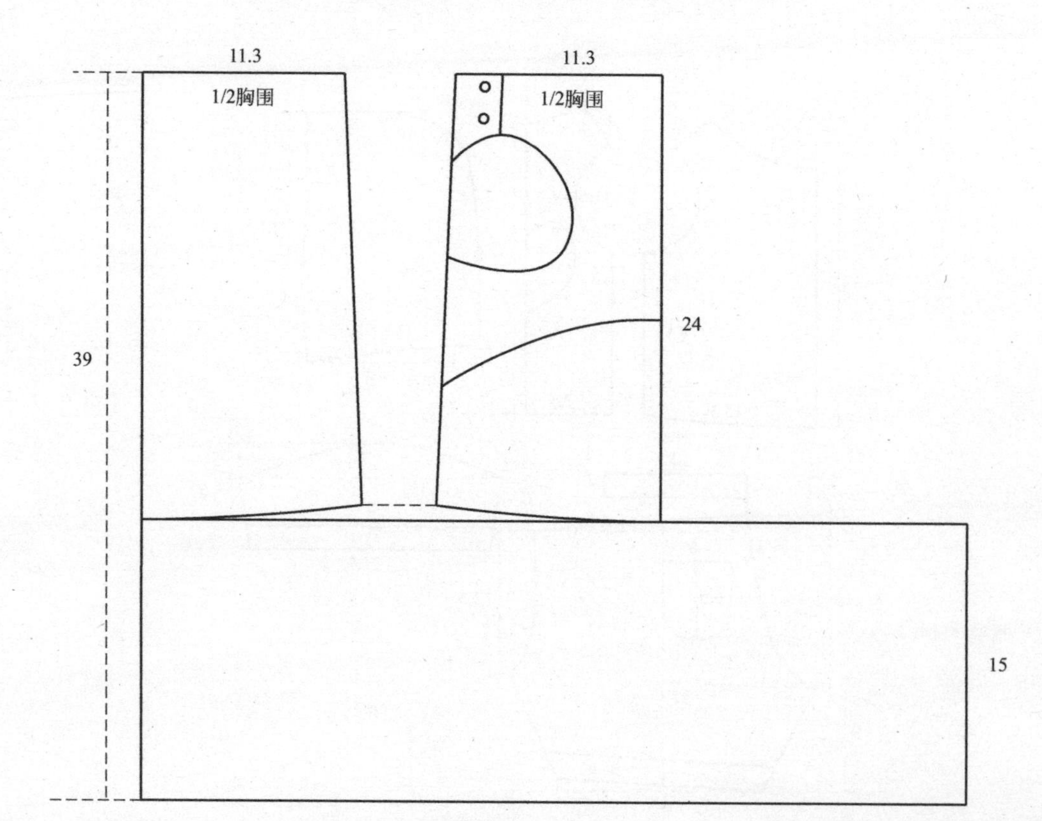

销售分类建议：轻工 服装

ISBN 978-7-122-33302-5

定价：68.00元